JN271795

沿岸域総合管理入門

豊かな海と人の共生をめざして

沿岸域総合管理入門

豊かな海と人の共生をめざして

公益財団法人笹川平和財団海洋政策研究所 編
來生新・土屋誠・寺島紘士 監修

東海大学出版部

OPRI 海洋政策研究所

本書は、ボートレースの交付金による日本財団の助成金を受けて実施した沿岸域総合管理教育の導入調査研究事業の成果により作成しました。

Ocean Policy Research Institute

Edited by The Sasakawa Peace Foundation
Tokai University Press, 2016
ISBN978-4-486-02094-3

目次

序章　なぜ今沿岸域総合管理が必要か ································· 1
　1. 沿岸域の急激な発展と総合的な沿岸域管理の政策の出現 ············· 1
　2. 国レベルの沿岸域管理の取組み ································· 2
　3. 沿岸域総合管理が国際行動計画に ······························· 2
　4. わが国の沿岸域管理の取組み ··································· 4

第1章　日本の沿岸生態系 ·· 7
　1・1　自然特性 ··· 8
　　1・1・1　日本周辺の海域と海流 ································· 8
　　1・1・2　沿岸域総合管理の対象としての閉鎖性海域 ··············· 12
　　1・1・3　沿岸域の生物多様性 ··································· 18
　1・2　沿岸生態系の動態 ··· 24
　　1・2・1　物質循環から見る健全な生態系 ························· 24
　　1・2・2　沿岸生態系の科学的認識 ······························· 27
　　1・2・3　豊かな海の生産性と湧昇海域 ··························· 32
　　1・2・4　生態系間の物質の移動 ································· 34
　　1・2・5　生態系間の動物の移動 ································· 36
　1・3　沿岸域生態系と「人間」 ··································· 41
　　1・3・1　里海での活動 ··· 41
　　1・3・2　沿岸域の生態系サービス ······························· 44
　　1・3・3　人口増加とのバランス ································· 54
　　1・3・4　水圏環境から学ぶ ····································· 60

第2章　日本の海の管理 ··· 63
　2・1　日本の沿岸域の社会的特性 ································· 64
　　2・1・1　過疎と過密 ··· 64
　　2・1・2　防災と国土保全 ······································· 66

2・1・3　伝統的海洋利用としての漁業と海運 67
　　2・1・4　埋め立てによる海の陸地化と漁業権補償 69
　　2・1・5　環境意識向上と豊かな社会の沿岸域管理としての総合的管理 72
　2・2　海洋管理の基本的仕組み 72
　　2・2・1　領海・排他的経済水域・大陸棚と沿岸域の定義 72
　　2・2・2　海の管理と自由使用 75
　　2・2・3　管理法制の概観 76
　　2・2・4　陸の管理と海の管理の異同 82
　2・3　海の利用の主要な形態 86
　　2・3・1　沿岸域利用の基盤となる海岸の保全と防災 86
　　2・3・2　漁業 103
　　2・3・3　港湾・海運・航路 107
　　2・3・4　埋め立て・ウォーターフロント開発 113
　　　　　　コラム「mitigation」 121
　　2・3・5　レジャー・観光 123
　　2・3・6　エネルギーの生産 126

第3章　日本における沿岸域総合管理の展開 135
　3・1　先駆的総合管理としての瀬戸内法 136
　3・2　沿岸域総合管理と全国総合開発計画 140
　　3・2・1　21世紀の国土のグランドデザイン 140
　　3・2・2　沿岸域圏総合管理計画策定のための指針 141
　3・3　海洋基本法の成立による総合的管理の始まり 142
　　3・3・1　海洋基本法成立までの経緯 142
　　3・3・2　海洋基本法の概要 143
　　3・3・3　海洋基本計画―わが国初の基本計画から新基本計画へ発展 147

第4章　沿岸域総合管理への取組み事例 149
　4・1　東京湾における沿岸域総合管理 150
　　4・1・1　東京湾の概況 150
　　4・1・2　東京湾における総合的管理 159
　4・2　瀬戸内海における沿岸域総合管理 165
　　　　　　コラム「里海」 166

4・3　モデルサイト事業の概要……………………………………………………169
　　4・3・1　三重県志摩市（英虞湾・的矢湾・太平洋沿岸）……………………170
　　4・3・2　福井県小浜市……………………………………………………………173
　　4・3・3　岡山県備前市（日生地区）……………………………………………175
　　4・3・4　高知県宿毛市・大月町（宿毛湾）……………………………………176
　　4・3・5　沖縄県竹富町……………………………………………………………177
　　4・3・6　長崎県（大村湾）………………………………………………………179

第5章　沿岸域総合管理の理論化に向けて……………………………………181
　5・1　沿岸域総合管理の概念…………………………………………………………182
　5・2　管理対象、管理主体、管理目的………………………………………………184
　　5・2・1　管理の定義と沿岸域の総合的管理の諸要素…………………………184
　　5・2・2　海域における総合的管理の対象………………………………………186
　　5・2・3　管理主体…………………………………………………………………188
　　5・2・4　自治体の区域と海域管理………………………………………………194
　　5・2・5　管理目的…………………………………………………………………197
　　5・2・6　管理手法…………………………………………………………………203
　5・3　合意形成…………………………………………………………………………207
　　5・3・1　合意形成の理論と総合的管理…………………………………………207
　　5・3・2　日本における参加型政策形成の試み…………………………………210
　　5・3・3　沿岸域総合管理の動きの中での住民合意形成………………………213
　5・4　沿岸域総合管理の手段…………………………………………………………214
　　5・4・1　法的に与えられた権限…………………………………………………215
　　5・4・2　合意によって与えられた権限…………………………………………216
　　5・4・3　資金………………………………………………………………………217
　　5・4・4　計画………………………………………………………………………218

第6章　沿岸域総合管理の教育・研究と人材育成……………………………221
　6・1　沿岸域総合管理の教育・研究の必要性………………………………………222
　6・2　モデルカリキュラムの策定……………………………………………………223
　　6・2・1　「沿岸域総合管理モデル教育カリキュラム」開発の考え方………223
　　6・2・2　モデルカリキュラムの実践例…………………………………………231

 6・3　**各大学の取り組み** ……………………………………………………… 232
  6・3・1　教育プログラムの構築と配信 ………………………………… 232
  6・3・2　教育研究組織の構築 …………………………………………… 233

 参考文献　さらに学びたい人のために ……………………………………… 236

 あとがき ……………………………………………………………………… 239

 索引 …………………………………………………………………………… 240

序章

なぜ今沿岸域総合管理が必要か

1. 沿岸域の急激な発展と総合的な沿岸域管理の政策の出現

　沿岸域は、人々の居住、漁業、農耕、さらには海上交通、商工業立地など人間社会の営みにとって重要な地域であり、沿岸、特に内海、内湾、河口などに都市が発達してきた。20世紀の後半に入ると、沿岸の都市及びその周辺への人口や産業の集積が急速に進み、それに伴って浅海域の埋立てが進行した。他方、産業・生活から大量の汚水・廃棄物が河川・海域へと排出された。

　沿岸の地域社会は、これらの急激な発展とそれに続いて起こった環境悪化、生物資源の減少、そして沿岸域の利用の競合などの問題に直面してそれらへの対応を迫られ、その模索の中から陸域・海域からなる「沿岸域の総合的管理」という政策概念が生まれてきた。これには、市民が地域社会の問題を自らの問題として取り組むという民主主義を取り入れた市民社会の発達という20世紀後半を特徴づける人間社会の側の変化も大きく寄与している。「多様な関係者が参加して計画的、順応的に取り組む」という沿岸域総合管理の政策概念を構成する重要な要素はそこから生まれてきた。

　沿岸の陸域と海域を一体として捉え、その開発利用と環境保全を総合的に管理するという考え方、すなわち、沿岸域の管理を、沿岸域の漁業、交通、埋め立てなどの個別目的ごとではなく、開発利用と環境保全の視点を含めて総合的・計画的に行なうという考え方が最初に地域計画で明確な形で採り上げられたのは、1965年にスタートしたアメリカカリフォルニア州のサンフランシスコ湾地域の沿岸域管理であるといわれている。急速に進められてきた埋立てを停止し、環境と調和した沿岸域利用を推進する沿岸管理法（マッカティア－ペトリス法）が制定され、管理主体として設立されたサンフランシスコ湾保全開発委員会が1969年に沿岸域総合管理プログラムであるサンフランシスコ湾計画を策定した。計画に基づく順応的管理を目指すこの取り組みはそれ以降現在に至るまで継続して行なわれてきている。

2. 国レベルの沿岸域管理の取組み

アメリカでは、これとほぼ時を同じくして、当時としては画期的な海洋政策に関する報告書「わが国と海洋（Our Nation and the Sea）」が1969年に発表され、海洋に関する総合的・計画的取り組みが始まった。1970年の連邦政府の再編成では、NOAA（National Oceanic and Atmospheric Administration）（沿岸域管理も所管）、環境保護庁 EPA（Environmental Protection Agency）が創設された。又、同年に環境保護政策法、そして1972年にはアメリカ水質汚濁防止法が制定された。さらに1972年には沿岸域の社会と生態系の持続可能性をめざす「沿岸域管理法」が制定された。同法は、州が沿岸域の土地及び水域の利用を管理する計画を発展させる主要な役割を担っているとして、沿岸州が連邦政府の援助を受けて実行する国家沿岸管理計画について定め、連邦政府と沿岸を有する州の自主的な連携を図った。連邦政府はその認可を受けた沿岸州の沿岸域管理計画の実施を支援するとともに、沿岸域の自然資源及び水域・陸域の利用に影響を与える連邦政府の行為はその沿岸域管理計画に適合していなければならないとする「連邦一貫性（Federal consistency）」を採択した。このようにアメリカは、当時、同じように沿岸域で発生した環境や利用の問題に対して、主として環境保護系の法制度の整備のみで対応したわが国[1]と異なり、環境保護の法制度と並行して沿岸域管理の法制度を整備して対応しており、その対応の相違に注目しておく必要がある。

アメリカは、現在に至るまで数度にわたって沿岸域管理法を改正して、その取組を充実強化してきており、現在では、34の沿岸及び五大湖の州、準州、自治領が承認された沿岸域管理計画を有しており、これらはアメリカの沿岸の99％以上をカバーしているという。

このようにアメリカで始まった沿岸域総合管理の取組みは、その後、世界的な経済発展の流れの中で同様に環境劣化、生物資源の減少、沿岸域の利用の競合などの問題への対応を迫られたカナダ、そしてヨーロッパ諸国、さらにオーストラリア、アジアなどへと広まっていった。

3. 沿岸域総合管理が国際行動計画に

「沿岸域総合管理（Integrated Coastal Management：ICM）」を環境と開発の

---

[1] 日本では、1967年に公害対策基本法、1970年に水質汚濁防止法が制定され。1971年に環境庁が設置された。

問題に対応する政策ツールとして世界的に確立したのは、1992 年にブラジルのリオデジャネイロで開催された国連環境開発会議（地球サミット）である。「持続可能な開発」原則を採択した同サミットはそのための行動計画「アジェンダ 21」を採択し、その第 17 章で「沿岸国は、自国の管轄下にある沿岸域及び海洋環境の総合管理と持続可能な開発を自らの義務」とすると定めた。これを受けて経済協力機構（OECD）、世界銀行、国際自然保護連合（IUCN）、国連環境計画（UNEP）などの国際機関が沿岸域総合管理を促進するため相次いで沿岸域管理のガイドラインを発表し、これを契機に各国の沿岸域総合管理の取組みが急速に進んだ。

　地球サミットから 10 年後の 2002 年に南アフリカのヨハネスブルグで開かれた持続可能な開発に関する世界サミット（World Summit on Sustainable Development：WSSD）で採択された実施計画も、このアジェンダ 21 第 17 章の実施促進を掲げ、沿岸域については、特に、生産性と生物多様性の維持、沿岸域総合管理の促進、並びに陸上起因汚染からの海洋環境保護に取り組むように求めた。

　東アジアでは、GEF（Global Environment Facility）/UNDP（The United Nations Development Programme）/IMO（International Maritime Organization）の国連プロジェクトで域内各国が参加した東アジア海域環境管理パートナーシップ（Partnerships in Environmental Management for the Seas of East Asia：PEMSEA）が 1993 年から東アジア地域の各国でデモンストレーション・サイトを構築して沿岸域総合管理に熱心に取り組んできた。特に、中国のアモイ（Xiamen）の取組みとその成功は内外で高く評価され、域内の沿岸域総合管理の普及に貢献した。沿岸域総合管理は、2003 年に PEMSEA が主催した東アジア海洋会議 2003 の閣僚級会合が採択した地域の行動計画「東アジアの海域の持続可能な開発戦略 SDS-SEA（Sustainable Development Strategy for the Seas of East Asia）」に、その重要事項として掲げられている。沿岸域総合管理は、40 年以上にわたって、様々な特徴や問題を抱える世界各地の沿岸域で、それぞれの地域の自然的、社会的条件に応じて工夫されつつ試みられてきたが、PEMSEA のデモンストレーション・サイト、さらにパラレル・サイトのイニシアチブは、沿岸域総合管理を概念から実施システムにまで進展させ、それが有効なモデルであることを実証したとして高く評価されている。

　現在では、東アジア各国の 30 以上の地方政府・都市が PEMSEA の沿岸域

総合管理のネットワーク PNLG（PEMSEA Network of Local Government）に参加してアジア型の沿岸域総合管理に取り組んでいる[2]。

4. わが国の沿岸域管理の取組み

　第2次大戦後のわが国における沿岸域管理は、まず海岸防護、国土保全から始まった。当時、高波、波浪、浸食、地盤変動等による災害が頻発し、かつ管理の不徹底さが災害を大きくしていたことから、愛知、三重両県の海岸域で大災害を引き起こした昭和28年の台風13号などを直接の契機として昭和31年に海岸法が制定された。海岸防護、国土保全を目的として、災害に対する海岸の管理の責任を明確にするとともに、海岸保全施設の整備、砂利採取等の海岸保全に支障をきたす行為の制限等について定めた。

　1960年代からわが国は経済発展期を迎え、急速な経済活動の拡大と人口の沿岸都市部への集中が進行するとともに、それが大都市及びその周辺の沿岸域の環境劣化をもたらし、水質悪化、漁業不振、市民が親しめる浜辺や干潟、磯の減少などが進行した。このような状況は各先進国でほぼ同時期に同じように起こったが、わが国は、これらの問題を主として内湾・内海の大都市、工業地帯の公害または環境の問題として捉え、公害対策基本法、海洋汚染及び海上災害の防止に関する法律、水質汚濁防止法、そして深刻な環境問題に苦しんだ瀬戸内海に対しては瀬戸内海環境保全暫定措置法（後に瀬戸内海環境保全特別措置法、以下「瀬戸内法」と総称する。）などを制定してこれらに対応した。アメリカなどの国々のように、沿岸域総合管理が一般的な法制度として環境保護の法制度と並列して整備される方向には、直ちには向かわなかった。

　この時期に日本でも、住民が中心となってNPO、研究者などと一緒になって沿岸域の環境保全などに取り組んだ事例は多くみられる。しかし、それらの多くは、地域に環境の変化をもたらすような計画がそれによって影響を受ける住民に十分な協議のないままに進められ、または進められようとしているときに起こってきた。問題が起こってからそれに対する住民運動などが起こり、地域住民が自分たちの意思により自分たちのために地域を運営する組織であるはずの地方公共団体、特に基礎自治体である市町村は、これに受け身で対応することが多かった。沿岸域の問題が、自分たちの地域の問題、地域住民全体で取

---

[2] 日本からは、2013年に志摩市が参加。

り組む問題、問題が発生してから事後的に取り組むのではなくて総合的な計画を作って取り組む問題、取り組み主体の面では地方公共団体が中心となって行政だけでなく事業者、住民など地域の多様な関係者が連携協力して総合的に取り組む問題と理解されるにはもう少し時間が必要だった。

1999年には、海岸法の大幅な改正が行われた。この改正は、法目的を「海岸環境の整備と保全」及び「公衆の海岸の適正な利用の確保」など、「海岸の防護」以外にも拡大し、海岸保全基本計画の策定を通じて関係住民を含む関係者の意見を反映する仕組みをつくるなど、海岸の管理を社会が求めている方向に進めた。しかし、管理の重点区域である海岸保全区域は、引き続き海陸両側50mという「線」と言ってもいいような狭い範囲に止まっていて、沿岸域の問題への総合的取組み、あるいは管理への地域社会の参加という視点から見ると、依然として国際的に認知されてきた「沿岸域総合管理」とはかなり趣を異にした制度にとどまっている。

わが国が、国の政策として沿岸域総合管理を本格的に採り上げたのは、1998年に策定された全国総合開発計画「21世紀の国土のグランドデザイン」である。それは、地球サミットにおける海洋の総合管理と持続可能な開発の行動計画の採択を受けて「沿岸域圏[3]を自然の系として適切にとらえ、地方公共団体が主体となり、沿岸域圏の総合的な管理計画を策定し、各種事業、施策、利用等を総合的、計画的に推進する「沿岸域圏管理」に取組む。」としている。これに基づいて、2000年に「沿岸域圏総合管理計画策定のための指針」が決定された。この指針が示している沿岸域管理は、国際的な行動計画でも沿岸域総合管理として十分通用するものであった。しかし、これによってもわが国の沿岸域総合管理はあまり進展しなかった。これについては第3章で詳述する。

わが国で沿岸域総合管理が法律上に初めて採り上げられたのは海洋基本法（2007年）である。海洋基本法は、同法が定める12の基本的施策のひとつとして「沿岸域の総合的管理」を採択した。このことによってわが国の沿岸域総合管理は新しい段階に入った。

しかしながら、わが国の沿岸域においてはすでに様々な個別の縦割りの法制

---

[3]「21世紀の国土のグランドデザイン」及び「沿岸域圏総合管理計画策定のための指針」においては、本書で取り扱う「沿岸域」に相当する言葉として「沿岸域圏」が用いられている。以下、ガイドラインからの引用部分については、「沿岸域圏」を原文を尊重して用いている。

度が施行されており、これらが錯綜する中で、陸域・海域を一体的に沿岸域と捉えてその管理を総合的に進めるのは必ずしも容易ではない。これを推進するためには、沿岸域管理の制度をどう構築するか、その中で国、地方公共団体、事業者、住民、大学・研究機関、NPO等の関係者がどのような役割を担い、相互にどのように連携協力していくのか、そのあり方をどうするのかを明らかにすること、及び実際に沿岸域総合管理に取り組む人々がそれに必要な知識、能力等を身につけることが必要である。そこで本書は後者に焦点を当てて、わが国でこれから沿岸域総合管理に取り組む人々のために、日本の沿岸生態系、現行の日本の海の管理制度、日本における総合的管理の進展、総合的管理の取組み事例、総合的管理の理論、大学における教育・人材育成など、沿岸域総合管理に必要な知識、手法、情報などについて取りまとめ、沿岸域総合管理入門書として作成した。全国各地の沿岸域で総合的視点を持って環境保全、持続可能な開発、そして海を生かしたまちづくりに取り組む方々の参考になれば幸いである。

(寺島紘士)

第1章

日本の沿岸生態系

　黒潮や親潮などの海流と複雑な地形によって形成される日本の沿岸には多様な生態系が存在し、高い生物多様性が育まれている。人間はこれらの恵みを享受しながら暮らしているので、沿岸域の生態系を理解することはその総合的管理の第一歩である。栄養塩の動態、生態系サービス、陸と海のつながりなどをキーワードとして沿岸生態系のからくりを探りつつ、なぜ自然を守るのか、そこから何を学ぶのか、などの基本的な疑問に答えようとする。

千葉県・盤州干潟

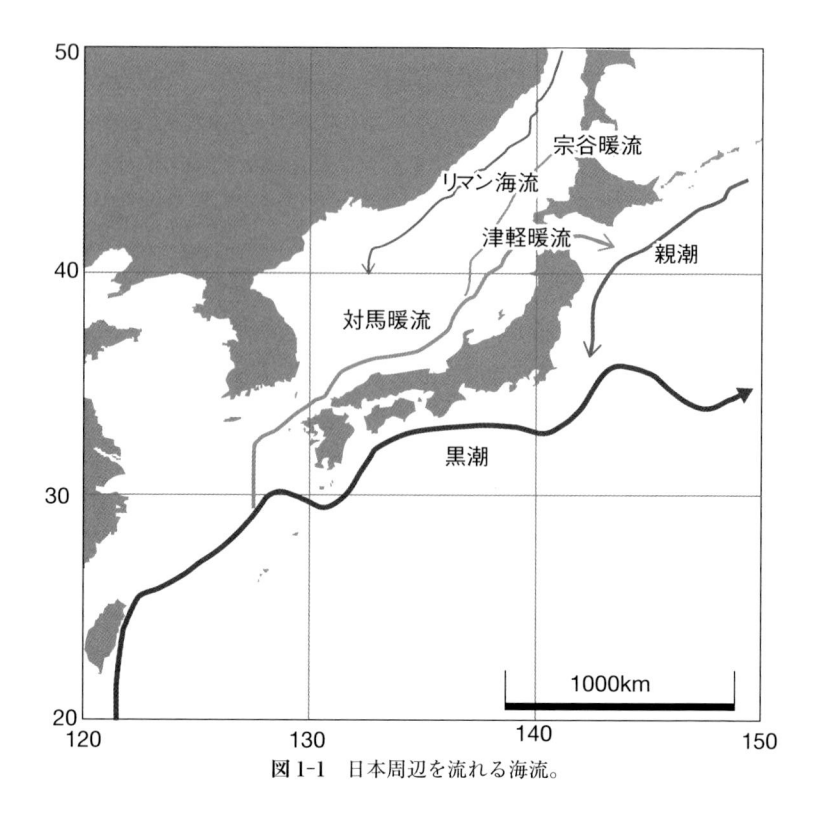

図1-1 日本周辺を流れる海流。

1・1 自然特性
1・1・1 日本周辺の海域と海流
a. 黒潮と親潮

わが国は、大きく分けてオホーツク海、日本海、東シナ海、太平洋の4つの海に囲まれており、これらの海は幾つかの海峡でつながっている。北海道とサハリンとの間には宗谷海峡、北海道と国後島等北方領土との間には根室海峡がある。対馬と朝鮮半島の間を国際的には朝鮮海峡（対馬と九州の間は対馬海峡と呼ばれるが、わが国では両者を合わせた九州と朝鮮半島の間を対馬海峡と呼ぶ場合もあり、政治的には注意が必要である）と呼んでいる。

またわが国周辺を流れる海流には、寒流として親潮とリマン海流、暖流として黒潮と対馬海流がある（図1-1）。その中で最も明瞭で、かつ規模が大きく、わが国の気候・風土等に大きな影響を及ぼしているのが黒潮である。黒潮は英語でもKUROSHIOと呼ばれ、北太平洋を時計回りに流れる世界最大の海流の

一つである。フィリピンの東側の海に端を発し、台湾の東側、沖縄の北西を日本の南西諸島に沿って北上し、トカラ海峡を通って九州東方へ出て、日本列島の南を東側に進み、房総半島から日本のはるか東の方へ離れていく。黒潮の流速は3～4ノット（時速約5～7 km）で、秒速になおすと1.5 mから2 mくらいの速さで流れている。最大の流速は5～6ノットにも達することがある。流れの幅は約100 km、水深（厚み）は1000 m近くに達し、流れている海水量は毎秒数千万トンと推定されている。まるで巨大な川が太平洋の海の中を悠々と流れているかのようである。この黒潮の一部が対馬海峡を通って日本海に流入しているのが対馬海流である。対馬海流は日本海に入るといくつかに分枝することもあり、流速は最大でも1.7ノット程度、厚みもせいぜい200 mくらいであるため、その流量は黒潮の1/10以下といわれている。日本海を北上した対馬海流の一部は津軽海峡を通って太平洋に出る津軽暖流、あるいは宗谷海峡を通ってオホーツク海に出る宗谷暖流となっている。

　一方、黒潮とともにわが国周辺を流れる代表的な海流であり、千島列島沿いに南西方向に流れる寒流が親潮（千島海流）である。親潮は、北海道東岸の沖合をさらに南下して三陸沖に達し、一部は房総半島沖まで達して黒潮と接することもある。流速はそれほど大きくなく、せいぜい1ノットを超える程度である。しかしその厚みは300～400 mあり、流量は北海道南東沖で毎秒約2～4百万トンほどであると推定されている。リマン海流は、ロシアのアムール川河口付近から間宮海峡を通って大陸の沿海州沿いに朝鮮半島付近まで南下する寒流というのが定説であるが、北に流れる対馬海流が冷却されて南方向へ逆流するものであるという説もあり、他の海流と比較して微弱なため、あまり詳細は分かっていない。

　黒潮の海水の特徴は高温と高塩分である。もちろん場所や季節により変動するものの、1955年から2012年の57年間のデータを元に計算された平均水温は、台湾周辺海域で約27℃、銚子沖で約21℃で、紀伊半島沖の観測では、黒潮フロントの前後で時には4℃もの水温差が観察されることもある。塩分はおよそ34.4～34.6 psu程度である。水の色が濃い藍色であり、黒っぽく見えることから黒潮と呼ばれている。これは、黒潮は水が極めてきれいで生き物の量が極端に少ないため透明度が高く、光が深くまで差し込むため光の反射が少ないことによる。ではどうして、黒潮の海水のなかには生物がほとんどいないのであろうか。それは黒潮の起源が、熱帯の温かくて貧栄養な表層海水であるためであ

る。このため、生産性が非常に低く、生物量が極端に少ないために、透明度が極めて高い。このため黒っぽく見えるのであり、黒潮自体に魚を育む十分に大きな力があるわけではなく、むしろ、黒潮は「海の砂漠」と呼ばれる不毛の海である。

　それに対し、親潮の海水は、低温かつ低塩分という特徴があり、溶存酸素を多く含む。同じく 1955 年から 2012 年の 57 年間のデータを元に計算された平均水温は、根室沖で約 4℃、福島沖で約 17℃ であり、塩分は 33～34psu となっている。親潮上流域のアリューシャン列島やベーリング海付近では、特に冬季には、猛烈に発達した低気圧がもたらす荒天による海水の攪拌に加え、表層水が大気により冷却されて重くなり下層へ沈降することから、鉛直混合が盛んになる。また千島列島の島々間の海峡付近でも鉛直混合の盛んな所があり、下層に存在する豊かな栄養塩が表層付近にまで上昇している。このため、親潮の海水は栄養塩を豊富に含んでいるという特徴があり、様々な生き物を育む海水という意味から"親潮"と呼ばれている。なお、湧昇や栄養塩と一次生産の関係については、本章 1・2 で詳しく述べる。

b．黒潮の恵みと生物資源の再生産

　このように黒潮の正体は、親潮と異なり不毛の海である。しかし一方で高知県などではしばしば「黒潮の恵み」ともいわれ、多くの魚介類を我々に提供してくれていることも事実である。黒潮が豊かな海の幸をもたらす理由の一つは、カツオやマグロのような大型の回遊魚を日本近海へ運んでくれるからである。さらに加えて、黒潮とその周辺海域との境目は非常にはっきりしており、そこでは水温が急激に変化したり、いろいろな物質の濃度が短い距離で急激に変化したりしている。黒潮の境目では明瞭な、非常にはっきりしたフロント（不連続線）が形成されており、有機物やプランクトンなどの生き物がフロントに向かう収束流の存在など物理的機構により蓄積されている。このことは、黒潮の周辺部に餌が集積していることを意味し、それを目当てに、アジやサバのような近海物の魚が集まり、漁師はそれを獲物にしている。黒潮が豊かな海の幸をもたらすのは、このような理由からである。

　さらに、黒潮によってもたらされた温暖な気候、豊富な雨は大気中の窒素などの栄養とともに降り注ぎ、山地に水分と栄養を与え、森林を発達させるとともに、水量豊富な河川が形成され、山地から供給された豊かな栄養塩を利用し

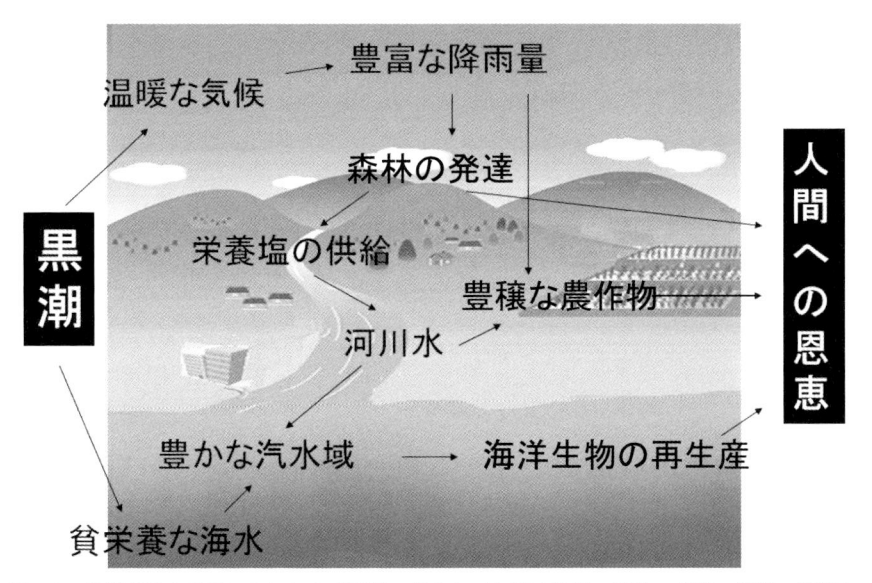

図 1-2 黒潮が日本沿岸にもたらす「黒潮の恵み」。(矢印は物質の移動、直接、間接の影響を示しており、黒潮がもたらす温暖な気候と豊かな降水量が、森・川・里・海に様々な恵みをもたらしている)。

て川底のコケが育ち、それを食べてアユが育つ。また平野部では、豊かな農作物が雨や川の水を利用して育てられている。さらに流域を経て海に流れ込んだ河川水は、沿岸海域の生産性を支えている。高知県の沿岸では、貧栄養な黒潮の海水と栄養塩豊かな河川水が実に微妙なバランスで混ざり合っていると考えられている。このように、黒潮は森・川・里・海のすべてに多くの恵みをもたらしている。これらはすべて「黒潮の恵み」である[4]（図1-2）。

　高知大学では森の幸・里の幸・海の幸に代表される「黒潮の恵み」がなぜ得られるのか、その恵みを持続的に得るために我々は何をすればいいのかを科学的データをもとに明らかにすることを目的とした「黒潮流域圏総合科学」というプロジェクトが進められている。では自然の幸の持続性とは何であろうか。

　森の幸・里の幸・海の幸の多くは生物資源である。生物資源が、石油や石炭のような非生物資源（物質資源）と決定的に異なる点は、再生産されるということである。鉱物資源のような物質資源は、何億年もの地質学的年代を経なけ

---

[4] 深見公雄．2010．第7章第1節．黒潮流域圏総合科学の展開．水産の21世紀―海から拓く食料自給．田中　克・川合真一郎・谷口順彦・坂田泰造（編），京都大学学術出版会，京都．pp.493-504.

れば再生産されることはなく、したがって短期間に増えることはない。つまり、いかに省エネしようとも、資源の無駄使いをやめようとも、それは資源の消費速度が緩やかになるだけで、資源量が減少していくことには変わりなく、決してもとの量より増加することはない。それに比べて生物資源は、自然環境や生態系さえ健全であれば再生産されるため、ある一定のレベルで維持される。このことはきわめて重要で、生物資源を再生産量の範囲内で消費していれば、資源は減少しないことを意味している。これは例えば利息の範囲でしかお金を使わない貯蓄のようなものと考えることができる。生物資源の現存量（資源量）はいわば"元本"であり、再生産量はいわば"利子"である。"利率"がすなわち再生産速度に相当する。私たちは通常、自分の預金残高が現在いくらあり、現在の利率は年何パーセントであり、従って1年間にどれくらいの利子が生まれるかを簡単に計算することができる。しかしながら、自然環境に存在する生物資源の場合には、これを知ることはそう容易なことではない。元本すなわちその生物資源の現存量が今どれくらいあり、現在の利率、すなわち再生産速度がどの程度であり、1年間にどれくらい利子が生ずるのか、つまりどれくらいの資源を消費・利用することが可能なのかを知ることは、詳細な現場観察に基づくデータの裏付けがなければ不可能である。現存量やその再生産速度は場所や生物の種類や環境条件によって大きく異なるであろう。しかしながら、我々人類はこれまで"利率"はおろか"元本"がいまいくらあるかですらそれほど明確には知らずに、あるいは知ろうとしないままに、"利子"を食いつぶし、しばしば"元本"までも消費してきた。その結果が、資源の減少と枯渇であると考えることができる。「黒潮流域圏総合科学」はまさにこの点を明らかにすることが大きな目的の一つである。

1・1・2 沿岸域総合管理の対象としての閉鎖性海域
a. 閉鎖性海域とは

沿岸海域の中でも陸域に囲まれて閉鎖性の強い内湾や内海などは閉鎖性海域（Enclosed Coastal Seas）と呼ばれている。閉鎖性海域は、直接外海に面した開放性の高い海域に比べて、静穏で自然災害の被害も受けにくく、また港湾施設などが発達しやすいため、大都市が形成されやすい。従って、産業活動をはじめとする様々な人間活動が盛んで、複雑な利害関係が存在することも多いため、沿岸域総合管理の必要性が高い海域でもある。

閉鎖性海域を自然環境の面からみると、陸域から流入した汚染物質や栄養塩類がその水域内にとどまる（滞留する）性質が強く、海洋学的には「閉鎖性海域では陸域からの流入物質の平均滞留時間が長い」と表現されている。さらに、閉鎖性海域では流入物質の滞留時間が長いだけでなく、前述のように人間活動が盛んなため汚染物質や栄養塩類の流入も多いので、海域汚染、富栄養化、赤潮や貧酸素水塊などが発生しやすい。そのため、閉鎖性海域は環境管理の対象海域としても重要で、環境省の水・大気環境局にはこの海域を専門的に担当する閉鎖性海域対策室が置かれている。

日本では、東京湾、伊勢湾、瀬戸内海、有明海をはじめとする88海域が、環境省により閉鎖性海域に指定されており、瀬戸内海が最大の閉鎖性海域である。閉鎖性海域の指定にあたっては、他の海域と区別する基準が必要なため以下に示す閉鎖度指標が用いられており、この値が1以上である海域が閉鎖性海域として指定されている。

$$閉鎖度指標 = \frac{\sqrt{S}D_1}{WD_2}$$

ただし、W：湾口幅（その海域の入口の幅（m））、S：面積（その海域の内部の面積（m^2））、D_1：湾内最大水深（その海域の最深部の水深（m））、D_2：湾口最大水深（その海域の入口の最深部の水深（m））。

なお、前述のように閉鎖性海域では一般的に海域汚染、富栄養化、赤潮や貧酸素水塊などが発生しやすいため、水質汚濁防止法では、この指標値が1以上を示す海域（すなわち閉鎖性海域）が排水規制の対象とされている。

国際的にみてもチェサピーク湾、バルト海、渤海湾などの閉鎖性海域は、閉鎖性海域に特有の問題をかかえているため、閉鎖性海域の国際的なネットワークも形成されている。代表的なものとして、EMECS（エメックス、Environmental Management of Enclosed Coastal Seas）会議と呼ばれる世界閉鎖性海域環境保全会議が1990年以来、世界各地ですでに10回にわたって開催された。

b. 陸と海のつながり

閉鎖性海域における総合的沿岸管理のあり方を考える場合の重要なポイントの一つは陸と海のつながりである。日本各地に古くから残る海彦・山彦伝説は、おそらく、里海（1・3・1を参照）の民と里山の民の交流や陸と海の間で交易

があったことを示唆するものである。歴史の古い魚つき林（魚つき保安林）制度は非常にユニークで国際的にも関心がもたれており、最近では河川流域の森林全体を沿岸魚類に対する魚つき林としてとらえ、陸域の森が海域の水産資源を保全するという考え方が紹介されている。陸域と海域は自然界の物質の循環過程を通してのみならず、人間の活動をも通して密接につながっており、これらのつながりがバランスを維持したものであることが重要である。

畠山重篤氏が提唱する「森は海の恋人」や富永修氏が唱える「水は"森と海"をつなぐキューピッド」も陸と海の関係性を表現したものである。又、一生の間に海と川を行き来するサケやウナギなど生物も文字通り川と海をつないでいる。

科学的にも陸域と海域の関連性や相互作用は極めて重要な研究課題である。例えば、国際的な大型研究プロジェクトであるIGBP（International Geosphere-Biosphere Programme 地球圏・生物圏国際共同研究計画）においてもコア・プロジェクトの一つとしてLOICZ（Land-Ocean Interactions in the Coastal Zone：沿岸域における陸地－海洋相互作用研究計画）が進められてきた。

本稿では、陸域と海域の相互作用が強い地域の事例として四方を陸地に取り囲まれた瀬戸内海域を取り上げる。陸域から海域への作用としては、例えば、瀬戸内海には流域面積が1000 km^2 以上の河川だけでも11水系が流入し、しかも外海との海水交換は地形的に大きく制限されているので、瀬戸内海は流入河川水の影響を受けやすい。次に海域から陸域への影響の例としては、瀬戸内海では潮差（干潮位と満潮位の差）が大きいため、河口域では満潮時に長距離の塩水遡上がみられる。そのため、農業用水に対する塩分の影響を避ける目的で、歴史的には潮止堤などが構築されてきた。又、瀬戸内海では大きな潮差や晴天の多い気候などから、古来、製塩業が盛んで、海水中のミネラルが瀬戸内海から大量に陸域に供給されたことも海域が陸域に及ぼす影響の例と考えられる。以下では、問題点を示しつつ、閉鎖性海域の再生の道筋とあわせて陸域、海域の関連性について考察する。

c. 瀬戸内海

閉鎖性海域は一般に陸域の影響を強く受けるが、本州、四国、九州に囲まれた瀬戸内海はその代表的な性質をそなえている。しかも、この瀬戸内海は、景観や自然環境に恵まれているだけではなくて、流域に住む人口が約3000万人、

また関係13府県（直接瀬戸内海に面していないが、流入する河川の水系として関わっている京都府と奈良県を含む）の総生産が国内総生産の約4分の1におよぶため、活発な人間活動や産業活動が海域にも強い影響を与え続けてきた。

食物連鎖の基礎を担う植物プランクトンの豊富さを人工衛星により観測された海洋表面のクロロフィル濃度を指標として少し広い範囲でみてみよう（図1-3）。この値は、本邦南方の黒潮海域で非常に少ないのに対し、陸域からの淡水流入の影響を受けやすい外洋側の沿岸域でかなり高くなり、瀬戸内海の中ではさらに非常に高いことが分かる。このことは、瀬戸内海では豊富な栄養塩の流入負荷により植物プランクトンによる基礎生産が非常に大きいことを示すと同時に赤潮が発生しやすい状況も示している。

ここではこの40〜50年間に瀬戸内海の環境と生態系がどのように変わってきたか、また環境管理に関わる法制と制度がどのように変遷したかを紹介し、現状と課題を整理する。

瀬戸内海の環境は、戦後の高度経済成長期に急速に悪化した。1960〜70年代には各種の公害や水質汚染が多発し、「瀕死の海」と呼ばれる状況になった。

このような状況を背景にして、瀬戸内海環境保全特別措置法いわゆる瀬戸内法が1973年に制定された。この瀬戸内法は海に関する法律ではあるが、瀬戸内海に流入する河川のほぼすべての集水域を対象範囲として設定しCOD（化学的酸素要求量）と全窒素、全リンの総量規制（総量負荷削減施策）を行うとともに、「埋め立てに関わる特別な配慮」、すなわち埋め立て抑制を求めていることを特徴とする（3・1を参照）。

さて、総量負荷削減施策は、基本的には、環境基準を達成するための手段である。その観点からすると、実は、瀬戸内海のうち、大阪湾を除く瀬戸内海では、すなわち播磨灘以西の海域では、既に海水中の全窒素と全リンの環境基準達成率がほぼ100％近くとなっている。このことは、大阪湾を除く瀬戸内海では、全窒素と全リンの総量負荷削減施策が本来の使命をほぼ終了したことを示している。これに対し、大阪湾と伊勢湾、東京湾では、依然として総量負荷削減が必要な状況にある。

瀬戸内法のもう一つの柱である埋立て抑制施策の成果として、毎年の埋立て面積は大幅に削減された。しかしながら、全面禁止ではなかったために、埋め立ては瀬戸内法施行後も様々な理由で継続され、累計的には3万haにおよぶ膨大な面積が埋め立てられることとなった。

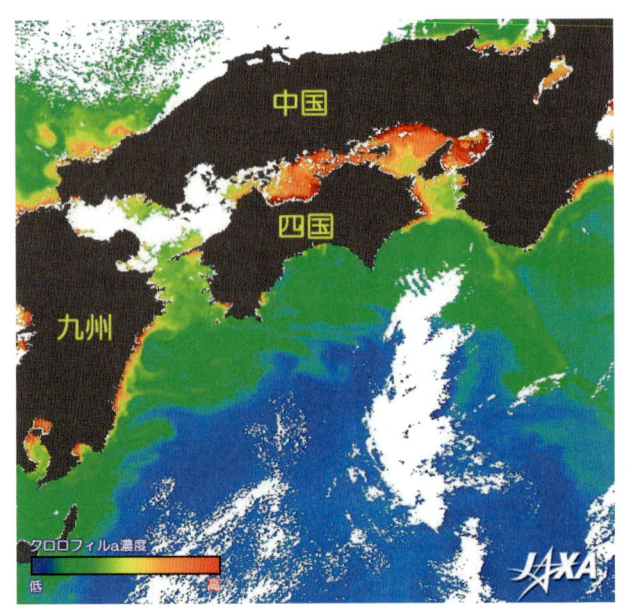

図 1-3 海洋表層のクロロフィル a 濃度の分布を示す人工衛星画像（JAXA 提供画像：白い部分は雲）。

　その結果、例えば大阪湾奥部では、海岸線のほとんどが埋め立て地となり、藻場・干潟といった陸域と海域のつなぎ目に当たる生態学的にも重要な浅場が失われる結果となった。藻場はしばしば「海のゆりかご」と称されるが、生物の産卵場、生育場などとして極めて重要な場が大幅に消滅したことになる。

　さらにもう一つ重要なことは、このような変化によって、かつて人々の生活の身近にあった自然の浜が失われたことである。埋立てや海岸構造の変化によって、海岸線が生活の場から物理的に遠くなっただけではなく、自然の浜に接する機会が大幅に失われたことになる。すなわち、海に対する人々のオープン・アクセスが失われたことを意味している。従って、長期的にはこの失われたコモンズ的な性質を持つかつての共有空間を取り戻すことも大きな課題である。

　瀬戸内海の生態系がどのように変わったかを示す長期的、広域的なモニタリングデータは得られていないので、この問題の全体像を把握することは難しい。しかし、広島県呉市周辺の6地点で、約50年間続けられてきた海岸生物の出現状況に関する貴重なデータがある（図1-4）。このデータによれば、いずれの地点でも、海岸生物の出現種類数が1960年代から急激に減少したことがわ

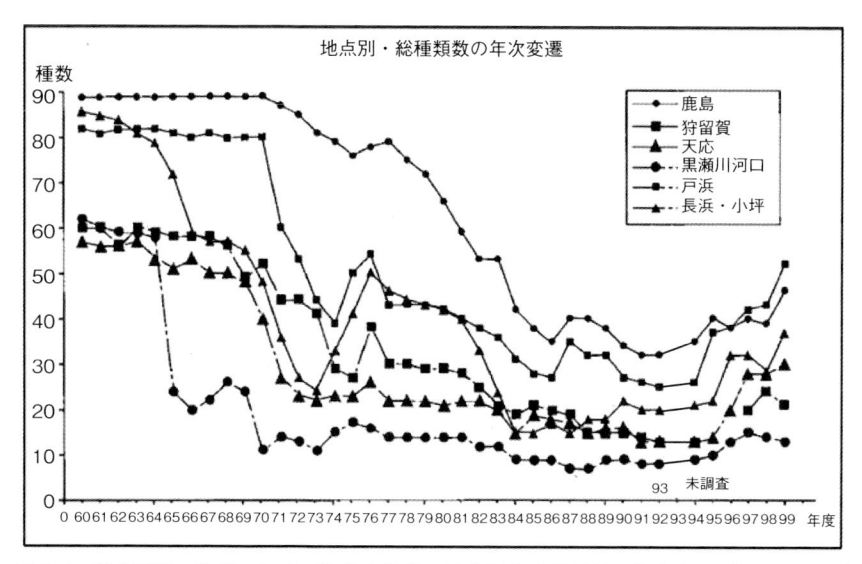

図1-4 呉市周辺の海岸における海岸小動物の地点別出現種類数の年次変遷(但し、1993年は未調査)[5]。

かる。1990年代ぐらいまでずっと減少して、ごく最近、やや回復傾向が見られるが、出現種類数は当初のレベルに比べると依然として非常に少ない状況にあることがわかる。

　漁業生産はどのように変化してきたであろうか。養殖を含まない瀬戸内海全域の総漁獲量は富栄養化の進行とともに、1980年代中ごろまで増加した。カタクチイワシなど多獲性魚類の漁獲量が増加したためである。しかし、その後、漁獲量は漸減し、近年では、ピーク時の2分の1程度である。非常に重要な変化の一つにアサリ等の貝類がほとんど採れなくなったという事実がある。

　以上、瀬戸内海の環境と生態系について現状と課題をまとめると、極端な汚染問題は沈静化し、水質も改善傾向にあるが、埋め立てが進み、生態系、生物多様性と水産資源は非常に劣化したままの状況にある。少し比喩的にいえば、「豊かな海」・「美しい海」が失われた状況にある。具体的な問題として、湾奥などでは依然として赤潮や貧酸素水塊が発生している。それから底生生物をはじめとする生物の生息環境が悪化していること、藻場や干潟などの産卵場や育

---
[5] 温浅一郎,2009,瀬戸内海の小動物―その変遷―,産業技術総合研究所中国センター,P55.

成場の環境が劣化して水産資源水準が低下していることが大きな問題である。

これらの問題を解決するためには瀬戸内海に関わる多くの立場の人たちが協議会的に話し合う場を設定し、総合的沿岸管理の重要性を認識して具体的対策を考え実践に移すことが重要である。

1・1・3　沿岸域の生物多様性

近年、生物多様性に関する議論が盛んに行われており、本書においてもこの単語が既に何度か使われている。しかしながら生物多様性は大変複雑な概念であり、理解が困難であるといわれていることも事実である。生物多様性は生物相を評価する際の重要な指標であることは疑いのない事実であり、総合的沿岸管理においても重要なキーワードのひとつであるので、その概要を解説しておこう。

生物多様性とは「すべての生物（陸上生態系、海洋その他の水界生態系、これらが複合した生態系その他生息または生育の場のいかんを問わない）の間の変異性をいうものとし、種内の多様性、種間の多様性及び生態系の多様性を含む」と定義される（生物多様性条約第二条）。

「種内の多様性」は「遺伝的多様性」とも表現される。同種内においても、個体によって持っている遺伝子が異なることにより、様々な異なった形質が生じることを指す。アサリの殻の模様が多様であるのは分かりやすい例である（写真1-1）。遺伝的多様性の重要性を明確に表している最も有名な例は19世紀に起こったアイルランドのジャガイモ飢饉であろう。当時アイルランドでは収穫量が多い品種を中心に栽培していたため、ジャガイモに病気が発生した時、ジャガイモ全体に蔓延し、絶滅に近い状態になったという。ジャガイモに多くの品種が存在し、遺伝的多様性が高く、特定の品種が絶滅しても、他の同様の機能を果たす品種が存在する場合は人間は飢えをしのぐことが出来ると考えられる。残念なことに当時は病原菌の感染に耐え得るジャガイモの品種がなく、かつジャガイモに代わって人々の主食となりえる十分な量の食物が存在しなかったため、多くの人々が飢えに苦しむこととなった。

「種間の多様性（種の多様性）」は自然界に様々な種が生息していることを意味するもっとも身近な多様性の概念である（写真1-2）。現在では地球環境が劣化し、多くの種が絶滅、またその危機にあると言われている。種の多様性は環境変動の指標にもなりうることから、それを高い状態で維持することの重要

写真 1-1 アサリの殻の模様は多様である。

性が叫ばれている。地球上には何百万種もの生物が生息していると考えられている。種の多様性が重要であるとは言え、その中の幾つかの種が絶滅することが何故深刻なのかという疑問を呈する考えがあることは事実である。一般的に私たちの目にとまらない地中や水中の微生物も複雑な自然界の諸関係を構築している一員であり、そのうちの幾つかの種が消滅することにより、全体のシステムが崩壊する可能性があること、あるいはすべての生物がバランスを維持しつつ、相互に依存して暮らしていることを認識することにより、種の多様性を維持することの重要性が理解される。一方では人間の生活に害を及ぼす生物に関しては撲滅する方がいいと考えるのが普通なので、その考え方が妥当かどうか哲学的な議論を含めて意見の多様性がある。

「生態系の多様性」は、地球上には異質な自然環境が存在し、森林、河川、干潟、サンゴ礁、などの異なった生態系が存在することを示している（写真1-3）。地球の歴史とともにさまざまな地形が創出され、それぞれに特徴ある生物たちが生息するようになった。これらの多様な生態系の存在は、種の多様性をより高いものにすることにつながり、又、私たちの自然との付き合い方を多様なものにしている。とはいえ、生態系とは人間が決めた空間であり、周辺の生態系との境界が不明確であることが普通である。いくつかの種にとっては異なった生態系を生息場所として利用しているので生態系間のつながりも重要である。この点については別項で論ずる（1・2・4、1・2・5参照）。

写真 1-2　種の多様性。沖縄の海岸で出会う多様な生き物たち。

写真1-3 さまざまな生態系。
左上：砂浜、右上：干潟
左下：マングローブ林
右下：岩礁

　これらに加えて、「景観の多様性」及び「機能的多様性」という考え方も提唱されている。景観の多様性は複数の生態系が作り出す空間の眺めの異質性であり、数平方メートルの範囲の中で見られる生物の分布の違いによって認められるモザイク状の景観から、山岳地帯の植物分布の違いによる異なった景観の異質性などの広大な範囲を対象とする研究に至るまで、多様な研究が行われてきた。近年、景観の多様性の重要性を実験的に証明しようとする研究も見られるようになった。生態系の組み合わせが多様な場合、生物群集も多様になる、あるいは生産力が高まっている、などの報告がある。熱帯・亜熱帯域にはサンゴ礁、マングローブ、海草帯が多様なパターンで配置された独特の景観が存在する。これら3者が存在することによって魚類の種の多様性が高まると言われ

写真1-4 自然景観は多くの生態系の組み合わせによって様子が異なる。
左：岩礁や海岸林で構成される景観、右：港が存在し、建物が多い海岸では「人が多い生態系」の特徴を勘案して沿岸管理を謀る必要がある。

ている。近隣に人口が多い区域が存在すれば生物相も変化する（写真1-4）。もちろん動植物の健康的な維持管理には十分な広さの生態系が確保されている必要があるので、今後、各種（特に重要種を中心とした研究になるだろう）の生態を明らかにし、沿岸の管理に活用されることが期待される。

　これらとは別の考え方で取り上げられているのが機能的多様性である。二つの生態系を比較する場合、種数が同じであっても、種組成が異なり、各種のサイズ、食性などが異なっていれば生態系の特徴が同じではないであろうことは容易に想像できる。機能的多様性の考え方は、これらの特徴を勘案しようというものであるが、その指標を明確なものにするための研究が継続されている。外来種が侵入し、在来種との置き換わりが起こった時など議論にも使われている。機能の多様性に関する研究では、生態系の中に存在する類似した働きをする種のグループ、あるいは種の特定の部分（例：植物の葉）を機能群としてまとめて考えることが多い。魚類に関する研究では各種の食物、生活場所、稚魚の特徴、産卵数、サイズ、体型、様々な特性を取り上げている。それぞれの機能特性が生態系において果たしている役割を考慮し、種間の機能上の類似性を整理し、全体の多様性を表現した後で、群集間の比較を試みる。機能的多様性はコンピューターを用いた複雑な解析が行われ、理解することの困難さがあるので、今後、多くの人が理解可能な表現で紹介されるような工夫が行われることが期待される。

　ある生物群集の中で同じ生活様式を持つ生物群をまとめて一つのグループと

写真 1-5 サンゴ礁海岸に普通にみられるナガウニ類。左：岩礁に穴を掘り、その中で生活しているグループで、穴の外に出ることはほとんどない。右：集合するタイプで、夜間には拡散して行動する。

して表記し、生態学的な解析をすることがある。摂食様式に関して、懸濁物食、堆積物食、プランクトン食などのまとめ方をするのはその例である。あるいは線虫のように種名を決定することに困難さが伴うものは、口器の形態により、その摂食様式を区別し、ギルド群として生態系内の役割を考察してきた。草食動物に関して考えた場合、ジュゴンが1個体生息している場合と、ウニが1個体生息している場合では明らかに生態系の中での役割が異なる。サンゴ礁域で普通にみられる「ナガウニ」と呼ばれているウニ類には岩に穴を掘って暮らしているタイプとそうでないタイプがある。これは明らかに生態系内における役割が異なると考えられる（写真1-5）。

　最近、外来種の影響が話題になる。外来種が在来種個体群を小型化させた、あるいは絶滅に追いやった時、生態系の機能は依然と同じように維持されるのか、あるいは異なったものになるのか、という話題に関しても機能的多様性の考え方が利用される可能性がある。

　機能的多様性を定量化するためには、それぞれの機能を数値として表現するとともに、各機能の重みづけをする必要があるが、これは容易ではない。さらに得られた結果を利用して生態系の特徴が明確になり、比較が可能になると理解が深まる。機能的多様性は他の生物多様性のカテゴリーと比較すると議論の歴史が浅いため、まだ十分な情報が蓄積されていない現状にある。また他の多様性のカテゴリーと関連させて考察することも可能と思われる。ある生態系内を構成している多様な種の活動パターンはそれぞれ違いがあり、系内で異なっ

た役割を果たしていることは明白である。これは多様な種には生態系内におけるさまざまな機能・役割があるという説明も可能である。別の見方で考えると、複数の種が生態系内で同じ役割を果たしている（たとえば草食動物のグループ）ことも事実であるので、突然の環境変化やその他の原因により、ある種の個体群サイズが激減したり、あるいはその種が絶滅してしまったりした場合には、同じグループ内の別の種が機能的にその役割を担うことによって生態系全体の機能が維持されることもありそうである。

閉鎖性水域では魚介類の養殖が行われることが多い。これは生態系内に特定種の現存量を極端に増加させることになるので、種の多様性や機能的多様性が変化したり、過剰な餌供給により環境が変化したりすることに繋がる。沿岸域総合管理においては系内のバランスを如何に維持するかが重要な課題である。

沿岸域に関係の深い制度や施策の変遷の中で、海や川に関連しては、流域管理、あるいは森・川・海、森・里・海の連携というような観点と海洋基本法に基づく沿岸域の総合的管理、あるいは、地域を中心にした里海づくりといった考え方や活動が、近年、盛んになっている。

実際に、森・川・海をつなぐ森づくりは漁場環境の整備とも関連して様々な施策にも取り入れられ、全国各地で盛んに行われている。長い歴史を持ち、国際的にも Fish Breeding Forest として関心が高まっている「魚つき保安林」の仕組みなども再評価が必要であろう。

森・川・海の一体的管理に関しては、地方公共団体レベルでも様々な取り組みが進められている。例えば、青森県、岩手県、秋田県の北東北３県は連携調整して、ふるさとの森と川と海の保全及び創造に関する条例、いわば森・川・海条例を、ほぼ同時に制定した。この事例は、必ずしも国の制度に頼らなくとも、生態系をより広い視野で捕らえることによって陸域と海域の一体的管理ができる可能性を示すものとして注目される。

1・2　沿岸生態系の動態

1・2・1　物質循環から見る健全な生態系

海洋における有機物の生産者は、主として植物プランクトンであり、様々な無機栄養塩類を取り込み光合成により有機物を作り出す。これを一次生産（基礎生産）とよぶ。植物プランクトンの一次生産の大きさを決めているのは、海洋で不足しがちな窒素やリンであることが多く、これらを制限因子という。陸

上植物にとってしばしば制限要因の一つとなるカリウムは、海水中では十分な量が存在するので、海洋環境では制限因子になることはない。植物プランクトンのグループによっては別の制限因子が存在することもある。例えば珪藻類などは細胞がケイ酸質の殻で覆われているために、増殖には多くのケイ素が必要である。このため、珪藻類が優占している海では、窒素・リンとともにケイ素も一次生産の制限因子となることがある。このほか、増殖にビタミン類やその他の微量成分が必要な植物プランクトンもいる。最近では、鉄が海洋の一次生産の重要な制限因子であることも指摘されている。

　植物プランクトンには、多くの分類群にわたる多種多様な種が知られている。中でも珪藻類・渦鞭毛藻類・ラン藻類などが外洋での一次生産者として重要な植物プランクトンである。又、内湾では、珪藻や渦鞭毛藻の他に、ラフィド藻類と呼ばれる増殖能力が高い単細胞藻類のグループも優占することがある。これらの植物プランクトンは栄養塩類を取り込んで増殖すると、植食性の動物プランクトンに食べられる。海洋で最も重要な植食性の動物プランクトンは、かいあし類と呼ばれる小型の甲殻類である。かいあし類などの植食性動物プランクトンは、肉食性の動物プランクトンに食べられ、さらに小魚等に捕食され、次第に栄養段階の上位へと有機物が伝わっていく。このように、植物によって生産された有機物が動物によって次々と利用されていくエネルギーの流れを捕食食物連鎖と呼んでいる。一方、生物の遺骸や糞などは、細菌（付着性細菌）により分解され、無機栄養塩類が再生される（図1-5の左半分）。

　植物プランクトンは光合成で生産した有機物のかなりの部分、場合によっては総生産の半分近くを、自らの細胞の外に溶存態の有機物（EOM：Extracellular released Organic Matter）として放出していることが分かっている。しかしながら、動物プランクトンや魚類など従属栄養性生物の大部分は、栄養源として粒状有機物や生物体を必要とし、海水中の溶存態の有機物は効率よく利用できない。いいかえれば、溶存態の有機物は従来の捕食食物連鎖のエネルギーの流れからははずれており、植物プランクトンがそのように多量の溶存態有機物を体外に排出することは、せっかく植物プランクトンによって生産された有機物に蓄積されたエネルギーの多くが食物連鎖の系外へ消失していることを意味している。

　ところで海洋環境では、生物の遺骸などの粒状有機物の表面や内部に存在する"付着性細菌"の数は、富栄養化した内湾域や赤潮の崩壊時など海域に粒状

```
              ┌─────────────────┐
              │   無機栄養塩     │
         ┌───→│ （チッソ・リン等）│←───┐
         │    └─────────────────┘    │
         │           │                │
         │           ↓                │
         │    ┌─────────────┐   ┌──────────────┐
         │    │             │···→│ 体外排出有機物│
    ┌─────────│ 植物プランクトン│   │   （EOM）    │
    │    │    └─────────────┘   └──────────────┘
┌────────┐  │         │                 │
│付着性細菌│  │         ↓                 ↓
└────────┘  │    ┌─────────────┐   ┌──────────┐
    ↑    │    │動物プランクトン │←··│ 浮遊性細菌│
    │    └───→└─────────────┘   └──────────┘
    │              │                 │
    │              ↓                 ↓
    │         ┌──────────────┐   ┌────────┐
    │         │魚等高次消費者 │←··│ 鞭毛虫  │
    │         └──────────────┘   └────────┘
    │                                 │
    │                                 ↓
    │                             ┌────────┐
    └─────────────────────────────│ 繊毛虫  │
                                  └────────┘
```

　　　　　━━━▶　捕食食物連鎖　　　　‥‥▶　微生物食物連鎖

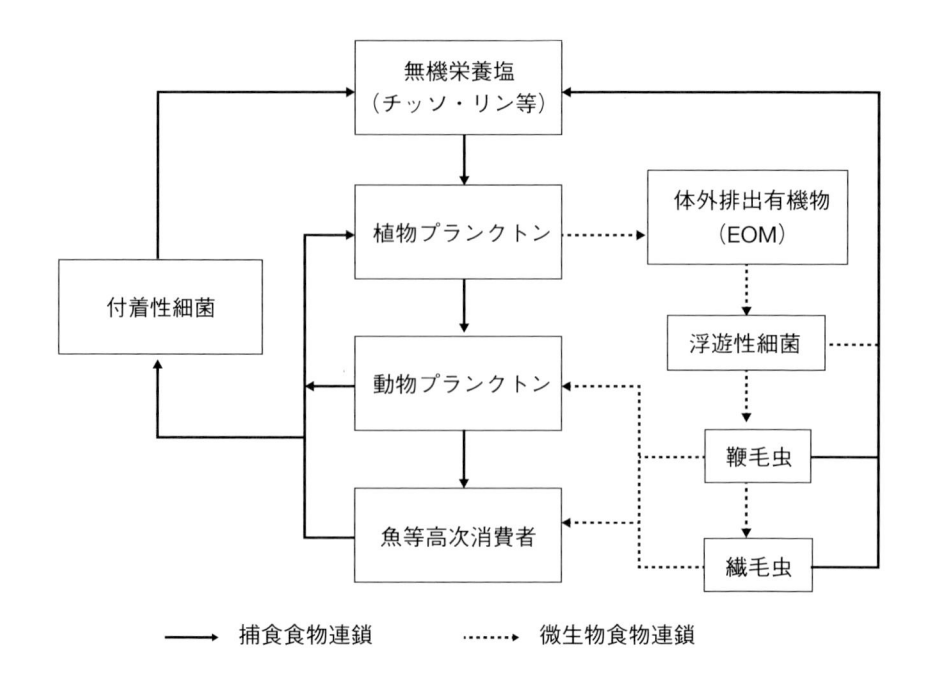

図1-5　海洋生態系における物質（エネルギー）の流れ（左半分が従来から知られている「捕食食物連鎖」、右半分が最近分かってきた「微生物食物連鎖」）。

　有機物が多量に存在している場合には全細菌数の30％程度になる場合もあるが、通常は数％以下と少数で、大部分は単独で水中に浮遊して生活する"浮遊性細菌"である。そしてこの浮遊性細菌こそが溶存態の有機物を効率よく利用して増殖している生き物であることが分かってきた。つまり、海洋の浮遊性細菌は他の生物が効率よく利用できない溶存態の有機物を利用して増殖し、菌体生産の形で溶存態の有機物を粒子に変えているのである。粒子になった細菌細胞由来の有機物は従属栄養性の鞭毛虫（HNF：Heterotrophic Nanoflagellate）（写真1-6）と呼ばれる生物によって直ちに捕食されていることが明らかになっている。細菌を捕食して増殖したHNFは、さらに繊毛虫や仔魚等の大型の生物に食べられ、ついには先に紹介した捕食食物連鎖につながっている（図1-5の右半分）。つまり、いったんは食物連鎖の系外に消失したと考えられた溶存態の有機物が、細菌・HNF・繊毛虫等の微生物の働きによって再び捕食食物連鎖に組み込まれているのである。このルートは微生物食物連鎖（もしく

写真1-6 細菌を捕食する従属栄養性鞭毛虫（中央と右側の卵形のもの）。大きさは約3 μm。鞭毛により水中を泳ぎまわり、細菌をとらえて食べる。周辺の小さな点は細菌細胞。

は微生物ループ）と呼ばれている[6]。

　このように、海洋生態系の物質循環とそれを支えているエネルギーの流れは、ほとんど全くといっていいほど無駄がなく、効率がよいシステムである。そして一次生産の大きさが結局は食物連鎖を通して魚類生産量を左右することになる。従って、豊かな海、生産性の高い海というのは、栄養塩類が多く一次生産量の多い海のことであり、図1-5に示した食物連鎖（エネルギーの流れ）が滞りなくスムーズに循環しているのが健全な生態系である。

1・2・2　沿岸生態系の科学的認識
a. 富栄養化、それとも肥沃化

　海洋生態系における食物連鎖のあらましと、健全な生態系とはどのようなものかについては、本章1・2・1で述べた。ここでは、海域の富栄養化と肥沃化の違いについて述べたい。閉鎖性の強い沿岸や内湾では海の富栄養化が問題となっており、陸上から海に流れ込む栄養塩類の量を減らすことが求められている。その一方で、長崎県沖や相模湾では人工的に海を富栄養化させる、あるいは肥沃化させることが実施されている。どちらも同じ「富栄養化」という語を使用しているが、両者は一体どこが違うのだろうか。

　湧昇海域では、深層からゆっくりと長い時間をかけて少しずつ湧き上がってきた豊かな栄養塩類を利用して植物プランクトンがゆるやかに増え、それを動物プランクトンが食べ、さらに魚等の高次の栄養段階の生物によってそれらが

---

[6] 深見公雄．1999．従属栄養性鞭毛虫の細菌捕食とその生態的役割．日本プランクトン学会報46: 50-59.

消費され、図1-5に示したような食物連鎖を物質（エネルギー）が次第に受け渡されていく。これを肥沃化といい、栄養塩類の適切な供給によって、豊かな生態系が健全に維持されている。それに対して、富栄養化は、沿岸や内湾で人為的な影響により栄養塩類が短期間に爆発的に増大したため、植物プランクトンは大増殖するが、増えた植物プランクトンが効率よく消費されず、物質（エネルギー）が食物連鎖の高次生物へスムーズに移行せずに、一次生産者のところで止まってしまう（これが赤潮である）状態を指す。このように、内湾の富栄養化は生態系のバランスを崩し、物質が食物連鎖を高次の段階へ登っていかない。ここが問題である。このため、真の問題は生態系のバランスが崩れてしまうことであって、決して富栄養化（有機物や栄養塩が増加すること）自体が全ての場合について悪い現象ではない[7]。

b. 自浄作用

　海域で生産された粒状及び溶存態の有機物は、通常、海水中に生息する従属栄養細菌により分解される。環境海水中に十分な酸素が溶解していれば、有機物は可溶化・低分子化されたあと、最終的に二酸化炭素と栄養塩に無機化される。自然環境中の微生物を初めとした生物群集が有機物を分解・無機化することを自浄作用といい、その能力を自浄力と呼ぶ。環境の保有する自浄力の大きさは酸素の濃度あるいは供給速度に依存する。海水中に負荷される有機物の量が環境の保有する自浄能力を下回っていれば海洋生態系のバランスがくずれることはなく、有機物は分解され環境は自然に浄化される。

　しかしながら人為的影響の大きい沿岸・内湾海域では、環境の自浄力を上回る多量の有機物が負荷されることに加えて、夏季は成層が構築されることによって水塊の鉛直混合が停滞するため、底層付近が貧酸素・無酸素化することがしばしば起こる。このような酸素が十分に存在しない環境では、好気性細菌の活動が抑制され自浄力は著しく低下し、底泥に有機物が堆積し、ヘドロ化する。加えて、嫌気性の硫酸塩還元細菌（硫酸還元菌）が増殖する。硫酸還元菌は海水中に大量に存在する硫酸塩を最終電子受容体として用いる細菌群で、高分子の有機物を嫌気分解して酢酸や乳酸等の各種の有機酸を生産するが、同時に硫酸塩の還元により硫化水素等の硫化物を同時に発生させる（図1-6）。硫化水

---

[7] 深見公雄．2007．2-4 生態系のバランスと人為的インパクト ―環境保全の考え方とその問題点．黒潮圏科学の魅力．高橋正征・久保田　賢・飯國芳明（編），ビオシティ，東京．pp. 92-101．

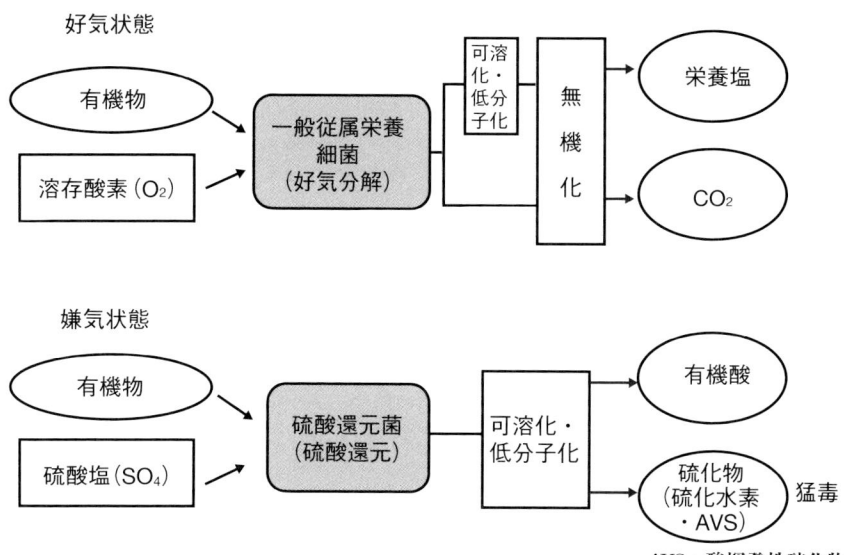

図 1-6　好気性及び嫌気性状態での環境自浄力の模式図。

素は他の一般生物に対して強い毒性をもつため、硫酸還元が起こると自浄作用の担い手である微生物を初めとした生物群集が死滅するなど環境がさらに悪化し、時には海底付近の硫化水素が表層付近にまで巻き上げられる、いわゆる青潮がおこり、魚類の大量斃死など大きな被害をもたらすことがある。

c. 貧酸素化した夏季の底層環境への酸素の供給

わが国の沿岸海域は海水交換の悪い閉鎖海域であることが多く、夏季には海底付近が貧酸素状態となる。このような環境に酸素を供給する方法として最も一般的に考えられるのは、圧縮空気をコンプレッサーで海底に送り込んで曝気する方法やプロペラ等による鉛直攪拌であろう。しかしながらこれらの方法は、いずれもかなりの電力エネルギーを恒常的に消費することになり、これからの地球環境を考えた場合、必ずしも望ましい方法とはいえない。

ところで、それほど水深が深くない内湾の海底付近は水が濁って透明度が低いため、光が底層まで到達しないものの、植物プランクトンの栄養となる無機窒素やリンとともに植物プランクトンが十分存在している事が分かってきた。そこで、電力エネルギーをできる限り使わなくてもすむように、海上に設置した採光器やソーラーパネルで集めた太陽光エネルギーを光ファイバーやLED

写真 1-7　高知県浦ノ内湾に設置された太陽光集光装置。
タワーの上部に設置された集光器やソーラーパネルから太陽光エネルギーが光ファイバーや発光ダイオード（LED）を通して海底に導入される。

により直接底層環境に導入し、植物プランクトンの光合成を促進して底層付近に酸素を供給するというアイディアが生まれ、平成14年6月に高知県浦ノ内湾中央部の光松付近の現場海域で実証実験が実施された（写真1-7）。

　平成14～16年の3カ年にわたって実施された現場における太陽光の導入検証実験の結果、底層水中の酸素濃度の増加は見かけ上観察されなかったものの、例年、初夏から夏季の成層期に急激に増加する海底のヘドロ中の硫化物濃度やUV、底泥中に含まれる有機物の濃度が有意に減少することなどが明らかとなった。これらの実験結果は、太陽光を底層環境に導入すると間違いなく酸素生産がおこなわれ、生産された溶存酸素は直ちに底泥中の硫化物の酸化や有機物の分解に消費されたことを示している。

　採光器やソーラーパネルで得られた太陽光エネルギーを光ファイバーやLEDにより海底に導入し、底層付近に酸素を供給することで海底の環境浄化を行おうという考え方の長所は、最初に採光器と光ファイバーを設置する際には多少の費用がかかるものの、いったん設置したあとは、すべて自然の力で環

境浄化を行うため、ほとんど維持コストがかからないという点である。このように、自然の力を借りて少しずつ環境を良好状態に復元にすることがこれからは大切である。いったんバランスが崩れた生態系を元に戻すには時間がかかるかもしれないが、持続的な環境保全というのは、人の力ではなく自然の力によるべきであろう。

d. 殺藻細菌による赤潮防除

わが国の沿岸・内湾域では、昭和40年代に入り、産業・家庭廃水等による急激な富栄養化により生態系のバランスがくずれ、各地で植物プランクトン等の微細藻類がしばしば異常発生している。特にラフィド藻や渦鞭毛藻等の有害プランクトンによる赤潮は水産増養殖に対して深刻な被害を与えており、その予知と防除はわが国の水産業にとって最も緊急かつ重要な課題の一つといっても過言ではない。赤潮発生のメカニズムについては、多数の学者によって精力的に研究が進められており、温度や照度あるいは栄養塩濃度及びその構成比といった物理・化学的要因のみならず、細菌類との相互作用も重要な要因であることが明らかになりつつある。これまで、微細藻類に対する天然細菌群の影響に関する研究が様々な研究者によって実施されてきており、その過程で前述の高知県浦ノ内湾の海水中から有害赤潮の原因となる渦鞭毛藻 *Gymnodinium nagasakiense*（現 *Karenia mikimotoi*）を全く増殖させず、増殖中の同渦鞭毛藻を急激に死滅させる細菌株である *Flavobacterium* sp. 5N-3株が分離された。本菌株を活発に増殖している *K. mikimotoi* に接種したところ、わずか2〜3日でほぼ完全に同渦鞭毛藻の細胞を破壊することが分かった。興味深いことに、この *Flavobacterium* sp. 5N-3株は、珪藻の一種である *Skeletonema costatum*、日本各地で深刻な赤潮を引き起こしているラフィド藻類の *Heterosigma akashiwo* と *Chattonella antiqua* 等、他のプランクトンの増殖に対してはほとんど全く影響を及ぼさず、本菌株が *K. mikimotoi* に対してかなり種特異的な阻害効果をもつことが分かった。その後世界各地で、このような微細藻類を殺滅する細菌の存在が報告されるようになり、これらは「殺藻細菌」と呼ばれるようになった。微生物（細菌）を用いて赤潮植物プランクトンの防除や殺滅を行うには、生態系を考慮した場合、目的とするプランクトン種のみを増殖阻害し他種には影響を与えないことが重要である。しかしながらこれまで世界各国で分離された殺藻細菌のほとんどは、多数のプランクトン種に対して広く殺滅効果を示す

ことが分かっている。このように、微生物の赤潮プランクトンへの殺滅効果がいろいろな種類のプランクトンに及ぶと、正常なプランクトン群集にまで悪影響を及ぼし、それ自体がまた新たな汚染源になる可能性がある。ここで紹介した本研究で得られた細菌 *Flavobacterium* sp. 5N-3 株は、*K. mikimotoi* のみに特異的に殺藻効果を発揮すること、また天然環境中では元々現場に生息する天然細菌群を駆逐するほど増殖はしないことから、上記の目的には理想的な微生物であることが示唆された。天然に存在する有用微生物をそのまま用いて、環境や水質の改善を行うという考え方は、遺伝子や染色体を操作することのないバイオテクノロジーであり、生態系の保全や安全性の面からも問題ははるかに少ないと考えられ、実用化の可能性は高いと考えられる。

1・2・3　豊かな海の生産性と湧昇海域

　豊かな海は生産性が高い、つまり一次生産量の多い海のことであり、そのためには生産性を支えるための栄養塩類が必要である。一般に海洋では、栄養塩類は表層付近では少なく、深度の増加ともに栄養塩濃度も増えることが知られている。一方、植物プランクトンが自分自身の呼吸で必要とする量以上の有機物を光合成によってつくりだすために十分な光が届く水深層は真光層（euphotic layer）と呼ばれ、透明度の高い外洋でも、せいぜい水深 150 m ないし 200 m くらいまでである。したがって、表層では十分な光があっても栄養塩類が不足し、栄養塩類の十分ある中深層では光が不足するために、自然の海での植物プランクトンの生産はなかなか十分には行われないということになる。特に熱帯海域では、表層の海水は温められて軽く深層の水は冷たくて重いため、鉛直混合が起こりにくく栄養塩がほとんど表層に供給されず、一般に生産性の低い貧栄養な海域となっている。

　ところが世界の海には、何らかの原因で深層にある豊かな栄養塩類が光の当たる表層付近まで上昇しているところがある。これを湧昇海域と呼ぶ。例えば、海底に山があると、海底付近を移動する海水がその山に沿って上昇し、真光層まで湧昇してくる。このような海底の山のことは"堆"（たい、bank）と呼ばれる。例として、日本海の大和堆や武蔵堆、あるいは北海のドッガーバンクやカナダ沖のジョージアバンクなどが有名である。このような海は世界でも有数の好漁場を形成しており、生産性が極めて高い海域となっている。また海流と海流がぶつかるようなところでも、海水が混合するため深

層の豊かな栄養塩類を含んだ海水が表層付近へ湧昇してくる。黒潮と親潮がぶつかる房総沖から三陸沖にかけての海域で高い漁獲高が得られているのもこれが原因である（本章1・1参照）。さらに、北半球では大陸の東岸（南半球では西岸）に沿って北向きの風が吹くと、大規模な湧昇が起こる。風と地球の自転の力が働いて表層の海水が沿岸部から沖合に運ばれ、それに伴って深層から海水が海底に沿ってわき上がってくる。そのよい例が南米ペルー沖で観測される。ここでは冷たくて栄養塩類を十分含んだ海水が絶えず湧昇しており、それを利用して増殖した珪藻類をアンチョビー（カタクチイワシの一種）が食べて大繁殖し、それを人間が漁獲している。このためペルーは世界でも一二位を争う高い漁獲高を誇っている。

　通常の生態系では、食物連鎖の栄養段階が一つあがるにつれて、エネルギー（あるいは有機物量）の総量は1/10に減少していく。いいかえれば、餌の量は捕食者の10倍必要であり、摂餌された餌有機物の9割は呼吸によって無機化されて失われ、わずか1割が捕食者の体として転換される。このことは、食物連鎖の栄養段階が多いほど、基礎生産により最初に作られた有機物のうち生態系の上位の生物に達する量が少なくなることを意味している。湧昇海域では、いずれも生産性が極めて高いうえに、生態系が比較的単純で食物連鎖の栄養段階の数が少ないため、一次生産者がつくった有機物の多くが魚類まで伝わることになる。このため、湧昇海域の多くは好漁場を形成しており、世界の海に占める湧昇海域の面積はわずか0.1％に過ぎないが、そこでの魚類生産は世界の約半分を占めるという試算もある。

　このような湧昇を人工的に起こし、海域を肥沃化する計画がある。長崎県西部のそれほど水深の深くない海域の海底にブロックや構造物を設置していわば人工の堆を造り、人工的に湧昇を起こしたり、相模湾では栄養塩が豊かな深層の水を直接くみ上げて、表層付近に散布し、海域の栄養塩の量を増加させる（肥沃化させる）計画が実施されている[8]。現在、高知県を初めとした各地で、様々な分野で有効利用が行われている海洋深層水の研究も、もとはといえば、このような海洋の肥沃化が当初の主目的の一つであった。

---

[8] 高橋正征. 2006. 漁場環境収容力拡大の試み：人工湧昇．「養殖海域の環境収容力」．水産学シリーズ150．（古谷研・岸道郎・黒倉寿・柳哲雄，編）．pp.119-129．

写真1-8 沖縄の島々を縁取っているサンゴ礁。自然が作り出した防波堤としての機能を果たしている。

1・2・4　生態系間の物質の移動

　沿岸域で漁業を営んでいる人々が、森林が豊富な山あいの地域の人々と交流することはたびたび報道されるようになった。陸上に存在する有機物や栄養塩が適度な量で河川を通じて海域に供給されることにより、植物プランクトンの現存量が増加し、最終的にて水産業に良い影響を与えていることが理解されるようになってきたことが大きな要因である。しかしながらこの過程に関する科学的な根拠の蓄積は十分とは言えない。

　一方で、大量の土砂が海に流入し、海洋環境に対する悪影響がでることも頻繁に話題になる。沖縄の赤土問題は深刻である。沖縄県においては平成7年に赤土等防止条例が定められ、新規の開発行為が行われる工事現場などから流出する赤土の量が規制されている。これによって状況は改良されてきたものの、条例が発効する以前に開発が行われた現場などからは依然として大雨時には多量の赤土が流入する。沖縄特有の「赤土」と呼ばれる微細な土壌粒子が降雨時に流出すると、同時にそこに含まれているさまざまな栄養塩などが海域に運ばれることは容易に想像できる。大量の赤土が沿岸に流入した場合、海域の懸濁物質量の増大が動植物の活動に悪影響を与える。赤土がサンゴに堆積し、大量斃死を引き起こした例もある。植物の光合成活動も影響を受けるであろう。移動能力が高い魚類はそれを忌避できる可能性があるが、移動能力が低いベントスなどはその影響を直接受けることになる。

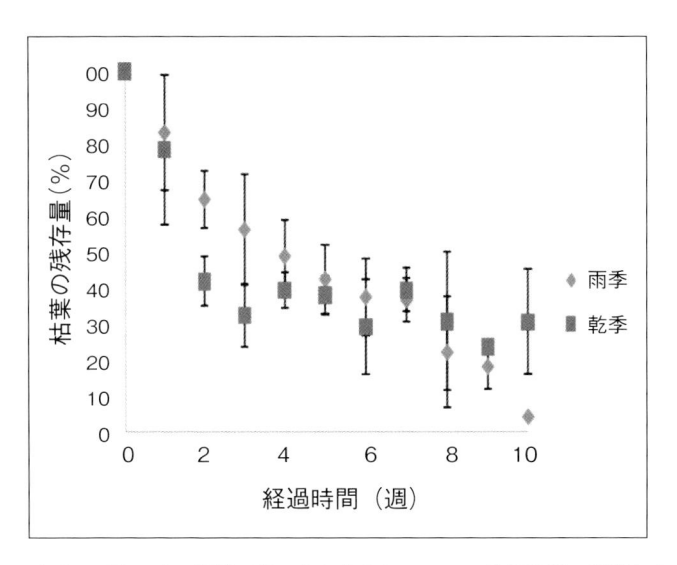

図 1-7　タイのプケットの沿岸で調べられたウミヒルモの分解過程。枯葉をメッシュ袋に入れ、定期的に回収して残存量を調べた。重量が減少した分だけ有機物が周辺の生態系に運ばれ、そこに生息している動物の食物として利用される。

　日本の大部分のサンゴ礁は裾礁と呼ばれる海岸の近くに発達したものである。海岸から数百メートルから 1～2 km 離れたところに礁縁部と呼ばれる干潮時には干上がる浅い部分があるのが普通である（写真 1-8）。海岸と礁縁部の間は礁池と呼ばれる。そこには満潮時に栄養分が少ない外洋水が大量に流入し、礁池内に蓄積されている海水中の栄養塩が希釈される。潮の干満に伴った栄養塩の変化は明確であり、生物の暮らしと大きな関わりをもっている。栄養塩濃度が高い地下水がサンゴ礁に流入している様子が顕著に確認できる場所もある。これが植物プランクトンや海草・海藻の生活を支えている可能性がある。
　アマモなどの海草が枯死したり、葉が切れたりして海岸に大量に堆積することがある。海水浴場では大問題であるが、海岸生態系間の物質の動きを考える上では重要な現象である。これらは細片化して小動物の食物として利用され、また分解されて無機物に変化することによって植物の生活を支えることになる（図 1-7）。海草生態系は小動物の生息場所としても重要であり、かつ有機物や栄養塩の動態を考えると周辺の生態系のつながりを考える上で重要であることが理解できる。
　サケ類は河川と海域を移動している。最近、アラスカや北海道でサケが繁殖

活動を営む河川の上流域の物質循環系におけるサケの役割が調べられた。よく知られているように繁殖のために遡上するサケは熊や猛禽類の食物になる。それだけではなく、これらによって食べ残された部分は小動物の食物として利用されるに違いない。これらの現象を紹介している一連の研究報告の中で、河畔林に蓄積される窒素の25％が海域起源のものであるという報告に大きな関心が集まった。間違いなくこれはサケが海で成長することに伴って体内に蓄積し、河川まで運んできたものである。この事実は、陸上―河川―海域のシステムの中で、物質が単に河川の上流から下流に流れ、海域に運搬されるだけでなく、動物の移動を通して逆方向にも移動させられることがあることを示しており、かつ生態系間のつながりを一層興味深いものにしている。

1・2・5　生態系間の動物の移動
a. 河川や沿岸域における動物の移動

陸上、河川と沿岸域あるいは海洋とのつながりを最も明確に示す事実は、これらの生態系の間を行き来する動物の存在である。代表的なものとしては、サケが産卵のために河川を遡上すること、マリアナ海溝周辺で生まれたニホンウナギの稚魚がわが国の河川にたどり着き、上流まで移動すること、アユの稚魚が河口部から海に移動し、数か月間海域で生活すること、などがあげられる。シロウオ、シラウオなどの行動もその例であろう。その他、甲殻類の中にもモクズガニやテナガエビ類のように河川と沿岸域の双方を行き来することが知られている仲間が存在する。

リュウキュウアユは1980年頃には沖縄島から姿を消した。この原因は陸上の開発に伴って赤土が沿岸に流れ込み、沿岸域環境が稚魚の生息に不適切なものになったことが一因ではないかと言われている。河川の中流域に生息しているリュウキュウアユは秋になると河川を下り、下流域で繁殖活動を行う。誕生した稚魚は海に出て河口からあまり離れていない水域で過ごし、動物プランクトンを食物として摂食し成長するらしい。成長した稚魚は3～5月に河川に戻り、中流域に移動する（図1-8）。このような河川と海域の間を移動する動物たちにとっては双方の生態系が健全な状態を維持していなければならない。これらの種の存在は沿岸管理に関して重要な示唆を与えてくれている。幸いリュウキュウアユは多くの人々の努力で奄美大島から移入されたものが増殖し、個体群の回復が期待されている。

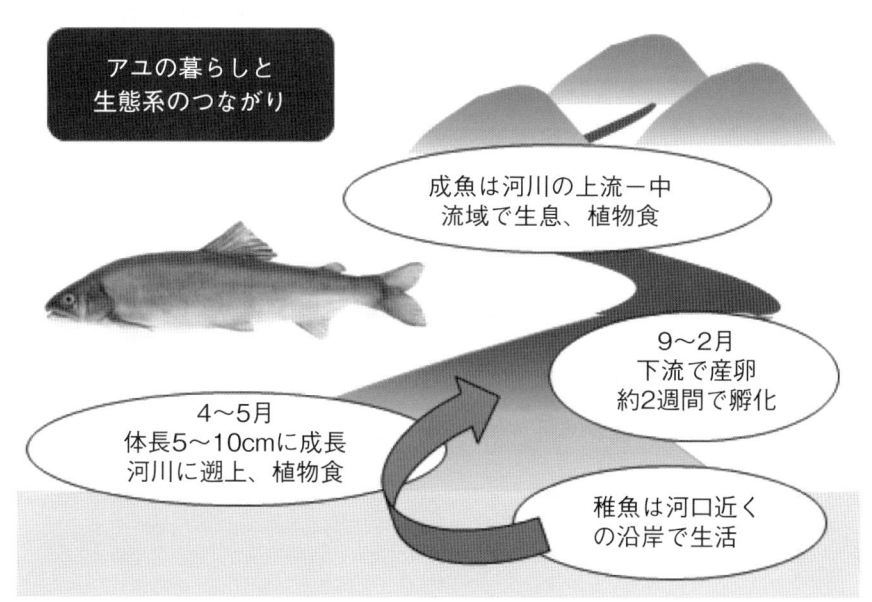

図1-8　リュウキュウアユの生活史。
河川の上〜中流部に生息しているアユは、稚魚期を海で過ごす。

　熱帯・亜熱帯域の河口域や湾奥部に生息しているマングローブ植物（写真1-9）の根元部分は満潮時には海面下に没する。水中をのぞいてみると根元周辺を泳いでいる魚たちを見つけることができる。これらの多くは通常は近隣のサンゴ礁に生息している種である。魚類の中には生活史の一部をマングローブ域や海草帯などの異なった環境で過ごす種が存在する。マングローブ林からは落ち葉に由来する大量の有機物が周辺の生態系に運ばれ、サンゴ礁魚類などの生活を支えているという報告もある。これらは魚たちにとってはサンゴ礁生態系とマングローブ生態系が別々の生態系ではなく、一つの大きな生態系として認識していることを示している。
　沿岸域には岩礁、干潟、砂浜、海草帯、藻場、サンゴ礁など複数の生態系が存在する（1.1.3参照）。これらは必ずしも一つのカテゴリーによる区分ではなく、岩や砂などの基質の違いによる区分と、そこに優占して生息しているサンゴや海藻などの生物群を基準として表現する区分が混在しているのでわかりにくい面がある。またそれら生態系間の境界も明確ではない。しかしながら動物の移動を考えることにより生態系間のつながりが明確になり、沿岸管理に重要

写真 1-9 熱帯・亜熱帯を流れる河川の河口域などではタコの足のような根を広げているヤエヤマヒルギなどのマングローブ植物を見かける。満ち潮になるとこの根は水面下に没し、その周辺にはサンゴ礁からやってくる小魚が群れている。

な情報が得られることは疑いない。

　海域での生活範囲が広い種も存在する。中でもイセエビの生活史が詳細に解明されている。日本の沿岸で採集されるイセエビ類は台湾周辺で誕生したものらしい。幼生が海流に乗って日本沿岸にたどり着き、成長したものが水揚げされているようだ。さらに日本近海で誕生した幼生が海流に乗って台湾周辺に戻るプロセスが存在することも報告されている。生活史全般を保全するための沿岸総合管理施策が必要になる好例といえよう。

　海草類は国内に広く分布している。特に草丈が長いアマモ、スガモ、リュウキュウスガモ、ウミショウブなどは海中にあたかも森のような群落を形成し、そこでは多様な生物群集が観察できる。アマモが多く生育している場所はアマモ場と呼ばれ、従前から「海のゆりかご」として重要性が訴えられてきた。これは多くの魚種がアマモ場で幼魚時代を過ごし、やがて周辺の生態系に移動して暮らす様子を表現している。つまり生態系間のつながりが古くから認識されていたことを示している。

　最近の海草帯を中心とした魚類の研究によって魚類の生息場所選択や移動の

写真 1-10 砂浜を掘った時、そこから出てくる海水は濁っている。これは前面の海水中に含まれている懸濁物質が、満潮時に浸みこんできて蓄積されているものであろう。砂の粒子によって濾過された海水は、引き潮時に砂浜の外にしみだしていく。

パターンが詳細に解明されてきた。魚類は、アマモ場に定住している種、アマモ場と周辺の砂場を行き来する種、幼魚時代をアマモ場で過ごしその後沖合に移動する種、など幾つかのグループに分けることが出来る。アマモ場は魚類にとって多様な役割を果たしていることがわかる。アマモ場の再生事業が全国で行われているのはこの重要性が認識されているからであり、沿岸域総合管理を実践する場合においては、単にアマモ場だけの話題ではなく周辺の生態系の保全と関連していることを十分に理解する必要がある。熱帯域では海草帯の周辺にサンゴ礁やマングローブ林が存在することによって海草帯の魚類群集の多様性や現存量が増加することが報告されていることからも、これらの関連性の重要性を理解することができる。

b．外洋と沿岸のつながり

沿岸域はあらゆる海洋生態系の中で最も生産力が高い生態系である。沿岸域で生産された物質が外洋の生物の生活と関わりを持っている場合も少なくないであろう。また沿岸に生息しているベントスの幼生がプランクトン生活を送ることを考えることによって両者のつながりは明確に理解される。

干潟は有機物が集積される貯蔵庫となっており、ベントスが摂食活動をすることにより環境が浄化されている、あるいは維持されているという報告がある。

ベントスの活動にとって形態を変化させた有機物や栄養塩は潮の満ち引きによって沖合に運搬され、新しい食物連鎖に組み込まれるであろう。

　砂浜の役割も無視できない。一般的にサンゴ礁は貧栄養であり、清澄な海水と白い砂がエメラルドグリーンの美しい海を作り上げている。一方でサンゴ礁には多様な生物が生息しており、生物の多様性が高いと言われている。多くの生物が生息可能になっているということは、それらの生活を支える食物や栄養塩が存在しているということである。サンゴ礁の基礎生産を支えているのは、サンゴ礁の基本的構造を形成する造礁サンゴたちと共生している褐虫藻であると言われているが、砂浜に蓄積されている有機物が分解されてサンゴ礁に無機栄養塩として戻ってくる過程は無視できない。サンゴ礁域に存在する懸濁物質は量的に多くないものの、毎回の潮の満ち引きによって海水とともに砂浜内に侵入し、そこに蓄積される量は相当量になるはずだ。砂浜内で分解を受け、引き潮時にしみだしてくる物質がサンゴ礁生物の生活と関わりを持つことは十分に考えられる。（写真1-10）

　またサンゴが生産する粘液が懸濁物食者や堆積物食者の生活を支えているという報告もある。サンゴ礁から放出される粘液の半分以上は溶解してしまうが、その他の部分は水塊中に存在する懸濁物質やプランクトンを取り込み、2時間以内に炭素あるいは窒素の含有量が1000倍に増加するようだ。これは小動物にとっての良い食物源となる。サンゴ礁内に入り込んだ栄養価が高まった粘液の塊は海水や風によって様々な場所に運搬され、多くの生物と関わりを持つ。また引き潮時に外洋に運搬されれば沖合に生息している動物の生活をも支えることになる。

　生物の移動を考えた場合、ジュゴンは沿岸と外洋のつながりを考えるための良い見本となる。日本周辺の水域においてもかつては多くのジュゴンが生息していたようであるが、近縁では沖縄の限られた場所で極めて少数の個体が確認されるだけであり、世界自然保護連合（IUCN：International Union for Conservation of Nature and Natural Resources）では危急種、日本哺乳類学会と水産庁では絶滅危惧種、文化庁は天然記念物に指定するなど保護が必要な種である。ジュゴンが海草を専食することはよく知られている。ジュゴンの生息地では潮間帯の下部に生息している海草帯にジュゴンの食痕が残されている。これは満潮時に浅い水域までやってきて食事をし、干潮時には沖合の方に移動することを意味している。潮間帯で摂取された海草が糞として深い場所に排泄

されるであろう。物質循環やジュゴンの保護について広範囲で考える必要があることが容易に理解できる。

　最近の研究によってクジラやウミガメが太平洋を広域にわたって利用していることが明らかになってきた。沖縄近海で冬季に繁殖するザトウクジラは、その後アリューシャン列島方面にまで移動するようだ。日本の砂浜で生まれたウミガメ類は太平洋を渡り、カリフォルニア方面にまで移動し、再び戻ってくるとも言われている。日本における沿岸管理は国際的なテーマを含んでいることがわかる。

　上記のアイデアを実際の研究として進める場合は、地域的なスケールで詳細にその機構を解明する場合と、グローバルなスケールで解析する方法がある。最近、多くの研究が進められている「流域」はこのようなテーマを扱う良い対象である。半閉鎖的な湾や、瀬戸内海のようにある程度まとまったシステムとして考えやすい水域を対象とした研究の発展が期待される。熱帯域ではサンゴ礁、マングローブ、海草帯の関わりに注目した研究例が良く報告される。

　近年、NOAA（アメリカ海洋大気庁：National Oceanic and Atmospheric Administration）によって世界の沿岸域を64の区域（Large Marine Ecosystem、LME）に分けて考えるアイデアが提案された。これはグローバルな研究に関するアイデア構築に役立つであろう。このアイデアによると、日本近海では、日本海、黒潮海域、東シナ海、などのLMEが提唱されている。これらの水域では既に幾つかの共同プロジェクトが進められている。これらは国際共同研究の大きな発展にもつながるので今後さまざまな検討をすることが期待される。

　また海流の動きによって世界の海がつながっていることを示しつつ、大きなスケールで考える重要性が議論され始めている。地球は一つなのだ。それを明確に示すためには物質の動態に関するグローバルなレベルの研究が必要となる。この重要性は前述のような渡り鳥、ウミガメ、クジラなどのように広域を移動する動物の生活を考えることによっても理解できる。

1・3　沿岸域生態系と「人間」

1・3・1　里海での活動

　次に、「森と海をつなぐ」すなわち陸域と海域を包括する沿岸域の総合的管理のアプローチとして里山と里海の活動について紹介する。里山、里海は近年、Satoyama、Satoumiとして、国際的にも概念や実践が広まりつつある。さらに、

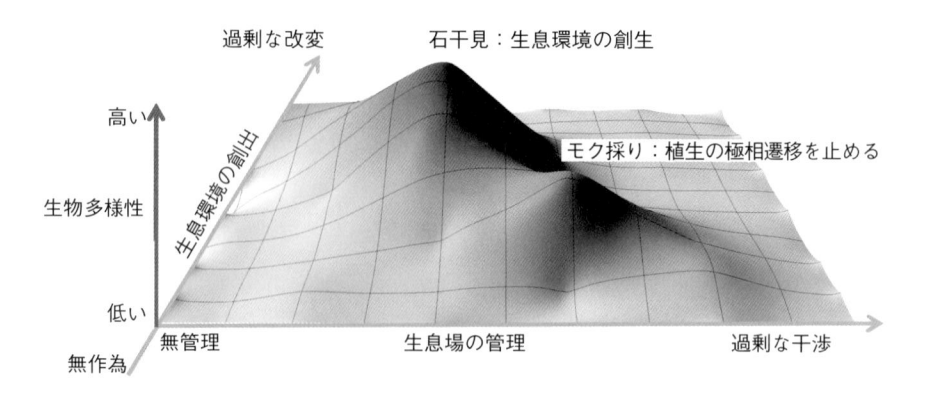

図 1-9　人手と生物多様性。

　最近、瀬戸内海ではその将来像に関する様々な検討が進んだので、閉鎖性海域の再生の道筋とあわせて陸域、海域の関連性について「生物多様性」を考慮しつつ考察する。

　柳[9]がまとめているように、日本各地で、あるいは世界各国で共通かつ単一の里海の定義が必要とされるわけではない。しかし、里海の定義に欠かせないキーワードがある。それは"生物多様性"である。生物多様性が保証され、再生産に影響しない範囲で漁獲を適切な管理下で行うことにより、沿岸海域で働き・沿岸海域の環境を監視し・海域環境を保全する人手として機能する漁業者の生活が初めて保証されるからである。

　適切な人手を加えることで沿岸海域の生物多様性を高めることが原理的には可能なことはすでに指摘されている[10]。多様な生物の生息は多様な生息環境の存在によって保証されるので、沿岸海域で多様な生息環境を整備するように適切な人手を加えることによって、生物多様性を高めることが出来る。漁民が昔から行ってきた築磯（海岸に大きな岩を置き、付着生物を着け、小魚の生息場をつくること）や魚礁設置、石干見（囲い込み漁のために干潟に築堤した石垣）はこれに相当する。また、里山と同様、ある海域の植生に関して多年生の種が長期的に優占（極相遷移）しないように適切な人手を加えることも生物多様性を高める。戦前まで日本沿岸のアマモ・ガラモなどの藻場は定期的に人に

---

[9] 柳　哲雄（2010）里海概念の共有と深化．九大応力研所報．138, 33-36.
[10] 柳　哲雄（2009）人手と生物多様性．海の研究．18, 393-398.

より刈り取られ（モクとり）、田畑の肥料として用いられていた。このようなアマモの部分的刈り取りにより、藻場にギャップが生じ、ギャップと藻場の境界に多くの小魚が蝟集していた。しかし、化学肥料の普及により、藻場刈り取りがなくなり、藻場が特定の種の優占度が高まることでギャップが消失し、藻場に集まる小魚の種類数や個体数も減少した[11]（図1-9）。

　生物多様性を維持するには、生息場を適度に管理し生息環境を適度に創出することが重要である。

　沿岸海域の生息環境を多様にし、多様な環境が存在する植生を維持し、海洋生物の生息に考慮した適切な人手を加えることが沿岸海域の生物多様性を高め、その余剰物を適切な管理の元で漁獲することにより持続可能な漁業が保証される。

　すなわち里海は、「適切な人手が加わることで生物多様性・生産性が高くなった沿岸海域」である。この里海[12]が目指すものは水産資源の持続的利用である。しかし、一般的には、狭い社会では持続的利用されていた自然資源が、関係社会の拡大とともに、非持続的＝搾取的利用に変化していく事例が多い。長い間地元民により持続可能な利用をされてきた熱帯雨林が、世界中の大手資本の介入による大規模伐採で環境劣化を起こしている事実はその一例である。沿岸海域の水産資源に関しても、持続的利用から非持続的利用に変化してきている例は多い。持続的利用から非持続的利用に変化した科学的・社会的理由を明らかにし、如何にして持続的利用を可能にするかを考え、そのためのシステム・沿岸海域ガバナンス手法を確立していくことも環境科学者の仕事である。

　沿岸海域において、適切な人手を加え、魚介類の生息場所を整備しても、その海域の水質が海洋生物の生息に適していなければ、沿岸海域の生物多様性を高くすることは出来ない。沿岸海域の水質は主に、山―里―川を通じて沿岸海域に流入する河川水の流量・水質により決められているからである。水質に関しては、山、里、川において適切な人手を加え、それぞれの場所で生物の生息環境を確保するような第1次産業を育成することで、初めて沿岸海域における適切な水質を確保することが可能となる。

　その意味では"環境にやさしい"林業・農業・漁業を育成することが、山・里・川・海の統合管理を可能にし、それぞれの場所での生物多様性を高め、生

---

[11] 谷本照己・新井章吾（2011）人手と藻場の生物多様性．沿岸海洋研究．48-2．117-124．
[12] 柳　哲雄（2006）里海論．恒星社厚生閣．102 p．

産性を上げることにつながる。

現在、全国各地で「森は海の恋人」のキャッチフレーズを掲げ、漁民が森に木を植える植樹運動が盛んに行われている。森に木を植えること自体は良いことだが、この運動の科学的根拠とされている「広葉樹林から出るフルボ酸・フミン酸が鉄の酸化を防ぎ、海まで運ばれ、植物プランクトン・海草・海藻に吸収されて豊かな海を創る」[13]という理論は定量的証拠が不足していて、「森の何が海の生物多様性・生産性向上に寄与しているか」という問いかけに対して科学的な定量的検証が必要である。

1・3・2　沿岸域の生態系サービス
a. 生態系サービスとは

本項では私たち人間が沿岸域と関わりを持ちながら暮らしていく中で、自然がいかに重要なものであるかについて改めて考えてみよう。私たちは子供のころ、学校の先生や両親から「自然からの恵みを大切にしよう」と教わってきた。近年、この教えを明確にしようという科学的な情報に基づいた活発な議論が大きな展開をみせてきた。自然と人間が深く関わりを持ちながら存在していることを多方面から解析し、科学的に明確にしようとする試みである。

自然保護は長い間議論されてきた大きな課題である。これは人間が地球上で将来においても健康に暮らしていくことが可能かどうかという大問題と密接に関わっている。なぜ自然を守るのか、という問いかけに答えようとするとき、「自然は大切なものだ」という郷愁的な発想だけでは説得力は弱い。誰にでも理由がはっきりと説明できるように科学的に裏付けを明確にしておかなければならない。ある開発行為が計画された場合、「自然が大切か、人間が大切か？」という議論も盛んに行われてきた。現在では二者択一ではなく、両者の接点を見つけようと努力している。前述のように最近では「生物の多様性」（1・1・3参照）という言葉が普通に聞こえてくるけれども、「なぜ生物の多様性が大切なのか？」という素朴な疑問に関しても十分な答が出されていないような気がする。

この難問について、自然や多様性の大切さを、それぞれの生態系が持っている役割、人間との関わり方、及自然は多くの動植物がバランスよく暮らして

---

[13] 松永勝彦 (1993) 森が消えれば海も死ぬ―陸と海を結ぶ生態学. 講談社ブルーバックス.

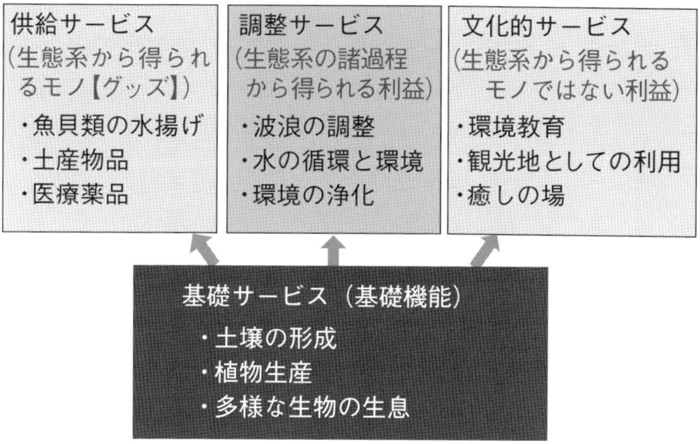

```
┌─────────────────┬─────────────────┬─────────────────┐
│ 供給サービス     │ 調整サービス     │ 文化的サービス   │
│ (生態系から得ら │ (生態系の諸過程 │ (生態系から得ら │
│ るモノ【グッズ】)│ から得られる利益)│ るモノではない利益)│
│ ・魚貝類の水揚げ │ ・波浪の調整     │ ・環境教育       │
│ ・土産物品       │ ・水の循環と環境 │ ・観光地としての利用│
│ ・医療薬品       │ ・環境の浄化     │ ・癒しの場       │
└─────────────────┴─────────────────┴─────────────────┘
              ↑         ↑         ↑
        ┌──────────────────────────────────┐
        │   基礎サービス（基礎機能）        │
        │     ・土壌の形成                  │
        │     ・植物生産                    │
        │     ・多様な生物の生息            │
        └──────────────────────────────────┘
```

図 1-10　ミレニアム生態系評価のプロジェクトでは 4 つの生態系サービス（供給サービス、調査家サービス、文化的サービス、基礎サービス）を考えるのが良いと提案されている。

いるから維持されているという考えで説明することである程度の答えが用意できるかも知れない。

　最近では、私たち人間が自然から享受している恩恵を意味する「生態系サービス」という語が頻繁に使われるようになった。この語は 1980 年代に創られ、人間は生態系から、大気の性質の維持、気候の調節と改善、水の供給調節、土壌の維持、栄養塩循環、病原菌の調節、害虫や作物の病気抑制、昆虫などが花粉媒介により植物の繁殖を助ける作用、食物供給、遺伝子資源の維持、など多様な恩恵を受けていることが紹介されてきた。これは生態系が持っている機能として捉えることが出来る。生態系サービスを生物多様性と合わせて考えることによって両者の重要性に関する理解が深まると思われる。総合的沿岸管理を目指す場合、より多くの生態系サービスを享受したいという願望と、本来の生物多様性を維持すべきという意見が時として対立するかもしれない。両者は相反する概念ではないが、それらのバランスを勘案することも必要になる。

　1990 年代に入ると生態系の役割、生態系サービスに関する論文が数多く発表されるようになり、さらにそれらの役割を定量的に評価する試みが開始された。このテーマに関する研究は 21 世紀に入り、大きな展開が見られた。国連のアナン事務総長によって生態系の価値を世界レベルで評価する必要性が提案され、大きなプロジェクトが開始されたのである。これは生態系を世界的に評

価する初めての取組みで、95カ国から1360人の専門家が参加して、2001年から2005年にかけて実施された。その成果は「ミレニアム生態系評価（Millennium Ecosystem Assessment：MA）」として刊行された。その報告書では、4種類の生態系サービスの存在を紹介しつつ（図1-10）、生態系サービスの価値を十分に考慮し、より多くの保護区を設定すること、生態系保全のための多分野が連携した取組みや普及広報活動を充実させること、攪乱を受けてしまった生態系を回復させる必要性があること、などが提言されている。

美しい地球上における人間と自然との永久的共存を考えるうえで、この生態系サービスの概念をとり入れて議論することはきわめて重要である。しかしながら、それぞれのサービスの重要性については科学的な裏づけになる情報を十分に収集し、だれもが理解できるような工夫をすることが必要であるが、情報が集積されるまでにはさらに時間が必要であるとも思われる。さらにそのサービスは自然界において多様な生物たちの複雑な関わり合いが健康的に維持されているからこそ享受可能になっていることも同時に理解しておく必要がある。

生態系サービスについては多くの論文や書籍が出版され、それぞれの生態系についての理解を深めることが可能になっている。ここではその中から干潟と海草帯を例に挙げて紹介する。人間が享受するサービスに注目するだけで良いか、という疑問に対しても、今後何らかの工夫がされるべきであるという視点を考慮しつつ、読んでいただくと良い。

b. 干潟の生態系サービス

干潟は何故大切なのだろう。干潟とは、満潮時には水面下に没し、潮が引くと現れる砂あるいは泥で出来ている平坦な潮間帯のことを指す。「干潟はなぜ大切なのでしょうか？」このような問いかけに対して私たちはどのように答えるとよいのだろう。これは広く考えれば「自然はなぜ保護しなければならないのですか？」という質問となる。

【鳥たちにとって採餌・休息の場】

干潟は鳥たちにとって食事をする場所であり、羽を休める場所である。数えきれない多くの鳥たちが羽を休めている様子、餌をついばんでいる様子、一斉に飛び立つ様子などはまさに干潟の原風景である。シギやチドリの仲間などのように主に干潟を利用する鳥たちにとっては必要不可欠な生活の場なのだ。し

かしながら干潟に餌として利用できるカニ類やゴカイ類などの小さな生物が暮らしていない場合はシギやチドリ類の生活が成り立たないことに注意したい。生物の多様性の大切さは、これらの生物たちの間の複雑な関係が維持される重要性からも説明される。

　ゴカイ類を主食としている鳥について考えてみよう。ゴカイ類が肉眼では見つけにくいような小さな動物や細かい有機物を食物にしている場合には、その鳥の生活が保障されるために、ゴカイが食物として利用している微小な生物などが十分に存在していなければならない。もちろん各々の生物は異なった環境を要求しているはずであるので、多様な生物が生息可能になるためには多様な環境が存在していなければならない。また別にカニを主食にしている鳥がいるとしよう。カニとゴカイとでは、すんでいる場所や食物が異なると考えられるので、同じような理由で、さらに多様な環境が存在していることが干潟が多くの鳥たちでにぎわうために重要である。つまり食物や生息場所を考慮すると、鳥たちの多様性は干潟に生息している動物たちの多様性や、生息場所の多様性（環境の異質性）によって調節されているといえる。

　シベリアと東南アジアを行き来する渡り鳥のように長い距離を移動する鳥にとっては、渡りの道筋に、羽を休めることが出来る干潟の存在はとても貴重だ。渡り鳥にとっては適切な間隔で休息の場の存在が必要である。干潟の保全に考慮すべき重要なことがらである。複数の国が渡り鳥の保護を目指して共通の理解を示し、生息環境を保全しようとしているのはこのためである。

【有機物の貯蔵と供給の場】
　干潟には河川から流れてくるさまざまな物質が堆積しやすい環境が出来上がっており、多量の有機物や栄養分の貯蔵庫である。また河口域ではヨシやマングローブ植物の落葉も加わって有機物量が豊富な土壌が形成されている。

　干潟で集積された有機物は徐々に海岸へ運搬され、周辺の生態系に生息している動物の食物となっている。さらに分解が進行し、無機化した栄養塩は植物の栄養源となる。森林や河口周辺の植物に由来する有機物は沿岸に生息している動植物の生活を支えているはずである。

【干潟生物は環境をきれいにする】
　干潟環境は生物により浄化されていると言われている。これは干潟に流入し、

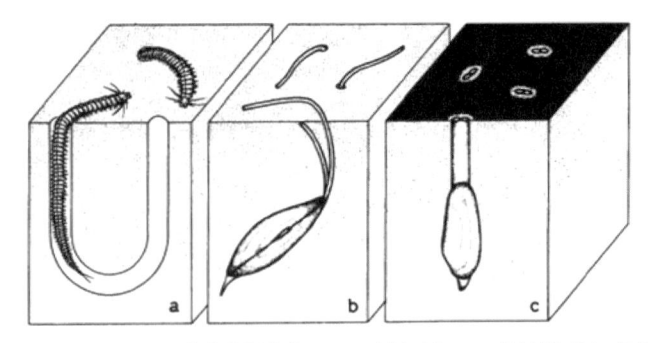

図 1-11　干潟では堆積物を摂食するゴカイ類（a）や二枚貝類（b）が表面の有機物量を減少させている。また懸濁物を摂食する二枚貝類（c）の場合は水管周辺の有機物量が減少する（Elsevier 社の許可を得て転載）。

　表面に堆積する有機物を、干潟にすんでいる動物が摂食することにより、その量を減少させることを指している。この場合の動物とはカニ類、貝類、ゴカイ類などのベントス（底生動物）である。

　陸上から流れ込んでくる有機物が干潟に堆積したままであれば干潟は見る間に泥でいっぱいになり、悪臭が漂ってくるようになるだろう。幸い干潟には多くのベントスが生息しており、これらの有機物を食べてくれる。干潟の表面に堆積した有機物を摂食する動物、水中の有機物をこしとって食べている動物など、さまざまな動物が活動し、干潟上の有機物量が調節されているのが健康な干潟である（図 1-11）。

　では干潟の生物たちには一体どれくらいの浄化能力があるのだろうか？　残念ながらこの能力を示す科学的データは多くない。定性的にその能力を示す報告はあるものの、ある干潟で浄化される有機物量を数値として示している報告はきわめて少ない。

　堆積物食性のゴカイ科の多毛類や二枚貝が生息している場合、いない場合と比較して干潟表面の有機物量が 1/10 に減少しているという室内実験の結果や、海水中にプランクトンや懸濁物が浮遊している場合、懸濁物食性の二枚貝などが短時間に海水を濾過し、海水を透明にする（写真 1-11）という報告は多い。このような情報がある干潟に生息している多くの種について集められると、干潟全体の生物による有機物による除去量が推定される。干潟に岩があったり、杭がたてられたりしているとフジツボ類、ムラサキイガイ、マガキなどが付着し、同様の活動をしていることを観察できる。

写真1-11　単細胞の藻類を飼育しているビーカーに1個体のオキシジミを入れたところ（左）、1時間後にはオキシジミの濾過活動によって海水が清澄になった（右）。

写真1-12　沖縄県中城湾の干潟で養殖されているヒトエグサ。「アーサー」という名で知られている。

【心の安らぎの場】
　遠くまで広がった干潟や鳥たちが群れ遊んでいる干潟を見ると心が和む。私たちは自然の景観からどれほど多くの精神的な安らぎを与えてもらっているか計り知れないものがある。干潟が都市の周辺にある場合、そこは多くの人々に

とってとても貴重な憩いの場となっていることは疑いない。しかしながら、鳥が集まっていたり、カニが遊んでいたりして、そこに多くの生き物が暮らしていなければ十分な安らぎは得られないだろう

【漁業、潮干狩りの場】
　干潟は潮干狩りなどのレクレーションの場として、あるいは養殖の場として利用されてきた。沖縄ではアーサー（ヒトエグサ）の養殖風景が秋から冬にかけての風物詩になっている（写真1-12）。また日常的に貝などを採っている人たちを見かける。
　干潟の沖合に海草・海藻が繁茂していることがある。そこは「魚たちのゆりかご」として貴重な場所であり、小魚や小型の甲殻類が多数生息している。

【教育・研究の場】
　近年、環境教育の重要性が頻繁に話題になる。エコツアーも活発に行われるようになってきた。干潟は身近な自然の一つとして環境教育の場として大いに利用価値がある。自然の営みを身近に観察し、自然に親しみを覚え、大切さを認識することができる。そのためには環境教育に携わる人材の育成にも力を注がなければならない。

【もう一つの恵み】
　干潟を埋め立てて住宅や様々な施設を建設する事業が日本各地で進められてきた。この事業によって私たちの生活が便利になるので、これは恵みの一つと考えることが可能である。しかしながら、この便利さを得るためには他の恵みが得られなくなることを覚悟しなければならない。広大な干潟は埋め立てによって一旦消滅すると二度と復元出来ない。得るものと失うものをどのように比較するか、という話題は最近の環境経済学の大きなテーマになっている。
　かつて、ある干潟を埋め立てるかどうかという話し合いの中で、埋め立て賛成派は、「私たちはここを埋め立て、工場をつくり生活に便利なものをいっぱい作ってあげます。人もたくさん雇うことが出来ます。あなた達は干潟を守ることでどれほど人間に役立てることが出来ますか？」と主張した。
　15〜20年前はこの問いかけに対して満足な答は用意できなかった。現在では上記の例に示すような生態系サービスを貨幣価値で定量化する試みも行われ

ているので、一つの答えになる可能性がある。何事も貨幣価値で判断することがよいかどうかについて批判があることも事実である。しかしながら自然の役割をしっかりと認識し、それが私たちの生活のどれだけ恵みを与えてくれているかを考えることで答を出すためのきっかけにすることは可能ではないかと思われる。

c. 海草帯の生態系サービス

　海草類は亜寒帯から熱帯・亜熱帯域まで広く生育しており、それぞれの環境で多様な研究が行われてきた。温帯域を中心に分布しているアマモが生育している場所は生態学の研究対象として頻繁に取り上げられてきた。ワシントン州のピュージェット湾は海岸線の40％以上の部分にアマモ帯が存在し、その面積は2万3000 ha と推定されている。この湾のアマモ場はサケの幼魚や食用となる大型カニの *Metacarcinus magister*（従来は *Cancer magister* と呼ばれていた）の避難場所、ニシンの繁殖場所としての価値が高い。アマモ場の面積が増加するに伴い、生態系サービスの価値も増加することを、モデルを用いて解析し、理論的に証明した研究もある。

　アマモ帯が存在する海岸では、毎年多量の枯葉が生産される。これらは周辺に生息している小動物に対して食物としての有機物を提供していることを意味する。枯死したアマモの葉が海岸に打ち上げられて長期間堆積する場合、環境の悪化につながることがないわけではない。海水浴場の砂浜に堆積した大量のアマモを人工的に除去しているところもある。

　海草の茎や地下茎として蓄積された有機物は長期間海岸に存在し、炭素の貯蔵庫としての役割を果たす。海草が広大な面積の海底を覆っている場合、海草でつくられた「森」の内部に大量の懸濁物やプランクトンを保持する能力が高いはずである。海草が地下茎を張り巡らせることにより、全体として海岸の浸食を防ぐ機能もある。また汚染が進行すると海草の現存量が少なくなるという事実を利用して、海草は非汚染域の環境指標種として使われている。地下茎に蓄積された重金属や化学物質の状況も環境の良い指標になりうるだろう。

　地中海には *Posidonia oceanica* で構成される海草帯が広がっており、研究が盛んに行われている。生産力の高さや二次生産に対する貢献度などから地中海の生態系の中でも海草帯が重要なものである事が認識されている。オーストラリアの固有種である *Posidonia australis* は、さまざまな人間活動の結果、IUCN

写真 1-13　干潮時の海草帯。スナモグリの仲間が地中から砂を噴き出し、干潟の上に小山を作っている様子。砂がベルトコンベアで運ばれるかのように地中から運び出され、環境が還元的になることを防いでいる。

(国際自然保護連合) によって絶滅危惧種に指定されてしまうほど現存量が減少した。原因は、埋め立て、船舶の係留、多量の粒子の流入による光合成活動の低下、富栄養化などである。このため海草帯の生態系サービスが減少したことが懸念されている。最近、海草の移植活動に関する論文が目立つのはこのためであろうか？

　熱帯・亜熱帯域の場合、海草帯は大きくとらえるとサンゴ礁生態系の一部と考えることも出来る。海草とサンゴが混在している場所もある。ここでは特に海草帯に注目し、その生態系サービスについて整理する。

【漁業の場】

　沖縄では海草帯周辺でスクガラス漁とモズクの養殖が行われている。スクガラスとはアイゴ類の幼魚で毎年旧暦の6月頃に礁池に大量に入ってくるところを捕まえる漁は沖縄の風物詩である。パラオの場合のようにナマコの生息場として重要視されている海草帯もある（ただし、乱獲が進んだので近年輸出のための採集が禁止された）。また海草帯が魚類やイカ類などの産卵や稚魚の成長場所としても重要な役割がある。

【生物多様性の維持の場】

海草帯は多様な動植物のすみかになっている。海草が生育していることにより葉の上、葉と葉の間につくられる複雑な空間、安定した堆積物の中など多様な環境が用意され、多くの小動物が生息可能になり、生物の多様性が高くなっていると言える。葉の上に生息している微小藻類は魚類の食物源としても重要である。

【環境浄化作用】
　海草帯には微細粒子が蓄積しやすいので、海草の基部は有機物が豊富な環境が出来上がると考えられる。しかしながら有機物などが堆積して富栄養化した海草帯はあまり見あたらない。これには動植物が有機物や栄養塩を吸収して環境を浄化したり、あるいは一定の状態に維持したりしているからであろう。前述のようにベントスが摂食活動によって海底の有機物量を減少させている、あるいは安定させている役割は大きい。海草帯にはスナモグリの仲間が多産していることがある（写真1-13）。堆積物を攪拌している活動が底質を酸化的にし、環境の浄化に貢献していると考えられている。

【有機物の供給源】
　海草が枯死した場合、多量の有機物が周辺の生態系に供給される。これは小動物の重要な食物となりうる。海草は周辺生態系の生物の生活も支えているのである。

【景観機能と観光資源】
　海草帯や周辺の干潟は潮干狩りなどの磯遊びを楽しむ場である。海草帯を直接観光資源として利用することは多くないかも知れないが、熱帯域では海草帯が存在する水域に観光用のボートが停泊している事もある。カラフルな魚たちを観察しているのであろうか。人間と海草帯の関わりは観光面からも深いことがわかる。
　沿岸域における人間と自然との関わりを生態系サービスの観点から概観した。それぞれのサービスについて、さらに科学的な根拠を集積することにより、最初に投げかけた「なぜ自然は大切なのか」という大きな質問に答えることが出来るようになる。

1・3・3　人口増加とのバランス
a．人口増加と資源

　私たちの暮らしの大部分は自然の恵みに依存している。しかしながらそれをあまりにも当然のこととして受けとめているので、恵みの重要性を真摯に考えることはないことが多いような気がする。地球の進化とともに出来上がってきた多様な自然に対して無限の価値を見出し、改めてそれを理解する努力をすべき時期に来ている。

　私たちの周りのきれいな水や空気は何時までもその状態を保ち続けるのだろうか？　海からは魚介類を無限に水揚げできるのであろうか？　さまざまな公害が各地で問題になり、また気候変動が地球レベルで大きな環境変化を引き起こしていると考えられるようになった現在では、これらは神話に過ぎないと考えられる。江戸時代は約 1000 万人であった日本の人口は、今や 1.2 億人を超えた。世界の人口についても同様である。改めて振り返ってみよう。私たちは小学生のころ世界の人口について学ぶ。昭和 30 年代に世界の人口は 30 億人を超えるであろうと学んだが、最近、70 億人を超えたという。わずか 50 年間で世界の人口は 2 倍以上になった。中世からの人口の増加はすざましいスピードである。人口が増加した結果、人間活動により排出される環境汚染物質の量も自然浄化の能力をはるかに超えた。また資源の不足も深刻である。原油の生産予測は困難であるが、飛行機が何時まで世界の空を飛び続けることが出来るかという疑問も出てきていることも事実である。

　個体群生態学の分野で紹介される生物の増殖曲線は、この大増殖の時代を過ぎるとやがて安定期に入るであろうことを教えている。人間の場合、それは地球の収容力によって決まる。いったい地球はどれほどの人間を収容してくれるのであろうか。それは将来ともに問題なく許容してくれるものなのだろうか？

　利便性を追求してきた人間は、今こそ自然の大切さを再認識し、自然資源に対する配慮を怠らないようにしなければならない。それにはどのような方法があるのだろうか。

　これら近い将来に起こるであろうと考えられる（すでに起こっている？）大きな課題に関して議論することは、換言すれば「なぜ自然を守るのか」という大きな命題に関して議論することに他ならない。

写真 1-14　干潟上で無数にみられるカニの一種によってつくられた攪拌のあと。干潟の堆積物が大量に掘り起こされていることがわかる。

b. 生物攪拌から学ぶ

　それぞれの生物にとって最も生息に適した環境が存在する。一方で生物の存在が周辺の環境に何らかの働きかけをすることにより、物理化学的環境が変革されたり、環境が安定化したりする場合もある。生物の活動は、時には生息場所の改変が伴い、生物群集の構造や動植物の暮らしに影響を及ぼすこともある。これは生物攪拌と呼ばれ、その活動を行う生物をエコシステム・エンジニアと称されるようになった。このアイデアは、干潟に生息しているカニなどのベントスが堆積物を掘り起こしたり、移動させたりする現象（写真 1-14）から導き出されたが、最近では木々が生育、成長して森林が出来上がり、そこに多くの昆虫や鳥類の生息が可能になる現象や、ビーバーが木の枝を集めて巣をつくることなどもその活動例として取り上げられ、広く応用されている。

　このように考えてくると、地球上でもっとも自然界に影響を及ぼしているエコシステム・エンジニアは人間であると言える。人間は狩猟生活時代には自然とともに暮らしてきた。しかしながら農業を行うようになり、また家畜を飼う知識を得たりして以降、ほんのわずかな期間に意のままに地球の環境を様々な形で改変してきた。その結果、オゾン層の破壊、炭酸ガスの増加、地球の温暖化、酸性雨、サンゴの白化（写真 1-15）、海洋の酸性化、砂漠化、自然資源の

写真 1-15 サンゴの白化。高温などの悪環境にさらされたとき、サンゴに共生している褐虫藻が抜け出し、透明な組織を通して白色の骨格が透けて見えるようになる。

枯渇、食料不足、など数多くの環境問題が起きてしまった。多くの野生生物が人間活動の影響によって生活場所を失い、絶滅の危機にさらされていることは周知のとおりである。人間も自然界の一員であるので、現在の大繁栄によって何等かの反動を受けるであろうことを想像することは無理がないと思われる。私たちは地球生態系のしくみを十分理解して、今後のことについて様々な角度から議論しなければならない。

　これらの問題の多くが気候変動に起因するものであると考えられる。私たちの身の回りで起きており、現実の問題として確認しやすい現象は生物の分布パターンの変化であろう。北半球では昆虫類、鳥類、海浜植物などが北上している様子が報告されている。オカヤドカリ類が天然記念物に指定されたころ、その主たる分布域は沖縄県、鹿児島県、東京都（小笠原諸島）に限られていた。現在では宮崎県や四国南部、あるいは紀伊半島でも普通に見つけられるという。タイワンウチワヤンマが近畿地方にまで分布域を拡大している現象や、沖縄本島で普通に見られるグンバイヒルガオが宮崎県、大分県、高知県の海岸でもみられるようになったことなどは気候変動に関係があると考えてもおかしくない。山岳地帯では低いところに生育していた植物が徐々に高いところへ移動している。高山植物はより高地に追いやられ、生息場所が消滅する危機にある種が少

なくないとの情報がある。このまま地球温暖化が進行すると生態系内のさまざまなバランスが崩壊する危険性があるので、なぜ自然を守るのかという大きな質問に対して議論する手がかりとなる。

　c．自然の価値は評価できるか？
　自然の大切さを考えるときに、その価値を何らかの定量的な方法で評価が出来ると意見交換がしやすくなる。そのため最近では自然資源の価値を金額に換算して考えるという試みが行われている。本来自然の恵みとは、貨幣価値としては測定が出来ないものと考えられてきたが、多少強引ではあるが金額で価値を表現することによって、環境を保護した場合のメリットとデメリットを分かりやすい形で比較しようとする試みである。もちろんこの方法が万能ではなくかつ問題点も含むことは承知しながら自然の価値について議論されている。
　どのように自然を貨幣価値として評価すると良いのであろうか。その方法はさまざまである。一つのアイデアとして本書の別項で取り上げている「生態系サービス」を利用する方法がある。たとえば沿岸域の重要な生態系サービスとして魚介類を得ているという事実がある。これは水揚げ高をそのまま漁場としての価値として評価できるので解りやすい。また海岸が観光地として利用されている場合は、その価値を観光客がその旅行のために使った費用を利用して評価する方法も開発されている。
　よく利用される評価方法として仮想評価法（CVM：Contingent Valuation Method）がある。これはアンケート調査によって人々に自然を保全するために支払っても良いという金額（支払意思額）を直接質問し、その値を利用して自然の価値を判断するものであり、世界的に利用事例が増えている。沖縄ではサンゴ礁が幾つかの要因によって大きな打撃を受け、壊滅状態になっている場所もある。サンゴ礁を訪問する人々にアンケート調査が行われた。質問内容は「今からこのサンゴ礁を保全するために、サンゴの敵であるオニヒトデを駆除するための活動を行います。この活動を実施するためにあなたはいくら支援してくださいますか」というものであった。この調査で得られた数値を利用してサンゴ礁生態系の価値を考えようというものである。ただしこの支援金額に関する問いは回答しにくいという場合には、いくつかの選択肢を用意して回答してもらう方法が採用される。この調査で得られて値を基礎情報としてサンゴ礁の価値を算出する。しかしながらアンケート調査の途中で「オニヒトデは本当

に駆除しても良いのか。オニヒトデと言えどもサンゴ礁生物群集の一員ではないのか？」という難問を突き付けられた。どのように答えるのが良いか、まだ明解な回答は用意されていない。

　私たちは自然から多くの恩恵を受けていることは理解できた。ではその恩恵に対して「恩返し」をしなくても良いのだろうか。これは最近「環境サービスに対する支払い」あるいは「生態系サービスに対する支払い」として話題になっている。最も多く行われている方法は、森林や海洋保護区に入るとき入場料を徴収し、それを保全に役立てる、という工夫である。コスタリカでは、森林法によって生態系が提供する「炭素の固定」、「水源の保全」、「生物多様性の保全」、「美しい景観の提供」の4つのサービスについて、サービスの提供者である森林の所有者が、サービスの提供に相当する支払いをサービスの受益者から受け取るためのシステムを定めている。このほかにもいろいろなアイデアが工夫できそうである。沿岸域を総合的に管理しようとする場合、生態系から受けている恩恵に対して何らかの恩返しをするという管理の考え方を勘案することが期待される。

d. 沿岸環境の恵みに人間が与える負荷

　以上のように私たちは沿岸環境から多くの恩恵を受けているが、一方で既に随所で紹介したように多くの問題を抱えていることも事実である。ここではグローバルな視点も加えて概観する。

　河川を含む水圏環境は飲料水、農業用水、工業用水を供給するだけでなく、豊かな水産資源をもたらし、荷物を運ぶ舟運の場としても重要な役割を果たす。世界四大文明は、ナイル川、黄河、チグリス・ユーフラテス川、インダス川の大河のもとに築かれた。現在も多くの都市は河川流域や沿岸域に集中している。わが国においても河川流域を中心に人間活動が営まれ、様々な産業が発達してきた。

　しかしながら、近年、水圏環境では深刻な問題が多発している。例えば、世界的な水産資源の減少とともに水産物の消費が増加するにつれて世界的に水産資源が減少し（需給ギャップ）、水産資源の枯渇が危惧されるようになった。また人間が使用したプラスチックゴミが海流によって漂流し、それらが破片となって海洋生物に取り込まれていることが問題になっている。プラスチックの破片にはDDT等有害な化学物質が付着していることもあり、海洋環境に多大

な影響を及ぼしている。

　農薬やダイオキシンなどの化学物質が海洋中に溶けこみ、それらが生物濃縮によって体内に蓄積されており、生態系の構造に影響を及ぼしている。地下水中に化学肥料由来の窒素等が蓄積し、飲料水としての安全基準に達していない地域が増加していることは深刻な問題である。またアメリカ、中国をはじめ世界中で農業用水の過剰な汲み上げにより、地下水の枯渇が心配されている。

　確かに、私たちは科学・技術の発達により、快適で豊かな生活を送ることができるようになった。しかし、その反面、水産資源の枯渇、ゴミの問題、化学肥料、農薬、化学物質等の水圏環境への影響は大きいにも関わらず、その事実を理解する機会があまりにも少ない。さらに、その影響が他の地域や国へ拡大するだけでなく、次の世代にまで禍根を残すことになる事も知られていない。

　又、水圏環境は一度汚染されると回復に時間がかかるだけでなく、人間の目に触れることなく徐々に汚染が拡大していく。人間に悪影響が出たときには手遅れである。

　視点を変え、日常生活で私たちが利用している「電気」について考えてみよう。電気は私たちに安全で快適な生活をもたらしている。しかし、電気を利用することは水圏環境に負荷を与えていることも事実である。水圏環境への負荷について取り上げてみると次のような例がある。

　電気を利用することによって、私たちは快適な暮らしを送ることができるようになったが、多くの発電施設は、海沿いに建設されており、通常の海水温より高い排水（温排水）を周辺海域に排出している。温排水によって死滅した魚類が周年確認される等、周辺海域の生態系に大きな影響を及ぼしている。近年は河川上流部にも発電施設が建設され、薬品が混入した温排水の生態系への影響が危惧されている。

　こうしたことは、発電施設だけの問題ではない。科学技術の発展によって便利になった反面、水圏環境に大きな負荷を与えている事例があまりにも多い。しかし、そうした事実は、利用者である一般市民に対し十分周知されているとは言い難い。専門的な科学・技術は専門家にゆだねられている一方、科学技術の恩恵を受ける一般市民はそれらの事実を正しく理解する機会が少ない。その結果、水圏環境の破壊に加担していることを知らずに日常生活を送ることになる。

　私たち人類が快適で豊かな生活を送ることができるようなったのは科学・技

術の発展のおかげである。一方で、水圏環境に対して悪影響を与えてきたことも事実でもある。私たちは、豊かで快適な生活をもたらす反面、水圏環境に悪影響を与える科学とはいったい何なのか。科学的な考え方、科学の功罪とは何かについても理解を促進する機会を設ける必要がある。

1・3・4　水圏環境から学ぶ

　水圏に限らず、自然環境はすべての人間の生活に密接に関わる大切な財産であり、そこから学ぶべきものは極めて多い。近年では環境教育として扱われている。これも人間と自然のつながりを理解する上で重要である。一方で私たちは知らず知らずのうちに深刻な環境問題を引き起こしていることにも注意を払わなければならない。

　私たちが水圏環境に関心を向け、水圏環境を観察し、問題解決のために様々なアイデアや意見を交換し、より良い方策を考えて行動できるような体制や仕組みを整える必要がある。その際、私たちは水圏環境を総合的に理解し、諸問題について責任ある行動をとることが出来るようにしなければならない。

　このように「身近な水圏環境を科学的に観察し、水圏環境に関する諸問題について人々とともに考え、総合的知識を理解し、広い見識に基づいた責任ある決定や行動をとり、それらをより多くの人々に分かりやすく伝えることができる」人材を育成するのが水圏環境教育である。

　水圏環境教育にはいくつかの基本的な視点がある。第一に身近な水圏環境に関心を持ち、科学的に観察することである。そして水圏環境についての他者の意見や、新聞やテレビで報道されるニュースに耳を傾けることが重要である。観察し、ニュースや意見に耳を傾けたならば、次は水圏環境に関する諸問題について自ら進んで考え、周囲の人々とともに考える。問題点を考え、理解した後は必要な行動を実践することが必要である。水圏環境の諸問題について、広い見識に基づき責任ある決定や行動を実践しつつ、意見を人々に伝える。もちろん、これらの行動目標は、人々の行動を必ずしも限定するものではない。あくまでも、水圏環境教育の目指す人材像の目安であり、対象者や地域によって様々な展開が考えられるであろう。

　私たちが多様な角度から総合的に理解すべき知識の例として伝統的エコ知識とプレコンセプションについて取り上げてみよう。

【伝統的エコ知識】

　日本料理は世界中で最も人気があるとされている。その日本料理にはなくてはならないのが出汁である。出汁にはコンブ、鰹節等水産物が欠かせない。鰹節は鰹を発酵作用によりうま味を引き出した天然の発酵食品である。この鰹節は、煮鰹を焙乾した後、カビ付け、天日干しを繰り返し作られる伝統食品である。

　鰹節だけでなく、鯖のへしこ、新巻サケ、フカヒレ、干しアワビなど数多くの水産物が、伝統的な知恵や技を使って、利用されてきた。このような食習慣は、水産物と深い関わりを物語っており、日本古来の「魚食文化」と言っていい。魚食文化が発達したのは、日本人と水圏環境との関わり方に要因がある。水圏環境の中で特に海に着目し、日本人と水圏環境との関わりにどのような歴史的な背景があったのか探ってみると次のような例がある。

　海に囲まれた日本では全国各地で1万年以上前から魚介類を中心とした食生活を営んでいた。これは全国各地で数多くの貝塚が発見されることからもわかる。関東地方では水産加工場の形跡が見つかっている。日本の海は古くから地形的にも気候的にも恵まれ、人々はカキ、ウニ、アワビなど沿岸性の水産生物を採取し、釣り針を作り、丸木船を作りマグロやイルカなどの大型の海洋生物を捕獲してきた。

　有史以前から続けられてきた漁業は独特の食文化を形成し、絶えることなく今日まで生き続け、現代生活の中に根づいている。私たちが、豊かな食生活を送れるのは、恵まれた水圏環境のおかげなのである。

　又、古来より水圏環境に負荷を与えないための様々な工夫を凝らしていた。それらは本書の主題である総合的沿岸管理の議論に大いに参考になる。

　たとえば、琵琶湖周辺の集落では水路を蛇行させて窪地をつくり、汚物を沈殿させて定期的にくみ上げて肥料としていた。また食器などを洗う川の洗い場では鯉を飼ってご飯粒などを餌に食べさせるなど、家庭生活から出る排水・廃棄物はほとんど有効に活用されていた。そのような暮らしの中で、結果として水域の汚染（富栄養化）が防止されていたのであろう。

　このような水圏環境の恵みを巧みに利用し、環境に負荷の少ない生活をしてきた祖先の知恵を、「伝統的エコ知識」（Traditional Ecological Knowledge）と呼ぶことにする。この伝統的エコ知識を理解し実践することは、水圏環境と人間が将来にわたって永続的に共存することにつながる。

【プレコンセプション】

プレコンセプションとは、学習者が授業などで学ぶ前に、それまでの学習や体験などによって構築された「独自の考え」を指す。学習環境や生活環境の違いから一人ひとり異なったプレコンセプションを持っている。

同じ海であっても、日本海側と太平洋側の海のイメージは異なるように、また生産者である漁業者と消費者である一般市民の水圏環境のイメージは異なるように、同じ海域であっても海との関わりの違いによって異なってくる。

水圏環境は地形などの物理的環境や生息する生物の違いによって構造が全く異なる。またそこに生活する人々の水圏環境の利用の仕方や水圏環境に対する考え方によってもとらえ方が異なる。人間はそれぞれの水圏環境に深いかかわりを持ち、長い年月をかけて独自の考え方や文化を形成してきた。

長い間に形成された考え方や文化は、伝統的エコ知識としてその地域に根付いている。その地域にすむ人々の持っている伝統的エコ知識は、人と水圏環境とがバランスよく共存するために築かれた人類の知恵である。

私たちは、水圏環境と密接な関わりを持って生活している。それぞれの国や地域によって、過去から現代まで培ってきた海に対する考え方や文化、すなわち地域特有の伝統的エコ知識を持っている。伝統的エコ知識を理解することは、プレコンセプションの違いを理解することにつながる。プレコンセプションの違いは、そこに生活する人々、経済活動を行う企業、自治体の水圏に対する認識の違いでもある。この違いは、地域あるいは国の違いにもあてはまる。自分にとっての水圏環境の認識があるように、同時に他地域、他国の人々にもそれぞれ水圏環境に対する独自の認識がある。このような水圏環境に対する認識の違いを理解し、幅広い見識を持って責任ある決定や行動する必要がある。

沿岸環境と人間とのかかわりには長い歴史があり、複雑である。また多様な文化が育まれてきた。沿岸管理の方策を総合的に検討するに当たっては、これらの観点を十分に考慮すべきであろう。

第2章

日本の海の管理

　沿岸域においては、3大湾での人口集中とその他の地域における過疎の悩みがあり、自然災害に対する備えも必要である。古くより海の利用の中心は漁業と海運であった。近年は、沿岸域の開発のために行われてきた埋立てについても、環境影響の軽減、都市環境問題への対処など政策の転換が示されている。
　海の管理に関する基本的な仕組みと、その上で営まれる産業における利用の実態を概観し、その活動や関係者の多様性を踏まえた沿岸域総合管理の必要性を学ぶ。

岡山県備前市日生地区

2・1　日本の沿岸域の社会的特性

2・1・1　過疎と過密

わが国の沿岸域は、①3万5000kmに及ぶ長く複雑な海岸線を持ち[14]、②急峻な地形と雨量の多さが、多数の河川による内陸山間部の土砂の海岸線への運搬をもたらし、③海岸に波や流れが絶え間なく作用しており、④冬期の高波浪、台風による高潮・高波、地震による津波が多く、物理的に特異的な大きな変化を受けやすいといった自然特性を持つ。このような自然的特性を持つ沿岸域には、砂浜、磯、海食崖、干潟、浅海域、藻場、サンゴ礁などが存在し、多様で豊かな生物の生息環境を提供し、海水、河川水等の水質浄化という重要な機能を果たしている。

日本列島は、中央部に険しい山岳地帯を持つため、3～4万年前から、沿岸域を中心に人が居住し、その生活を支える活動が行われてきた。わが国沿岸域の社会的特性の基本はそこにある。現在では日本の沿岸域の社会的特性を三つの類型に分けて理解することができる。戦後一貫して人口増がみられて来た過密沿岸域と、人口減が継続的に続く過疎沿岸域、さらにその中間地帯である。

日本全体としてみれば、沿岸域は日本の国土面積37万7961.73 km^2 [15] の約3割[16]に過ぎないが、現在、そこに日本の総人口の約5割が居住する。中でも、東京湾、大阪湾、伊勢湾の3大湾の沿岸には、全国平均の約10倍の人が居住し、人口密度が非常に高い[17]。

このような沿岸域への人口の集中は、戦後、わが国経済の高度成長期に、臨海部の海岸の埋立で造成した土地に集約的な工業立地を行う、臨海コンビナート政策がとられた結果でもある。現在、沿岸に位置する市町村の工業製品出荷額は全国の約5割、商業年間販売額全国の約6割を占め、生産の面でも消費の面でも沿岸域が経済活動の主要な場となっている（図2-1）。

他方で、3大湾を除く日本の沿岸域のかなりの部分は過疎に悩む人口密度低地帯でもある。これらの沿岸域では点在する漁村集落に人が住み、小さな漁港

---

[14] 内閣官房総合海洋政策本部事務局　『平成24年版　海洋の状況及び海洋に関して講じた施策』（平成24年8月）83頁。

[15] http://www.gsi.go.jp/KOKUJYOHO/MENCHO/201310/opening.htm

[16] 本来沿岸域は、海陸一体として分水嶺から流域、沿岸、海域を含むが、ここは、国土面積から森林面積（約250,000 km^2）を除いた沿岸に近接する平野部を狭義の沿岸域として記述している。

[17] 国土交通省『沿岸域総合管理研究会提言』
www.mlit.go.jp/river/shinngikai_blog/past_shinngikai/.../teigen.pdf
5頁。

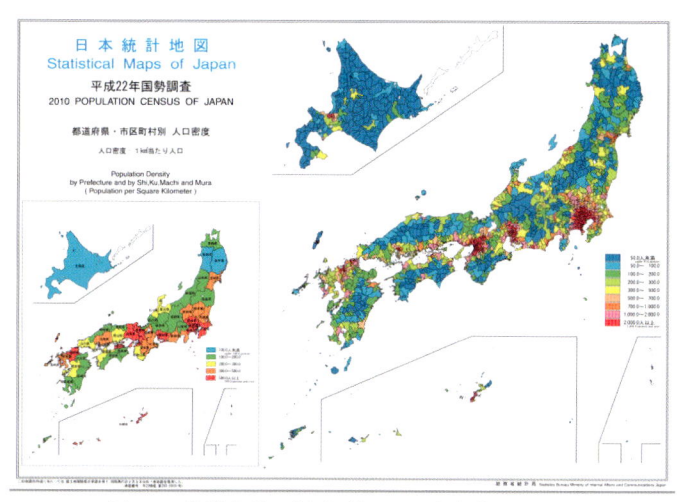

図 2-1　都道府県・市区町村別人口密度[20]。
左が都道府県別、右が市町村別の人口割合を示す。

を拠点に、半農半漁を前提とする小規模な漁業がおこなわれ、漁業生産と人口の継続的な落ち込み、高齢化に悩んでいる（図 2-2）。

　また、高度成長期に「新産業都市建設促進法」（昭和 37 年法律第 117 号）によって、全国総合開発計画の拠点開発方式を実現するためにいわゆる新産業都市として指定された 15 の地域[18] は、首都圏に集中していた重化学コンビナートの地方分散を図るものであったため、地方の沿岸域所在都市を中心に指定された。それらの都市を中核に過密とかその中間地帯とでもいうべき地方都市群が存在し、時代の変遷とともにそれぞれの都市の再活性化を目指した取り組みが行われている[19]。

　このようにわが国の沿岸域は 21 世紀中葉に向かうわが国の経済活動の中心という光の部分と、過疎に悩む地方という影の両面、さらにその中間地帯をともに持つ空間であり、このような多面性に現在の日本の沿岸域の社会的特性があるといえる。

---

[18] 道央地域（北海道）。八戸地域（青森県）、秋田湾地域（秋田県）、仙台湾地域（宮城県）、磐城・郡山地域（福島県）、新潟地域（新潟県）、富山・高岡地域（富山県）、松本・諏訪地域（長野県）、中海地域（鳥取県・島根県）、岡山県南地域（岡山県）、徳島地域（徳島県）、東予地域（愛媛県）、大分地域（大分県）、日向・延岡地域（宮崎県）、不知火・有明・大牟田地域（佐賀県・福岡県・熊本県）が指定された。

[19] 新産都市法は 2001 年に廃止され、新産都市制度も廃止された。

[20] 総務省統計局 http://www.stat.go.jp/data/chiri/map/c_koku/mitsudo/pdf/2010.pdf

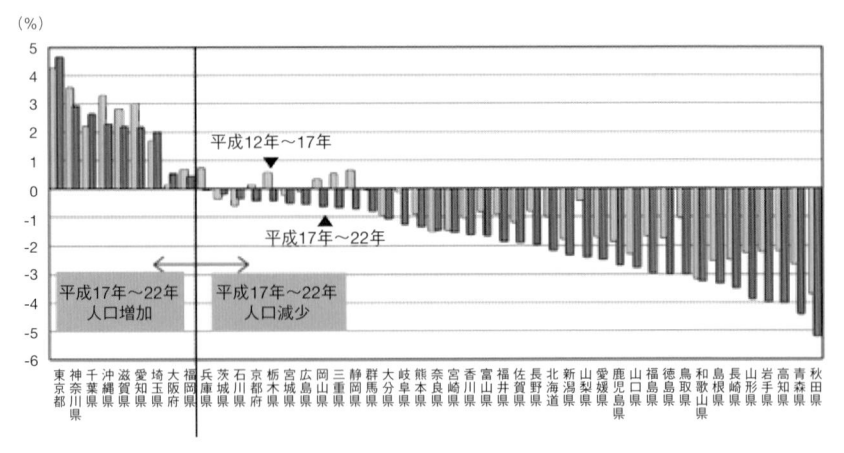

図 2-2　都道府県別人口増減率（平成 12 年～17 年、平成 17 年～22 年）。

2・1・2　防災と国土保全

わが国の沿岸域の自然的・社会的な特性を考えると、高波、台風、地震、津波等の自然災害から、人口が密集する沿岸域に集中する国民の生命、財産を守り、海岸の波や流れによる国土の浸食を防ぐことが、日本の沿岸域政策の重要な課題である。

沿岸域における国土保全を目的とする管理の主たるものは、高潮・津波対策、海岸侵食対策として行われる各種管理行為である。昭和 20 年代後半に、台風による高潮災害が頻発し、甚大な被害が出たために、昭和 31 年、海岸の防護の事業をもつ関係省庁間（農林、運輸、建設）の協議により海岸法が成立した。

海岸法の下で、海水または地盤の変動による被害から海岸を防護するため海岸保全施設（堤防、突堤、護岸、胸壁、離岸堤、砂浜等）の設置を行う事業を海岸事業という。海岸事業は、昭和 44 年以前は建設、運輸、農林水産の各省が個別に計画的に行っていた。昭和 45 年度からは、政府として統一的にこれを行うために海岸事業 5 カ年計画をスタートさせ、高潮対策事業、侵食対策事業、局部改良事業、補修統合補助、海岸環境事業、公有地造成護岸整備統合補助の事業により、計画的な海岸保全施設の整備を継続的に行ってきた。

制定当初の海岸法は、海岸の防護と国土保全を目的とし、「環境」と「利用」の観点の入らない法律であった。しかし、平成 11 年に、防護・環境・利用が調和した海岸づくりを目指した海岸法の改正が行われた。

海岸法の制定後50年以上の時間が過ぎ、一方で海岸保全施設によってカバーされない海岸が多く残り、他方で古くから整備されていた施設が経年劣化することにいかに対応するかが、わが国の海岸行政の大きな課題であった。そのような最中、平成23年3月11日に発生した東日本大震災は、物理的な施設による防災・保全に限界があることを強烈に示した。本章2・3・1でこれらの問題については詳細な議論が行われる。

2・1・3　伝統的海洋利用としての漁業と海運

日本における海の利用の古典的でかつ現在に至るまで最も活発な利用形態は、漁業と海運である。

日本の漁業の特色は、日本の海が世界の主要漁場の一つである太平洋北西部漁場に位置することから、多種多様な魚種に恵まれ、諸外国に比較して漁業者数、漁船数が極めて大きいことにある。小型漁船の割合も高い。このような環境の中で、わが国の漁業管理は、漁業権を管理の手段とする沿岸漁業と、沖合、遠洋での許可漁業を中心に行われてきた。又、国連海洋法条約における資源管理義務を履行するために、「海洋生物資源の保存及び管理に関する法律」（平成8年）に基づき、指定した魚種ごとに国が年間の漁獲量の総量を設定する「漁獲可能量（Total Allowable Catch：TAC）制度」が実施されている[21]。

平成24年現在、日本全国で合計2909の漁港が点在し、そのうちの約四分の三が、地元漁業者が沿岸域における漁業権漁業や自由漁業の活動拠点として利用する第1種漁港である[22]。このような状況を反映して、漁業・漁村における中核的組織であり、漁業権の主体である漁業協同組合数も多い[23]。

漁業就業者数及び漁業生産量の減少、その高齢化も漁業政策の大きな課題となっている。しかし、漁業就業者一人当たりの漁業生産額は、平成21年の694万円を底に、この数年は増加傾向にある[24]。

---

[21] 現在TAC制度の適用対象となっているのは、サンマ、スケトウダラ、マイワシ、マサバ及びゴマサバ、マアジ、スルメイカ、ズワイガニである。
[22] 水産庁『平成25年度水産の動向　平成26年度水産施策』149頁。
[23] しかし、漁業協同組合については、それが行う金融機能の安定等のために、近年合併促進政策がとられ、平成15年3月末に全国で1,607組合が存在したが、平成25年3月末には979組合に減少する傾向がみられる。註19　105頁。
[24] 平成15年漁業者数は、23.8万人であったが、22年には20.3万人に減じ、東日本大震災後の岩手・宮城・福島の3県を除いた数字であるが、24年には17.4万人となっている。しかし、新規漁業就業者数は、平成15年の1,514人に対して平成20年以降は微増に転じ、平成24年には1,920人となっている。平成24年の一人当たり生産額は768万円であった。註19　96～97頁。

漁業と並ぶ伝統的な海の利用は海運である。船は、過去においても現在も、重量があり、かさばる貨物を、長距離においてもっとも経済的に運送する手段である。また、海上運送の確保は、時と所を問わず、地域や国家の権力主体の経済力や軍事力に大きな影響を与えてきた。とりわけ、四囲を海で囲まれたわが国では、海運の重要性が明治維新以降は強く意識されてきた。現在、わが国で消費される様々な物資の大部分が海運によって日本に運ばれ、国内で生産された輸出品の大部分が海運によって搬出されている[25]。

　歴史的に見ると、徳川幕府が鎖国をするまでは、日本の船舶が韓国、中国、東南アジアの各地域に活発に渡航し、諸外国との人の交流や貿易を営んで来た。

　しかし、徳川幕府が実施した鎖国政策の定着以降は、原則として、江戸時代を通じて外国貿易は長崎の出島での交易に限定された。その結果、江戸時代の日本の海運は国内での人と貨物を運送する内航海運に限定された。明治以降はふたたび外航海運が開始され、その振興が日本経済を発展させるための明治新政府の政策の大きな柱となった。

　海運は、外航海運であれ内航海運であれ、陸上の貨物運送と一体となってはじめて機能する。陸上貨物運送と海運との物理的な接点となるのが港湾である。また、海運に用いる船舶が大型化すると、港湾への大型船舶の出入を確保する推進を確保した水路の確保が必要となる。このような水路を航路という。

　港湾の建設・維持も航路の確保も、膨大な費用を要するために、多くの場合、これらの基盤施設の整備は公的な主体が行い、船舶を所有する私的な主体が、航路や港湾を有料で利用するのが一般的な形態である[26]。港湾においては、船で運ばれた貨物を陸上の輸送機関に積み替え、陸上で運送されてきた貨物を船に積み込む作業が行われる。わが国ではそのような活動を「港湾運送事業」として規制してきた。

　したがって、これまでの典型的な港湾は、港湾の物的施設を管理し、出入港する船舶による港湾施設の利用を管理する港湾管理者、船舶を所有し貨物運送を行う船会社、船と陸上の運送機関の間での貨物の運送を行う港湾運送業者、鉄道やトラックなどを用いる陸上の貨物運送事業者、貨物を一時的に保管する

---

[25] 日本船主協会『Shipping Now 2014〜15』データ編によれば、わが国の平成24年度輸出総トンは162トン、輸入799トンであり、海上貿易による割合は輸出の99.2％、輸入の99.8％であった。3頁。http://www.jsanet.or.jp/data/pdf/shippingnow2014a.pdf

[26] 歴史的には税金を投入して港湾の建設、維持、管理を行うことが一般的で、管理主体も営利を目的としない公的な主体私営が港湾の管理に当たっていた。私的主体が所有し管理する港湾も存在するが、世界的に見ても、国内的に見てもその数は多くはなかった。

倉庫業者、船舶や車両等の修理業者等々、公私の主体が入り混じって活動する場＝空間であった。港湾空間は都市の一部ではあるが、このような特性を持つ広大な空間であるので、都市の管理と切り離した管理をする必要がある。そのため、わが国の港湾法は、港湾地区、臨港地区等の区域を都市の管理から独立させ、港湾管理者を置いてその管理空間の規制権限を与え、港湾計画を策定してその管理を行う仕組みを採用している。

　貨物運送技術の変化は港湾の機能、空間の管理に大きな影響を与える。20世紀後半に開始されたコンテナ貨物輸送の一般化により、それまでもっぱら公的主体が行ってきた港湾の管理を私営化する傾向が21世紀に入って世界的に強まっている。これは大型コンテナ船を世界で限られた数の船会社が所有し[27]、コンテナ船の大型化が急激な勢いで進み、世界中の港湾を高速で巡航して、より多くの荷主を確保しようとするコンテナ利用船会社の世界的な規模での競争に、コンテナ船を受け入れる港湾サイドも対応を迫られたためである。コンテナ船の貨物運送のハブ港機能を確保しうるかどうかが、港湾経営のみならず、その国の経済に大きな影響を及ぼす。一方で船舶の大型化は港湾に対する投資の巨大化を招き、そのリスクも大きくなる。そのような環境の中で、公的港湾管理者の経済的な環境変化への対応の限界、官僚機構の非効率性を回避して、港湾管理における弾力的な競争対応能力の向上が世界的規模での港湾組織の民営化の流れをもたらしている。

　コンテナ輸送の増加に伴い、利用頻度が落ちていく非コンテナ貨物対応の旧式の港湾施設や港湾空間の活性化が、世界の港湾都市の共通の課題となっている。ロンドンのドックランドの再開発や、横浜のみなとみらい地区の再開発は、再開発による都市の活性化とともに、大都会に残された貴重な親水空間として港湾空間を活用する動きの代表例である[28]。

2・1・4　埋め立てによる海の陸地化と漁業権補償

　国土の狭小な日本の近代化・工業化に、沿岸域の埋め立てによる土地の造成が果たした役割は大きい。資源の乏しいわが国の経済の近代化は、船舶を利用

---

[27] 2013年の大手コンテナ会社の世界ランキングは、デンマークのMaersk Line、スイスのMSC、フランスのCMA・CGM、台湾のEvergreen、中国のCOSCO、ドイツのHapag-Lloyd、韓国の韓進海運、シンガポールのNOL/APLが上位を占め、日本の日本郵船は11位の取扱量である。
[28] イギリスのドックランド再開発公社の設立は1981年、横浜のみなと未来地区の再開発は、1983年の開始である。

した原材料の輸入と生産済み製品の移動、沿岸地域の埋め立てによって造成した工業地帯での製品の生産活動によってなされた。東京・横浜の京浜工業地帯、名古屋、大阪・神戸の阪神工業地帯、北九州といった日本の代表的工業地帯は、すべて沿岸域の埋め立てによって造成されたものである。

　1921年（大正10）に「公有水面埋立法」が制定され、沿岸域の埋め立てが本格化した。第二次世界大戦後においても、上記の四大工業地帯だけではなく、1962年（昭和37）以降の新産業都市や工業整備特別地域等、各地域の港湾を中核として、埋立てによる工業用地を造成し、工業化を促進した。高度成長期の都市への人口集中の激化への対応策として、都市の再開発用地、住宅用地を提供するためにも埋立てが行われた。

　高度成長期には埋め立てによる沿岸域の海の大量の陸地化が行われた。また、そこで行われる生産活動に対する環境規制は非常に緩やかなものであった。その相乗効果で、昭和40年代に入ると、日本全体に深刻な環境問題が頻発し、そのような事態への対応策として、1970年に入ると環境規制が強化された。埋め立てに関しても同じ時期からその抑制の必要性が指摘されるにいたった（図2-3）。

　昭和47年の運輸白書において、「最近に至り、埋立に伴う自然景観の破壊、埋立地に立地した企業が排出する工業排水、排煙等による環境汚染が顕在化し、これらの問題の解決が焦びの急とされている。そこで、運輸省では今後の埋立についてその工事の実施に際しての自然景観の保全に対する配慮を一層強化するとともに、埋立地のしゅん功後における利用、管理について、適切な計画のもとに行なうよう規制、指導等を行なうことにしている。又、最近、産業構造の活発化、消費生活の高度化につれて各種多様の廃棄物が大量に出るようになつたが、これらの処理方法として、海面の埋立が重要な役割を果すことを期待されるようになつた。そこで、運輸省では、公有水面埋立法の運用について再検討し、従来、埋立地の利用目的のないものについては、埋立を免許しなかつたが、今後は、廃棄物の処分のための埋立については、しゅん功後の利用目的のないものについても免許を与え、都市環境問題に対処することとしている。」[29]として、それまでの埋め立て政策の転換が示された。

　土地造成を目的とする埋立が抑制され、このころから深刻化した廃棄物の最

---

[29] 昭和47年『運輸白書』各論Ⅱ海運（Ⅲ）港湾第2章　港湾の整備　第2節　臨海部における用地造成　http://www.mlit.go.jp/hakusyo/transport/shouwa47/index.html

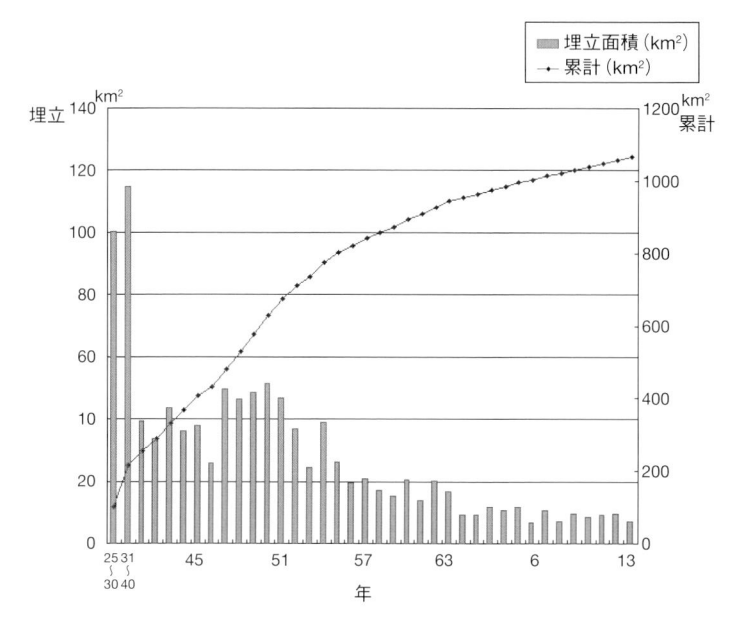

図 2-3 埋め立て面積の推移。

終処理場としての埋立が積極的に認められるにいたったのである。その成果が日本全体の埋め立て量の減少となって表れた[30]。

公有水面埋立法は、埋立水面に権利者がある場合に、権利者の同意を得なければ免許できない旨の規定を置く（第4条3項1号）。多くの沿岸域における高度成長期の埋立は、沿岸域に存在する漁業権漁業がおこなわれている水域を対象とするものであった。漁業法自体は漁業権を相続や合併の場合を除いて移転の対象とならない権利としている（26条）。漁業権の譲渡・売買は制度的にできない。しかし、公有水面埋立法が埋立免許の条件として、権利者の同意を必要としていることから、漁業権者の同意は、埋立申請者が漁業権者に補償基準による補償額をはるかに上回る金額を支払って、はじめて得られるという実態が、高度成長期を通じて形成され、漁業権者に対する社会的な批判を強めるという事実が存在した[31]。

[30] 国土地理院　昭和25年〜平成13年の埋立面積の推移。
http://www.gsi.go.jp/WNEW/PRESS-RELEASE/2002-0129d.html
[31] 來生新「漁業権消滅補償の理論と実態からの乖離」シップアンドオーシャンニューズレター　第8号（2000年12月5日）http://www.sof.or.jp/jp/news/1-50/8_2.php

21世紀におけるウィンド・ファーム等の沖合許可漁業対象区域での新たな海面の利用に関して、漁業者とこれらの海面の新規利用希望者の利害調整をどのようにスムースに行うかが、現在の海洋利用の大きな課題となっている。

2・1・5　環境意識向上と豊かな社会の沿岸域管理としての総合的管理

すでにみたように、わが国の戦後高度成長は、沿岸域の埋立によるコンビナート造成を全国的に展開する形で実現した。海を陸地化し、そこで行われる生産活動に厳しい排出基準を課さずに重化学工業化を促進したつけが、最終的に1960年代後半から70年代にかけての環境悪化となって、コンビナート近隣住民に水俣病、四日市ぜんそく等の深刻な健康被害を発生させた。

1970年第64回国会は、それまでの環境規制を大幅に強化する法律改正を実現した公害国会として知られている。その後のわが国の大きな流れは、環境庁の創設、公害規制から環境政策への転換、環境庁から環境省への昇格などの動きに代表されるように、経済成長の成果を環境の悪化の防止、保全、改善に向ける、豊かな成熟した社会への変化とも言うべきものであった。国民の環境意識の向上が沿岸域・海の利用一般に厳しい監視の目を光らせる状況となっている。

そのような時代状況の中で、沿岸域の総合的管理も、その理念の軸として環境の保全・改善をうたい、その成果を他の利用形態に活用する方向で進みつつある。

沿岸域の総合的利用の総論的議論としての日本の沿岸域の社会的特性の解説は以上にとどめ、これ以上の議論は以下の各論的な解説に譲る。

2・2　海洋管理の基本的仕組み

2・2・1　領海・排他的経済水域・大陸棚と沿岸域の定義

日本の管理権限が及ぶ海は、基線から12海里までの領海と、200海里までの排他的経済水域及びそれを超えて国際的な手続きで承認される大陸棚に分かれる。（図2-4参照）法律制度としては、「領海法」と「排他的経済水域及び大陸棚に関する法律」の二つがその根拠を与える。

領海は国土と同じく、日本の主権が全面的に及ぶ空間である。排他的経済水域及び大陸棚は国連海洋法条約によって認められた、特定の事項に限定して沿岸国の主権の行使が認められる制度である。

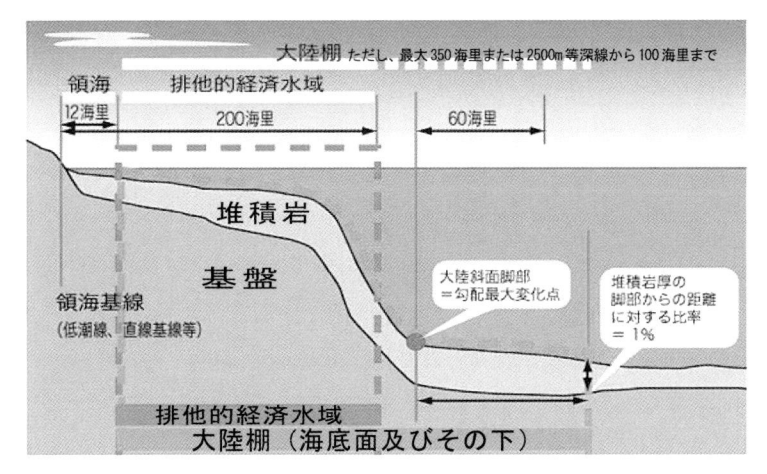

図 2-4　領海、排他的経済水域、大陸棚の概略図。

　具体的には、沿岸国は、排他的経済水域において、上部水域並びに海底及びその下の天然資源の探査・開発・保存・管理のための主権的権利、並びに海水等によるエネルギー生産等を含む経済的な探査・開発のための活動に関する主権的権利を有し、人工島や構築物の設置・利用、科学的調査、海洋環境の保護・保全に関する管轄権を有する。しかし、すべての国は、特定国の排他的経済水域において、公海と同様に、航行・上空飛行の自由及び海底電線・海底パイプラインの敷設の自由が認められる。又、沿岸国は、生物資源の最適利用の目的を促進するように漁獲可能量を決定し、自国の漁獲能力がそれに至らず余剰が生ずる場合は、その余剰分の漁獲を他の国に認めることになる。

　わが国は国連海洋法条約の批准に伴い、1996 年、「排他的経済水域及び大陸棚に関する法律」を制定し、漁業に関して、「排他的経済水域における漁業等に関する主権的権利の行使等に関する法律」を制定して、この空間の管理の国内法上の権限を明確にした。

　本書の対象となる沿岸域は、法制度上の概念ではなく、領海の最も陸寄りの部分で、陸域と海域を一体としてとらえる概念である[32]。沿岸域には、港湾、漁港、海岸施設などの公物が点在し、それを管理する公物管理主体が存在する。

---

[32] 陸域、海域のどの範囲を沿岸域とするかについては様々な定義がある。詳しくは、5・1、5・2・2 を参照のこと。

公物管理主体は管理空間内の水域及び陸域の占用許可権を持ち、沿岸域の一部空間を空間として管理する権限を持つ。又、沿岸域は漁業権漁業や埋立、過去の埋め立て地を利用した経済活動、レジャー、海運などの人間活動が密に行われる空間であり、漁業法などに代表される人間の活動を規制する法律が最も活発に適用される空間でもある。

　沿岸域の陸域はすべていずれかの地方公共団体の区域となっている。地方公共団体には首長と議会が存在し、条例を制定し、それを執行することによって地方公共団体の管轄権が及ぶ空間全体のあり方を導くことができる。これに対して、海上における隣接する地方公共団体の境界は、必ずしも明確にひかれているわけではなく、むしろ境界が明らかではない例が多い[33]。

　地方自治法は都道府県の境界について、従来の例によると定める（5条）のみで、あとは紛争が生じた場合等の境界画定の手続きを定めるにとどまる。海に関しては慣行を第一とし、慣行がないときあるいは不明の時は関係都道府県の相互の協議によるとされている。海上に構築物や横断道路、トンネルなどを設置する場合には、管理権や警察権の行使などの必要から、その都度、施設上で境界が定められることが一般的である。又、漁業権の設定等に代表されるように、管理権の行使しうる範囲について隣接地方公共団体間で意見の不一致がある場合にも、その都度、地方公共団体間での個別合意による解決が図られる。

　地方公共団体の管轄権が沖合のどこまで及ぶかについて、理論的には領海の端まで及ぶとの理解が一般的である[34]。海の沖合利用が一般的ではなかった時代には、この問題は実利に関わらない観念的なものであった。しかし、沖合の海上利用技術の進歩とともに、その現実の可能性が増すにつれ、アメリカが原則として3海里までを沿岸州の管轄とし、それ以遠の領海は連邦の管轄とする例にならって、わが国でも領海内の沖合の一定距離に地方公共団体の管轄権を制限する必要性について論じ始められている。

　海を挟んで向かい合う地方公共団体がある場合は、海上で陸域から沖合の一定距離で地方公共団体の境界を分けている例（瀬戸内海）と、東京湾のように境界を明確にしていない例とに分かれる。

---

[33] 長谷成人　「水産資源管理の基本理念について」。
http://www.jfa.maff.go.jp/suisin/siryou/siryou/002_kihonrinen.pdf
によれば、臨海39都道府県の境界線58本のうち、協定公文書等で1本の境界線を定めていると双方が認めているものが7本、公文書はないが共通認識があるとするもの3本であるが、双方の認識が不一致である例が多数存在するとのことである。

[34] 海洋政策財団編『海洋白書－2009－日本の動き世界の動き』（2009　海洋政策財団）39頁。

領土と領海内では、国法と条例が外国人を含む様々な人間活動を規制することができる。それぞれの所管官庁が空間管理的な視点ではないにせよ、その活動規制に起因して、海洋空間に関する間接的な管理を結果的に行っている。
　現行法の下では、排他的経済水域や大陸棚においても、領海内と基本の法的構造は変わらない。領海内ではすべての活動に日本の実定法が適用されるのに対して、排他的経済水域や大陸棚においては、排他的経済水域及び大陸棚に関する法律に限定列挙された行為[35]についてのみ日本の実定法が適用されることとなる点で、領海内との違いがある。
　海上における空間を法的に管理する権限を持つ者は公物管理者のみである。領海内でも排他的経済水域及び大陸棚でも同じである。具体的な管理者が存在しない海域を一般海域と呼ぶ。洋上風力発電等、一般海域における海上の排他的占用利用の技術的可能性が高まりつつあり、一般海域の管理権の所在を明確にする、新たな立法が必要になりつつある。

2・2・2　海の管理と自由使用

　わが国の海の管理は、海が国有とされることを前提にして、国有の海を国が管理する場合の国の責務が「自然公物の自由使用」の確保であることが基礎となっている[36]。
　海は国の所有する空間である。それ故、わが国の領海内の海面下の土地は国有地であるが、例外的に、私有地であったところが水没したような過去の経緯があり、現に具体的な支配や利用が可能な場合等には、海面下の土地に私的な所有権が認められることもありうる。観念的には、その土地の上の海は、私有水面となり、所有者の排他的な利用が可能となる。このような状況は海とつながる私有地を掘り込み、海水が上を覆う状態が生じた土地についても同様に生じうる。
　国の所有する海は、法律的には自然公物と呼ばれ、すべての人が自由に使用することのできる空間として管理することが、所有者たる国の管理の大原則となる。沿岸域の海域部分も、きわめて例外的な私的所有部分をのぞいて、この

---

[35] 天然資源の探査、開発、保存及び管理、人工島、施設及び構築物の設置、建設、運用及び利用、海洋環境の保護及び保全並びに海洋の科学的調査（3条1号）、経済的な目的で行われる探査及び開発のための活動（2号）、大陸棚の掘削（3号）等が限定列挙されている。
[36] 來生 新「海の管理」　雄川一郎・塩野宏・園部逸夫編『現代行政法体系9』、公務員・公物、有斐閣、1984年所収）を参照されたい。

原則が適用される。自然公物の自由使用の認められる範囲では、すべての人が、他の使用を排除しないかぎり、相互にその自由な使用が可能である。

　陸域部分でも、海の一部（海と陸の境目）である海浜は国有であり、自然公物の自由使用が認められる。しかし、海浜から陸側の土地は、一般に私的所有権の対象となり、私的所有地は所有者が排他的に独占的に使用することのできる空間となる。

　自然公物であれ、私有地であれ、沿岸域の管理のために人々の自由な使用や権利を制限することが必要となる場合がある。沿岸域の自由な使用の集中が、使用者相互の利益を阻害することはまれではないし、国土保全や防災等のように、より多くの人々の利益のために特定個人の自由や権利を制限する必要が生ずることもまれではない。沿岸域の管理主体が、公共の利益を実現するために、このような自由や権利の制限を行うことができるのは、その権限を定める法律や条例が定められている場合に限られる。

　現実には海での自然公物の自由使用を制限する非常に多数の法律や条文が制定されている。以下でわが国の海に関連する法律の全体像を概観しておこう。

2・2・3　管理法制の概観

　わが国における管理法制の進展について、表2-1でわが国における沿岸域管理法制の基礎となる海洋基本法及び海洋基本計画に至る動きを概観し、表2-2に沿岸域の管理体系と地方が主体となって行う沿岸域総合管理に関係する主な法律について整理する。表2-1については、第3章で詳細に解説をするが、沿岸域の問題の顕在化と、最初の法案の策定は世界の動きに遅れていなかったことが注目に値する。

　表2-2では、沿岸域の管理体系を規範、統治制度、財産管理、機能管理、財源、財産債務の面から整理し、その主な条項について、地方分権統一法施行（2000年4月）前後を比較するとともに、参考となる事項を取りまとめた。機能管理の個別法が詳細にその管理目的、内容を記載していることに比して、地方公共団体が海域を管理する根拠について、それを地方公共団体の本来の権限とする解釈と、国から国有財産の管理の委託を受けて行うという統治制度と財産管理の面からの解釈が存在し、国の法令の適用のない一般海域を管理する条例を定めている都道府県が存在する。

表2-1 日本と世界における沿岸域総合管理に関する主な動き

年代	日本における動き	世界における動き
1960年代	1960-1970年代：高度経済成長に伴う環境悪化の顕在化	1960年代：アメリカサンフランシスコ湾の開発計画を契機とする沿岸域管理運動の開始
1970年代	1973年：瀬戸内海環境保全臨時措置法の制定	1972年：アメリカ沿岸域管理法の制定
1980年代		1982年：国連海洋法条約採択：前文「海洋の諸問題が相互に密接な関連を有し及び全体として検討される必要があることを認識し」 1987年：ブルントラント報告（Our Common Future）：持続可能な開発
1990年代	1998年：「21世紀の国土のグランドデザイン―地域の自立の促進と美しい国土の創造―」の発表。 1999年：海岸法改正：利用・防護・環境が目的化、	1992年：国連環境開発会議（リオサミット）：成果文書「アジェンダ21」：第17章「海洋」、沿岸域の総合的管理に言及
2000年代	2000年：港湾法改正：環境配慮の追加 2000年：「沿岸域圏総合管理計画策定のための指針」を策定 2007年：海洋基本法が成立 2008年：海洋基本計画の閣議決定	2002年：WSSD（持続可能な開発に関する世界首脳会議：World Summit on Sustainable Development）成果文書「ヨハネスブルグ宣言」：第4章30節「海洋」
2010年代	2013年：新海洋基本計画の閣議決定	2013年：リオ＋20：成果文書「The Future We Want」：158-177節「海洋と海」 国連事務局長文書「繁栄のための健全な海洋」：海洋の知識と管理の強化

表 2-2 沿岸域の管理体系と地方主体の沿岸域総合管理に関係する主な法律の一覧

(作成：笹川平和財団海洋政策研究所、塩入同)

	法令	内容	主に地方分権一括法施行(前)の状況 (主に2000年3月まで)	主に地方分権一括法施行(後)の状況 主に2000年4月以降	注釈	参考文献
規範	日本国憲法	地方自治	第九十二条　地方公共団体の組織及び運営に関する事項は、法律でこれを定める。 第九十四条　地方公共団体は、その財産を管理し、事務を処理し、及び行政を執行する権能を有し、法律の範囲内で条例を制定することができる。	左同	地方自治の本旨とは、「住民自治」及び「団体自治」の二つを要素とする。(松本英昭、逐条地方自治法、学陽書房、4-5頁、2001。)	
統治制度	国家行政組織法	目的	(旧)第一条　この法律は、内閣の統轄の下における行政機関の組織の基準を定め、もつて国の行政事務の能率的な遂行のために必要な国家行政組織を整えることを目的とする。	第一条　この法律は、内閣の統轄の下における行政機関で内閣府以外のもの(以下「国の行政機関」という。)の組織の基準を定め、もつて国の行政事務の組織及び運営に関する基本的基準を定め、もって国の行政事務の能率的な遂行のために必要な国家行政組織を整えることを目的とする。		
	地方自治法	目的・原則	(旧)第一条　この法律は、地方自治の本旨に基いて、地方公共団体の区分並びに地方公共団体の組織及び運営に関する事項の大綱を定め、併せて国と地方公共団体との間の基本的関係を確立することにより、地方公共団体における民主的にして能率的な行政の確保を図るとともに、地方公共団体の健全な発達を保障することを目的とする。	第一条　この法律は、地方自治の本旨に基いて、地方公共団体の区分並びに地方公共団体の組織及び運営に関する事項の大綱を定め、併せて国と地方公共団体との間の基本的関係を確立することにより、地方公共団体における民主的にして能率的な行政の確保を図るとともに、地方公共団体の健全な発達を保障することを目的とする。 第一条の二　地方公共団体は、住民の福祉の増進を図ることを基本として、地域における行政を自主的かつ総合的に実施する役割を広く担うものとする。1),2),3)	1)来生新「海洋の総合的管理の各論的展開に向けて」日本海洋政策学会誌 Vol. 2、4-5頁、2012。 2)北村喜宣ほか 特集・自治体政策法務の展開-政策法務の意義と到達点-『ジュリスト』 No.1338、有斐閣、74-93頁、2007(7)。 3)塩入同「海浜の一体的管理における横断的連携のあり方に関する研究」『沿岸域学会誌』Vol. 26 (3)、141-152頁、2013。	
		自治体が処理すべき事務	(旧)第二条　地方公共団体は、法人とす。 三　普通地方公共団体は、その公共事務及び法律又はこれに基く政令により法律公共団体に属しないものを処理する。 三の前項の事務を例示すると、おおむね、次の通りである。但し、政令で特別の定をするものを除く。 2)公園、運動場、広場、緑地、道路、橋梁、河川、運河、用排水路、堤防等を設置し、若しくは使用し、又はこれらを使用する権利を規制すること。(後述、国有財産法を参照) いわゆる「(旧)法定外公共物の機能管理」と解され2000年4月施行の改正地方自治法で財産管理・機能管理が一元化された。	第二条　地方公共団体は、法人とする。 3　普通地方公共団体は、地域における事務及びその他の事務で法律又はこれに基づく政令により処理することとされるものを処理する。 8　この法律において「自治事務」とは、地方公共団体が処理する事務のうち、法定受託事務以外のものをいう。 9　この法律において「法定受託事務」とは、次に掲げる事務をいう。 一　法律又はこれに基づく政令により都道府県、市町村又は特別区が処理することとされる事務のうち、国が本来果たすべき役割に係るものであって、国においてその適正な処理を特に確保する必要があるものとして法律又はこれに基づく政令に特に定めるもの(以下「第一号法定受託事務」という。) 平成12年4月、法定受託事務以外のもの、地方公共団体が処理するものを、自治事務とし、機関委任事務制度の廃止、国と地方の役割分担の明確化が図られた。	1)資金繰明「4訂版　里道・水路、海浜・長狭物の所有と管理　ぎょうせい、251頁、2010。 2)法定外公物に係る国有財産の取扱いについて(行政財産通達)、平成11年7月16日蔵理第2592号。	
		自治体区域	第五条　普通地方公共団体の区域は、従来の区域による。 2　都道府県は、市町村を包括する。 第七条　都道府県の廃置分合又は境界変更をしようとするときは、法律でこれを定める。 ―中略― 第七条の二　法律で別に定めるものを除くほか、従来地方公共団体の区域に属しなかった地域を都道府県又は市町村の区域に編入する必要があるときは、内閣がこれを定める。この場合においては、総務大臣は、あらかじめ関係のある普通地方公共団体の意見を聴かなければならない。 2　前項の意見については、関係のある普通地方公共団体の議会の決定を経なければならない。 ※ただし、(公有水面のみに係る普通地方公共団体の境界変更は、第九条の3に簡便設置がある)	左同	「所属市町村の区域内の河川湖沼の水面のみならず、その地域に接続する領海及び上空、その地下にも及んでいる。その及ぶ範囲は自治権の及び得る範囲である(行判昭12-5・20)」出典：松本前掲、68頁。	

法令	内容	主に地方分権一括法施行（前）の状況（主に2000年3月まで）	地方分権一括法施行（後）の状況（主に2000年4月以降）	注釈	参考文献
財産管理	国有財産法	一般海域の管理主体	（国有財産の事務の委任）（旧）第十条 1 各省各庁の長は、その所管に属する国有財産に関する事務の一部を、部局等の長に分掌させることができる。 2 大蔵大臣は、国有財産に関する事務の総括に関する事務の一部を各省各庁の長に分掌させることができる。 3 国は、国有財産に関する事務の一部を政令の定めるところにより都道府県又は市町村が行うこととし、又は地方自治法（昭和二十二年法律第六十七号）第二条第九項第一号に規定する第一号法定受託事務とする。 国有財産法施行規則（旧）第6条第3項の規定により、法第9条第3項の地方公共団体若しくはその吏員又は地方公共団体に関する事務を行う他の者にその事務を取扱わせ、又はその事務について大蔵大臣に協議しなければならない。 （S24.2.19・建設省令第45号）[1][2] 建設大臣から大蔵大臣あて通達「都道府県に係る国有財産（道路、河川、用悪水路、公有水面等の公共の用に供してある国有財産の管理及び処分に関する事務を当分の間従来のとおり取扱いしてほしい」 （S24.3.16・蔵国1008号） 大蔵大臣から建設大臣あて通達（S24.3.16、（建設省調令1号3号・S24.11.16）、（建設省調令3号、第2条、3条）S30.4.30、第2条、3条） ※いわゆる[国有財産法ルート]	（事務の分掌及び地方公共団体の行う事務）第九条　各省各庁の長は、その所管に属する国有財産に関する事務の一部を、部局等の長に分掌させることができる。 2 国有財産に関する事務の一部を、政令で定めるところにより、都道府県又は市町村が行うこととすることができる。 3 国は、国有財産に関する事務の一部を、政令の定めるところにより都道府県又は市町村が行うこととされた事務を、地方自治法（昭和二十二年法律第六十七号）第二条第九項第一号に規定する第一号法定受託事務とする。 帝国有財産法施行令 第六条第二項第一号[2] 第六条 各省各庁の長は、法第九条第一項の規定に基づき国有財産に関する事務の一部を部局等の長に分掌させることができる。 2 法第九条第三項の規定により都道府県が行うこととする事務は、次に掲げるとおりとする。 （保存、運用及び処分…中略…） 力）ホ及びトからクまでに基づく国土交通大臣が自ら取得し、管理する国有財産 に属するもの（国土交通大臣の所管に属するものを除く。）、旧 二　運用する国有財産（保存、維持、運用及び処分）…中略… （処分等の制限） 第十条 行政財産は、貸し付け、交換し、売り払い、譲与し、信託し、若しくは出資の目的とし、又は私権を設定することができない。 2 前項の規定にかかわらず、行政財産は、次に掲げる場合には、その用途又は目的を妨げない限度において、貸し付け、又は私権を設定することができる。 …一略… 6 行政財産は、その用途又は目的を妨げない限度において、その使用又は収益を許可することができる。 →市町村への再委任の可能	（注釈） 1. 法定外公共物とは[3] 実務上、広い意味で道路法、河川法、下水道法、海岸法等の機能管理（公物管理に関する特別法）の適用を受けないで、共用物（1）を指す。狭い意味では、建設省実務では、地整や国土交通省で法定外公共物のうち、地整が国土交通（広義の公共物）である）を指し、行政実務では、この意味において法定外と用いることが多い。 2. 海は国有財産であるのか[5] ア. 海は、未来特定多数人の用に供せられるものであるが、…中略…、他の公物とは同じではなく、地番や定款等をも付しないし、所有者も私的に利用されることとなった場合以外は、国が所有することは変わらない。旧法は海が国有財産法上次のようなものかの判定を下していない。 イ. 海については、他の公物と同じく「地所名称区別誌定」により官有地第三種に属するものが、地券を発行せず、地方税を賦課しないが、国税、具体的には「出仕方水際税及び堤等の海面調停運営建地税はなし… ウ. 「区有地無代付与規則（明治10年1月太政官布告51号）」以来の規定でも、川沼…付与セル物入リ井地表セラル等の規定はなく、ト地ニ該ハニ物」と規定されていた。 エ. 公有水面埋立法（大正10年法律第57号）「一条二項「本法二於テ公有水面トハ河、海、湖、沼其ノ他ノ公共ノ用ニ供スル水流又ハ水面ニシテ国ノ所有ニ属スルモノ」云…」と規定されている。 オ. 「旧河川法（明治29年法律43号）…旧河川法第4条（S22年法律711号）により失効するまで22都府県の国有河川以外の県令を以て公共の用に供せられることが定められ、区海域に限り設けられていた。	1) 青金、前掲、214頁。 2) 所管担当部局は、国土交通省大臣官房会計課国有財産第2係。 3) 青金、前掲、3頁。 4) 国有財産法研究会、法と─制度と現状（改訂版）─大蔵省造幣局、5頁、1991。 5) 建設省財産管理の手引き第2次改訂版、きょうせい、9頁、1985。 （参考） 三浦大介、「海浜地盤の使用・法制度、海の使用・開発を法制度上の問題の検討」日本エネルギー法研究所、33-48頁、2014。 塩野宏、「自然公物の管理の課題と方向」「国土建設の将来展望」。 青金、前掲、70頁。 三浦海岸荘用地としての国有海浜の別荘用地としての貸付の問題について、S22年注律711号による国有財産法命の効力関して一衆議院地方行政委員会第40回会議議事録、17号議案、S27.3.8。

第2章　日本の海の管理 ● 79

財産管理機能管理	海岸法	一般公共海岸区域の創設（1999年改正） （定義）第二条 2 この法律において、「公共海岸」とは、国又は地方公共団体が有する公共の用に供されている海岸の土地（他の法令の規定により施設の管理を行う者が法令に基づき管理する権限を有する土地を除く。）及びその土地とその土地に接する一体をなす低潮線までの水面をいう。 3 この法律において、「海岸保全区域」とは、都道府県知事が第三条の規定により指定した区域をいう。 （海岸保全区域） 第三条 都道府県知事は、津波、高潮、波浪その他海水又は地盤の変動による被害から海岸を防護するため海岸保全施設の設置その他の管理を行う必要があると認めるときは、海岸に面する一定の区域を海岸保全区域として指定することができる。 （一般公共海岸区域の指定） 第三条の二 都道府県知事は、公共海岸の適切な管理を行う必要があると認めるときは、「一般公共海岸区域」として、公示した第二条第二項の公共海岸の区域のうち第三条の規定により指定した海岸保全区域以外の区域をいう。	（注釈） 一般海岸は、若干の民有地と公有地を除いて国有財産法上の行政財産（法定外公共用財産）として主に財産管理の観点から「建設省所管公共用財産管理規則」（昭和30年4月30日建設省訓令第○号）に基づき管理が行われている公共に過ぎず国有財産の共有財産の共通としての機能管理は、都道府県の条例または知事の規則によるものを含め都道府県で行われていないのが実情である。 一般海岸の調べのうち海浜地に面するものの10件、公共用財産管理規則によるものの6件、一般使用地使用規則によるものの5件、その他管理規則によるものの7件、一般条例によるものの1件は公有土地水面使用規則によるものの2件（うち1件は条例）となっている。[1]	1）成田頼明「新たな海岸管理のあり方」『自治研究』75巻（6）、23頁、1999. （参考） 青山俊行、『海岸法の改正について』『リバーフロント』Vol.36、2-5頁、1999.には、海岸法改正の背景と、海域管理法に類する法律の必要性について言及している。
	港湾法	（設立等） 第四条 現に港湾施設において予定港湾区域を先水面とする区域を管理しようとする地方公共団体は、第五条に定める手続により、港務局を設立することができる。 2 次の各号に掲げる港湾において、又は同項の規定により指定された区域においては、前項の規定にかかわらず、港務局を設立することができない。 （港湾区域等） 第九条 港務局は、成立した後管理する。[1]	（注釈） 現に当該港湾施設において港湾の施設の設置若しくは維持管理の費用を負担し又は地方公共団体（以下「関係地方公共団体」という。）は、単独の申し出ない場合に、又は同項の場合において、他の関係地方公共団体から同意の期間内に関係地方公共団体との協議会の議決を経て設置することとなったときは、港務局の設置及び区域について、その同意を得なければならない。	
区域指定	漁港漁場整備法	第六条 第一種漁港であってその区域が一の市町村の区域内に限られるものは、市町村長が、名称及び区域を定めて指定する。 2 第一種漁港であってその区域が二以上の市町村の区域にわたるもの及び第二種漁港、名称及び区域を定めて指定する。 3 その名称及び区域を定めようとするときは、関係市町村長及び、関係市町村の協議会の議決を経、かつ、農林水産大臣の意見を聴いて定めなければならない。 4 第三種漁港及び第四種漁港は、農林水産大臣が、関係都道府県知事の意見を聴き、水産政策審議会の議を経て、名称及び区域を定めて指定する。	（注釈） 海域公園は国立公園又は国定公園内の海域の景観を維持するため、公園計画に基づいて、当該公園内の海域内に、関係都道府県の意見を聴いて、環境大臣、又は都道府県知事が指定する地区である。	
	自然公園法	（海域公園地区） 第22条 環境大臣又は都道府県知事は、国立公園又は国定公園の海域の景観を維持するため、公園計画に基づいて、当該公園の海域内に、海域公園地区を指定することができる。 2 第5条第3項及び第4項の規定は、海域公園地区の指定及びその指定の解除並びにその区域の変更について準用する。この場合において、同条第3項中「環境大臣又は都道府県知事」とあるのは「環境大臣又は都道府県知事」と読み替えるものとする。	（注釈） 海域公園は国立公園又は国定公園内の海域の景観を維持するため、公園計画によって設けられた地区で、自然公園法によって海域公園と呼称を変更することなった。2010年4月（平成26年）3月現在、日本国内では107の地区が指定され、指定に関係している公園は29箇所である。	

80

財産管理／機能管理	電気通信事業法	区域指定	(公用水面の使用) 第百四十六条 認定電気通信事業者は、公共の用に供する水面（公共の用に供する水底線路（以下「水底線路」という。）に設置しようとする水底線路（以下「水底線路」という。）を敷設しようとするときは、あらかじめ、当該水底線路の位置及び総務省令で定める事項を、農林水産大臣が指定する水面（漁業法（昭和二十四年法律第二百六十七号）第六十三条の規定により農林水産大臣が指定する漁場たる水面その他水底線路の敷設をしようとする区域を管轄する都道府県知事（農林水産大臣を含む。）に届け出なければならない。 (水底線路の保護) 第百四十七条　総務大臣は、認定電気通信事業者が敷設する水底線路の保護のため必要があると認めるときは、その指定する区域について水底線路保護区域として指定することができる。 2　前項の規定による指定は、告示によって行う。 3　認定電気通信事業者は、総務大臣による水底線路保護区域指定の申請をしようとするときは、第一項の規定による指定を準用する場合を含む、次項において同じ。）に届け出なければならない。 第百四十九条　何人も、水底線路保護区域内においては、これを指示する標識を設置し、また、船舶を停泊させ、びょうを投下し、底びき網を使用する漁業その他総務省令で定める漁業をしてはならない。かつ、土砂を採取し、またはくい打ちその他土地に定着する物件を設置してはならない。——以下省略—	(注釈) 公有水面たる河川、海、湖、沼などは、自然の状態のままで公衆の自由な使用に供されており、何人でも同様な使用を自由にすることができる。本項は、こういった自由な使用の範囲内において、認定電気通信事業者が水底線路の敷設をしようとする自由な使用権に対するもの以外に総務大臣の確認を得てもよいという目的の権利（農林水産大臣を含む）を届け出ることとしている。 認定電気通信事業者は、公用水面に敷設する水底線路の保護のため、保護区域の指定を受けようとするときは、総務大臣にこの旨の申請をし、総務大臣による水底線路の公共性を保護するため、水底線路保護区域指定の申請書を提出しなければならない。 総務大臣は、水底線路の保護を保護するためにあらかじめ一定の範囲について公共用に供する水面であって、公用の使用権が認められている水面について、水底線路の保護の対象とする場所を指定することを公用制限という。本条の公益のために特定の水面を公共の保護のための公用制限を加えるため、公益の一部について指定した区域について処分するのに専属するものであると解される。 1）多賀谷一照ほか『電気通信事業法条解釈』（財）電気通信振興会、2008、497-517頁。
			(参考事例) 沖縄県竹富町「平成24年度サンゴ礁海域の自然景観改善事業付帯業務委託業務調査等業務報告書」、72頁、2013。
			(参考) 沖縄県竹富町に対して広くサンゴ礁海域を有する、交通、観光資源、サンゴ礁海域の自然環境・景観資源、また生活環境が良いなどかつて他の風景区に近い環境に位置する地域を条件とするその後地域社会を形成するために貴重な根幹部分として組み入れられているそこで町は、海域全体を持続するための基礎資料を確保するため、調査検討・シンポジウム等に取り組んでいる。
財源	地方交付税法		第一条　この法律は、地方団体の自主的にその財源を処理し、及び行政を執行する権能を損なわず、その財源の均衡化を図り、及び地方交付税の交付の基準の設定を通じて地方行政の計画的な運営を保障することによって、地方自治の本旨の実現に資するとともに、地方団体の独立性を強化することを目的とする。	
	地方財政法	目的等	第一条　この法律は、地方公共団体の財政（以下地方財政という。）の運営、国の財政と地方財政との関係等に関する基本原則を定め、地方財政の健全性を確保し、地方自治の発達に資することを目的とする。 第二条　地方公共団体は、その財政の健全な運営に努め、いやしくも国の政策に反し、又は地方公共団体の財政を他に転嫁するような施策を行ってはならない。 2　国は、地方財政の自主的な且つ健全な運営を助長することに努め、いやしくもその自律性をそこない、又は地方公共団体に負担を転嫁するような施策を行ってはならない。	(管理上の障害となっている事例) 青森県大間町部海岸が建設された護岸が地元住民に不評であった復旧事業が現状復旧では設計に変更となっていることから、このような対応が必要となっている改修となっている事例。また、改修工事に当たっては、改修に要する費用を付ける上での議論が指摘されている。
財務債務	補助金等に係る予算の執行の適正化に関する法律（適正化法）		第一条　この法律は、補助金等の交付の申請、決定等に関する事項その他補助金等に係る予算の執行並びに補助金等の返還に関する基本的事項を規定することにより、補助金等に係る予算の執行並びに補助金等の交付の決定の適正化を図ることを目的とする。	
	公共土木施設災害復旧事業費国庫負担法		第一条　この法律は、公共土木施設の災害復旧事業費について、地方公共団体の財政力に応ずるように国が負担をなし、災害の速やかな復旧を図り、もって公共の福祉を確保することを目的とする。	(管理上の障害となっている事例) 茨城県における海岸施設の災害を例示し、施設災害の原因究明がなく、個別の護岸・個別現象（侵食）に対応する海岸部の過度の人工化を招き、災害を再度発生させるという悪循環となっているような状況にあることを指摘している。

・宇多高明ほか「海岸事業の推進方策─青森県大間町海岸地区における新しい試み─」『海洋開発論文集』Vol.16、523-528頁、2000。

・宇多高明ほか「住民合意型海岸事業における災害復旧制度の改良」『海岸工学論文集』Vol. 53、1321-1325頁、2006。

※特に記載すべき法律のみ例示した。

2・2・4　陸の管理と海の管理の異同

　海の管理は、数多くの所管官庁による縦割り行政で行われており、横の連絡が弱く、総合性に欠けるとの批判が繰り返されてきた。海洋基本法の制定、それによる総合海洋政策本部の設置はそのような縦割りの海の管理の限界を克服する努力でもあった。しかし、海の管理を陸の管理と比較すると、海の管理が陸以上に強い縦割で行われているわけではない。見方によっては、陸の管理は土地の私的所有権を前提にする分だけ、より多くの管理主体の下で縦割りに管理・支配されているとも言える。にもかかわらず、海の管理の縦割り性が繰り返し指摘されてきたのは、縦割りを統合し、調整するメカニズムが、海の場合には、陸域以上に働きにくい環境があるためである。以下、その原因を整理しておく。

a．私的所有による管理の有無：社会的効率性の自動的な実現

　陸における空間利用やそこで行われる人間活動の管理は、土地所有権を基礎にして行われる。陸上の土地はすべて私的所有権の対象となる土地である[37]。土地の上空も含めて、土地の使用は所有権者の自由に委ねられている。それは、土地とその上の空間の管理が、個別の土地所有者の自由な管理にゆだねられていることを意味する。土地所有権者の自由を制限する社会的な必要がある場合には、その自由をどのように制限するかについて定める個別規制の立法がなされ、それに従って、所管官庁ごとの個別管理が行われる。これが陸域の土地の管理の原則である。

　これに対して、海は原則として私的所有の対象とならない空間である。海面下の土地は、原則的に、国有とされる。所有権者である国が海底下の土地について持つ所有権を、私人の所有権と同じと理解するか、それと異なる特殊な所有権として解すべきかについては、明治時代にさかのぼる学説の対立がある[38]。

　このように所有権が国にあり、原則的に私的な所有の対象とならないことは、海の利用に関していくつかの陸と異なる現象を生じさせる。第一は、私人の所有権が成立しないために、海の空間は売買の対象とならない。海の空間が売買

---

[37] 歴史的には明治7年11月7日太政官布告第120号「地所名称区別改定」によって、官有地が4種に分類され、民有地は3種に分類されて、近代的な所有権制度との関係で公私の土地の帰属を明確にした。
[38] 來生新「海の管理」雄川一郎・塩野宏編『現代行政法体系9』（有斐閣　昭和59年）345〜348頁
　ここでの議論との関係では、自然公物の自由使用原則との関係で、私所有権説に立つとしても、管理者の自由は制約されると理解しておけば足りる。

の対象とならないために、海における空間の利用については、市場メカニズムによる社会的効率性の自動的な実現が期待できない。この点が陸における空間の利用と海の空間利用の第一の違いである。

　陸の土地は様々な個別規制を前提にして、私的所有者間での売買が行われる。土地の売買は、当該土地をより効率的に利用できると考える主体が、そうしていないと評価する主体から、その管理の権限、すなわち所有権を購入して、自らの管理を実現することに他ならない。このような市場機能が働くことで、陸上の空間の利用は、自動的により効率的なものに変わる。

　これに対して、海の場合は国有とされるために、国によって海の空間をどのように利用するかがひとたび決まれば、それを国が自ら変更しない限りその利用方法は変わらない。市場機能を通じた自動的な効率性の実現ができない。しかも、特定の目的で海の空間ないしは人間活動が管理されるのは、海のごく一部に限られ、海の大部分は「自然公物の自由使用原則」によって、だれでも自由に利用できる空間となっている。

b. 首長の権限と総理大臣の権限：独任制と合議制

　陸域の土地は地方公共団体の区域に属し、帰属が不明の場合にはそれを明確にする地方自治法上の手続きが存在する。土地の場合には、そこに定住する人との関係で、住民税や公共的サービスの提供を行う主体を明確化する必要があり、帰属の不明な土地の存在は埋め立て等によって生ずる一時的なものに限られ、いずれは明確にどの地方公共団体に帰属するかの明確な決着がつくことが一般的である。

　海についても理論的には同様のことがいえる。しかし、実質的には、海には住民が存在しないために、その帰属を明確にすることで期待できる税収等の実利に乏しく、隣接公共団体同士で明確な境界線が引かれていることがむしろ稀であった。一般的には、観念的な境界線を明示せずに、橋を架けたり、漁業権を設定したりするといった個別の事象で権限の調整の必要が生ずるたびに、アドホックに海上（海上・海底の構築物）における自治体間での権限行使の境界が合意されていた。

　また、これも後述するように、海の場合は隣接の地方公共団体間の境界だけではなく、そもそも海が地方公共団体の区域であるかどうかについて、古くから議論があり、地方交付税の算定対象となる地方公共団体の面積にも、海域は

原則として含まれていない。

　地方公共団体は、一定地域を存立の基礎とし、その区域に住む住民を構成員として、そこにおける事務を住民の自治によって処理する権能を認められた団体である。普通地方公共団体の長は、当該普通地方公共団体を統轄し、これを代表し、当該普通地方公共団体の事務を管理し及びこれを執行する（地方自治法147条、148条）。地方公共団体の長は住民の直接選挙でえらばれる独任制の機関であり、自らの権限を行使するために他の機関の合意を必要としない。

　地方公共団体の区域の管理は、市町村がその事務を処理するに当たり、その地域における総合的かつ計画的な行政の運営を図るための基本構想を定め、これに即して行うことによってなされている（地方自治法第2条第4項）。首長は、地方公共団体を統括し、住民の直接選挙で選ばれるので、その地域における総合的かつ計画的な行政の運営を図るための基本構想には、政治家としての地方公共団体の長の個性が強く反映されることとなる。それが陸域における首長による鳥瞰的な視点での総合的な地域管理を可能にしている。

　これに対して、上述したようないくつかの理由が重なって、海域は地方公共団体の区域かどうかが明確ではなく、首長の権限が発揮しにくい状況にあった。海を所管する国の縦割りの行政が、機関委任事務時代からの継続で、地方公共団体レベルでもそのまま行われることが一般的であった。

　このような前提の下で、海を管理する国について見ると、内閣総理大臣は閣議による職権行使を行う（内閣法4条）合議制の機関である内閣の長であり、各国務大臣が主任の大臣として、行政事務を分担管理する（内閣法3条）。内閣総理大臣は、地方公共団体の長のように単独で国の事務を管理し執行する権限を持たない。

　陸上では細分化された土地所有権に基づく私的管理や、個別法による個別管理が海域以上に輻輳している。にもかかわらず、陸よりも海の方が縦割りだと批判される原因の一つは、このような地方公共団体の長と内閣総理大臣の権限構造の違いにある。陸上では地方公共団体の空間全体を鳥瞰し、そこで行われる各種行政を調整する権限を持つ首長が存在する。これに対して、海の管理に関する個別法制は、内閣の仕組みの中では総理大臣が直接的にその調整の指揮命令権を持たず、それぞれの所管の象徴を代表する国務大臣の合意がなければ、法制上その調整ができないのである。

　海洋基本法はこのような欠陥を克服するために総合海洋政策本部を設置した。

総理大臣はその本部長である。しかし、総合海洋政策本部の権限が、海洋基本計画の案の作成及び実施の推進に関すること、関係行政機関が海洋基本計画に基づいて実施する施策の総合調整に関すること、そのほか、海洋に関する施策で重要なものの企画及び立案並びに総合調整に関することに限定されているために（海洋基本法30条、32条）、各省庁に対して、政策本部長としても個別行政の内容について直接指揮命令ができる構造にはなっていない。海洋基本法の成立によって、海に関する問題に焦点を当てて、それについて総合調整を図る機会が設けられたという意味では、基本法制定以前よりは、個別管理に対する調整メカニズムが働く政治的な余地は増えたと評価しうる。しかし、陸上において地方公共団体の長が発揮しうる権限に比べると、いまだに、その調整権限は政治的かつ事実上のものであり、間接的であると評価せざるを得ない。

c. 自然公物の自由使用原則と一般海域の管理

　自然公物の自由使用原則が働く空間では、管理者は、特定者の当該空間の排他的占用を認めることができず、すべての人が他の人の利用を妨害しない限りで、相互に当該空間を自由に利用できるように管理することが管理者の義務となる。それが自然公物の自由使用原則の反面の意味である[39]。

　一般海域とは、国が所有権者として存在するが、それを公物として機能管理する特別の法規範がない海域であり、そこでは国は上述の自由使用を確保する義務のみを負う。

　私たちが利用できる技術が、海の沖合の深いところを利用することができるまで発達していなかった時代には、海の利用は沿岸域における限られた空間の利用にとどまっていた。沿岸漁業、海運等、陸に近いところに海の利用が濃密に展開され、個別法に従うさまざまな縦割り管理が行われる空間と、それから沖合の限られた利用しか行われ、具体的な管理も行われていない広大な海洋空間とがあり、一般海域は前者と後者にまたがって存在していた。とりわけ後者においては、利用もほとんどなかったことから、その管理が問題となることは稀であった。

　然るに、今日の海洋開発技術の発達は、従来、まったく利用されてこなかった海洋空間の経済的利用の可能性を増大させた。ヨーロッパでは領海外の沖合

---

[39] 註38の議論を参照されたい。

で風力発電を集中的に行うウィンド・ファーム（一定の海域に何百基もの風力発電の風車を集中させて、あたかも農場のように海域を利用する利用形態）等の沖合海洋空間の利用が一般的にみられる。このような新たな利用は海域を特定の者が排他的に占用利用することを前提とする。このような利用の現実可能性が日本でも高まりつつある今日、一般海域でこのような利用を可能にする管理の新たな制度が求められることになる[40]。しかし、現在海洋を縦割りに管理する各省庁間の意見の調整が難しく、そのような管理法制定の動きは顕在化していない。この解決が海に関する喫緊の課題となりつつあると考える。

2・3　海の利用の主要な形態
2・3・1　沿岸域利用の基盤となる海岸の保全と防災
a．はじめに

沿岸域は生活、産業あるいは憩の空間として利用されており、海岸域は余暇空間、港湾、漁港として利用され、それに沿う内陸では農地利用やホテルや工場が建設され、さらに内陸ではまちや都市が形成されている。特に海岸域は陸域からの人間の利用と海からの自然が交わるところであり、人間からは安全・安心・快適が望まれ、自然からは多様な生物の生息環境が望まれる空間である。すなわち、海岸域は国土保全と防災と環境保全が望まれる空間である。特に海岸地形の保全は、そうした様々な海岸域の利用を確保するための前提となるものであり、そのために欠くべからざる施設の設置が行われてきた。そこで、ここでは海岸地形の保全と防災を沿岸域の利用に係る基盤となる利用形態として捉えて、特に海と接する海岸域における課題と対策を考察する。

海岸域での国土保全を目的とした法律が海岸法であり、第1条で「この法律は、津波、高潮、波浪その他海水または地盤の変動による被害から海岸を防護するとともに、海岸環境の整備と保全及び公衆の海岸の適正な利用を図り、もつて国土の保全に資することを目的とする」としている。ここに掲げられてい

---

[40] 現在、西日本を中心に、都道府県知事に一般海域の占用許可等の管理を行う権限を与える一般海域管理条例を持つところも多い。これまでは沿岸域の陸域に近い海域の利用が前提であったために、地方公共団体がその管理を行うことの問題は顕在化してこなかった。しかし、ウィンド・ファームなどの利用は、沖合はるか遠くでの非常に広大な海域の利用を想定する。沖合遠くに行けば行くほど、ある空間がどこの自治体に属するかの判断が難しくなるケースが増え、またそこでの様々な活動の影響も沿岸自治体を超えた多くの隣接自治体や、国全体に及ぶ可能性も高まる。そのような広範な影響が予想される行為の前提となる管理は、自治体ではなく、国が行うべき管理である。アメリカでは領海の範囲内でも沿岸から3海里までは沿岸州が管轄権を持ち、それ以遠は連邦が管轄権を持つことを原則とする制度となっている。日本でもこのような視点での一般海域の管理権の整理をする立法が必要な時代となりつつあると言える。

ることは前述の人間側と自然側の望みと同じことであるが、自然の営力は継続して作用し、猛威は甚大な被害を及ぼして私たちの望みを打ち砕くことが多い。そこで海岸法における海岸の防護については、人間が海岸という自然に入り込むが故に曝される猛威に対して防護施設を構築するが、それが自然の営力と均衡して機能を果たすために必要不可欠な働きかけと捉えて議論を進めることにする。

現在の海岸域においても重要な課題とされていることは、波の猛威からの防護と海岸環境の整備であり、これを達成すると海岸法の条文通りに国土が保全されることになる。一方で海岸は自然の防護機能があるといわれており、海岸を保全すると防護機能が得られる。たとえば、崖は波を反射し、砂浜は波のエネルギーを逸散させる機能がある。岸沖方向に幅の広い砂浜と砂丘やラグーンがあれば高潮や高波を防ぐことができるし、一時的な侵食が自然の営力によって修復されるための十分な砂も賦存することになる。さらに、津波の威力を減衰させる効果も期待できる。現在の海岸域は海岸の近傍まで土地利用が行われているので、浜幅が狭いところでは護岸による防護が必要であるが、護岸構造に安定や自然環境の保全を考えれば、少しでも海浜を保全する努力は必要である。このような観点から、ここでは防護の出発点として海浜地形と侵食対策を取り上げ、次に高潮や津波対策としての防護を考える。

b. 海岸地形

私たち人間が自然に入り込む程度と自然の営力との均衡という観点で海岸（国土）をみるためには、はじめにその地形の形成過程の理解が必要である。これはどのような因果で形成されたかを知ることにより、何をしたら破壊されるかが分かるという簡単な論理による。海岸地形の形成には沈降・隆起という地殻変動、河川や波浪による侵食と堆積、氷期と間氷期における海面の下降と上昇が関わっている。写真2-1に示すように多くの海浜は岬に挟まれており、これを写真で見ると海に対して岬が凸で海浜が凹になっている。この凸と凹は、海面下降期における山の尾根と河川が掘った谷の名残の地形であり、河川流域から流出した土砂が堆積して平野とその地先に海浜が形成された。こうした独立した土砂収支を持つ海岸線をポケットビーチと呼ぶ。

このような大まかな海浜形成過程においても河川は重要な土砂の供給源であったが、現在でも河川は海浜に土砂を供給している。また岬は海食崖となり波

写真 2-1　岬で囲まれたポケットビーチ。

による侵食によって土砂を供給し続けている。さらに、隣の海浜から岬をまわり込んで運搬される土砂もある。この他にサンゴ礁から供給される生物起源の砂もあり、サンゴ洲島はその堆積で形成されている。このようにして海岸に流入した土砂が波や流れによる力と均衡し、現在の海岸地形が形成されてきた。したがって、先ほどの論理によれば、これらの土砂供給が減少すれば海岸の地形は変化して侵食が生じることになる。これらのような海岸への土砂の供給源を漂砂源といい、海岸侵食の要因と対策を論じる上で極めて重要な要素である。漂砂源には、上述のように河川流域からの供給土砂、崖の侵食による供給土砂、近接する海浜からの供給土砂、サンゴ礁の生物起源の供給土砂がある。

　海岸に流入した土砂の波や流れによる移動の状態は作用する流速の違いで異なり、掃流漂砂、浮遊漂砂、シートフローに分類されている。土砂に作用する流速を徐々に早くすると、土砂が移動を始める。この状態での土砂の移動形態は底面に沿った滑動あるいは転動であり掃流漂砂と呼ばれる。さらに流速が早くなると底面に形成される砂連により渦や乱れが生じて土砂が水中に浮遊し沈降する。このような土砂の運動を浮遊漂砂と呼ぶ。さらに流速が早くなると砂連は消滅して底面は平坦面になり、土砂はその上を高濃度の薄層を形成して移動する。この土砂の運動をシートフローと呼ぶ。このように移動形態は波や流れの流速の大小に依存するので、流速の変化要因となる海底の形状、水深と波

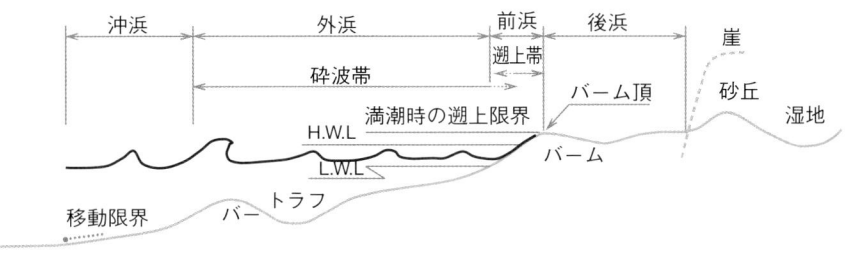

図 2-5　海浜地形。

諸元の変化によって土砂は異なる移動形態をとることになる。

c. 海浜地形変化

　波や流れの作用で特に重要な現象は、波の砕波、波による岸沖及び沿岸方向の流れ、そして岸への遡上である[41]。沖から伝搬した波が浅水域に到達して砕波が起こり始める位置から汀線までの範囲を砕波帯という。又、汀線付近で波が遡上と流下を繰返す範囲を遡上帯という。このような波の変化と海浜地形は密接に関係しており、図2-5に示すように沖から岸に向かって沖浜、外浜、前浜、後浜に分けられる。

　沖浜は底質が移動を始める移動限界の位置から砕波帯の沖側までの範囲であり、掃流漂砂と浮遊漂砂が生じるがその量は小さい。外浜は波の砕波帯に相当する範囲であり、砕波による乱れと流速の増加により大きな浮遊漂砂とシートフローが生じ、漂砂は沿岸流や離岸流によって運搬され、バーとトラフと呼ばれる動的な海底地形を形成する。干潮汀線と満潮時の波の遡上限界の範囲が前浜であり、波の遡上帯に相当する範囲である。この範囲の波の作用は砕波に比べればはるかに穏やかではあるが、徐々に浜崖を形成するような比較的大きな漂砂が生じる範囲でもある。後浜は暴風時の高波と遡上波が作用する範囲であり、前浜の端部から陸側の砂丘あるいは崖の基部までの範囲である。前浜と後浜の境目にはバームと呼ばれる小高い盛り上がり形成され、その頂部であるバーム頂から後ろの地表面は海浜とは逆の勾配であり前浜勾配のほぼ半分の勾配をなしている。

　後浜より陸側は飛砂による地形が形成され、砂丘の形成と発達に伴って湿地

---

[41] Paul D. Komar (1998): Beach Processes and Sedimentation, Prince-Hall, Inc., 46.

（ラグーン、潟湖）が形成されること多い。海食崖は波による侵食によって形成され地形であるので、その基部の標高や位置からそれ自体の形成時期とともに砂浜の形成過程も考察できる。このように陸側の地形も海浜の形成過程を考察する場合には重要な手がかりを与える。

さて土砂は沖浜の海底から遡上の限界の標高の範囲で移動するが、どの程度の水深で有意な地形変化が生じる土砂移動が生じるのであろうか。海岸の底質土砂は粒径の異なる土砂の集合であり、波の作用は粒径ごとに異なるので動き始める水深も粒径ごとに異なるはずである。しかし、実際の海岸では粒径の淘汰が生じるので沖浜の底質粒径の範囲は大きくないし、荒天時を除けば安定した波浪が作用している。

d. 特徴的な海岸地形

海浜の地形を顕著に変化させる要因は作用する波の波高や周期の変化である。台風接近時のような暴浪時には静穏時の前浜や後浜の底質が沖に運ばれてバームが消滅しバーが形成されることが多い。一方、暴浪に対して比較的低エネルギーの波が継続して作用する静穏時では沖の底質が岸に運ばれてバームが発達した海浜が形成される[42]。これらはその特徴からバーム型海岸（正常海岸）、バー型海岸（暴風海岸）などと呼ばれ、模式的に図2-6のように表される。この図において沿岸漂砂が無視しうるような条件の場合には、バー型やバーム型に断面地形が変化しても土砂量は変化しない。このような断面地形の変化は波による岸沖方向の漂砂（岸沖漂砂）が主要因である。前述のように海浜地形は底質の粒径に大きく依存し、継続して波が作用すると底質の分級（粒径が粗い土砂と細かい土砂が分かれて空間的に分布する状態）が進み、粗粒砂が岸向きに移動してバームを形成し、細粒砂は移動限界水深以深に落ち込む[43]。このようなことから、静穏波が継続して作用しても泥浜のように粗粒材が少ない海岸ではバームは形成されにくい。

一方、特徴的な平面地形には図2-7に示すように砂州、砂嘴、尖角岬、沖の洲島（バリアー）の発達や季節的な侵食と堆積があり、これらは波による沿岸方向の漂砂（沿岸漂砂）が形成の主要因である。砂嘴は、「湾に面した海岸や

---

[42] Paul D. Komar (1998): Beach Processes and Sedimentation, Prince-Hall, Inc., 303.
[43] 福濱方哉・山本幸次・宇多高明・芹沢真澄・石川仁憲（2006）：混合粒径砂を用いた大型水路実験による縦断形変化の再現と予測，海岸工学論文集，第53巻，pp.446-450.

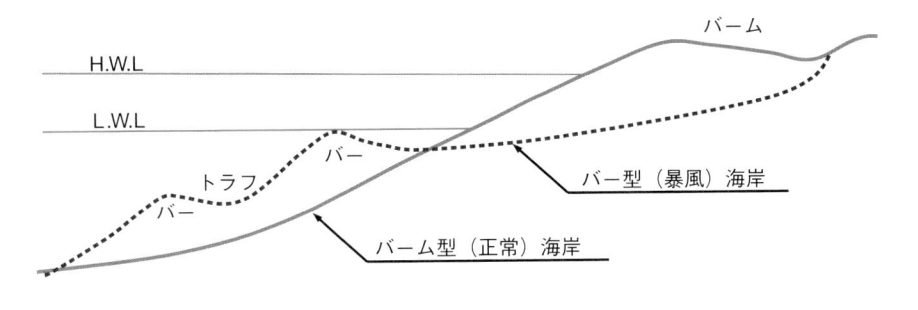

図 2-6　海浜の縦断地形。

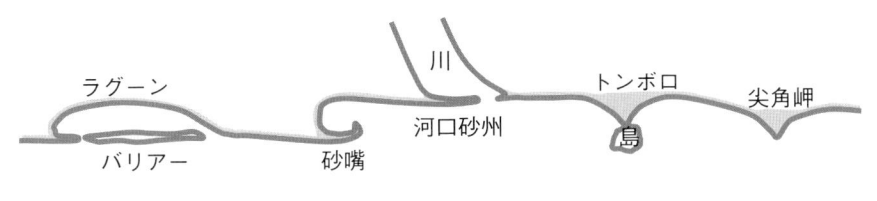

図 2-7　海浜の平面地形。

岬の先端など、沿岸漂砂の下流端に発達する堆積地形で、海に突出した砂礫の洲」と拡張された定義もなされており、直線状や円弧状の特徴的な美しい地形を形成する。砂嘴の形成過程は、河川や海食崖から多量な土砂が供給され、さらに一方向から斜め入射波が卓越することで形成される。舌状砂州（トンボロ）は孤立した島の陸側の静穏域に土砂が堆積して形成される。尖角岬は逆向きの2方向の波の作用によって形成される地形である。湾口や河口の砂州がその一端あるいは両端から伸長してそれらの口を閉塞させるような地形をバリアーと呼ぶ。又、バリアーによって閉じられた水域をラグーン、潟、潟湖とよぶ。完全に閉鎖されておらず海と通じる潮口が開いている場合には潮汐による海水の流入があるのでラグーン内の水は汽水となる。河口砂州による河口閉塞は河川流の氾濫につながるので、堆積を阻止する構造物（河口導流堤）が建設されることが多い。

e. 海岸の侵食要因

宇多[44,45] によれば人為による海岸侵食の要因は次の7つとされている。
① 卓越沿岸漂砂阻止に起因する侵食
② 波の遮蔽域形成に伴って周辺海岸で起こる侵食
③ 離岸堤建設に起因する周辺海岸の侵食
④ 保安林の過剰な前進に伴う海浜地の喪失
⑤ 護岸の過剰な前出しに起因する前浜の喪失
⑥ 供給土砂量の減少に伴う海岸侵食
⑦ 海砂採取に伴う海岸侵食

以下にこれらの要因を宇多・石川[46] に従い概説する。

i 卓越沿岸漂砂阻止に起因する侵食

沿岸漂砂が卓越する砂浜海岸において、海岸から沖向きに突堤や防波堤が建設されると沿岸漂砂が阻止され、漂砂の上手側では堆積、下手側では侵食が生じて図2-8のような状況になる。

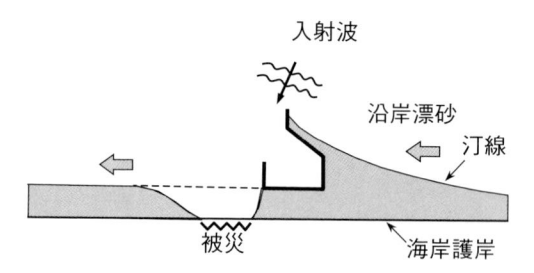

図2-8 卓越沿岸漂砂阻止に起因する侵食[45]。

ii 波の遮蔽域形成に伴って周辺海岸で起こる侵食

卓越漂砂の向きに関わらず海岸に波の遮蔽域を形成するような構造部を建設した場合には、波向きと波高の分布や地形の変化が合間って遮蔽域に向かう沿岸漂砂が誘発されて、図2-9のように漂砂源となる部分では侵食、遮蔽域では堆積が生じる。

---

[44] 宇多高明（1997）:『日本の海岸侵食』，山海堂，399-406．
[45] 宇多高明（2004）:『海岸侵食の実態と解決策』，山海堂，7-229．
[46] 宇多高明・石川仁憲（2005）:『実務者のための養浜マニュアル』，財団法人土木研究センター，21-30．

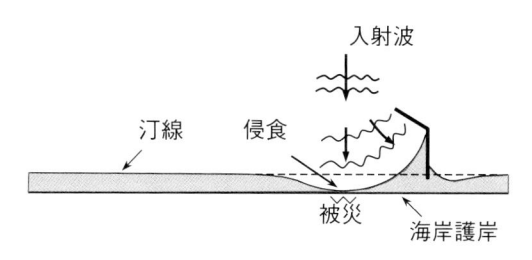

図2-9　波の遮蔽域形成に伴って周辺海岸で起こる侵食[45]。

iii　離岸堤建設に起因する周辺海岸の侵食

図2-10aに示すようにポケットビーチに離岸堤を設置すると、離岸堤背後には静穏域が形成されて舌状砂州（トンボロ）が発達するが、その漂砂源となる離岸堤の外側の海岸では侵食が生じる。一方、図2-10bのようにポケットビーチの端部に離岸堤を配置した場合には、離岸堤方向の沿岸漂砂で離岸堤背後に堆積した土砂は、波向きが季節変動で変化し沿岸漂砂の向きが変わっても離岸堤背後から抜け出すことはできずに、舌状砂州を形成し続けるので、離岸堤のない範囲の海浜は侵食され続けることになる。

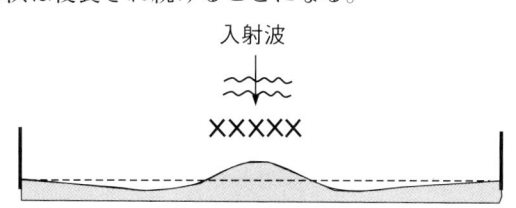

a　ポケットビーチの中央に離岸堤を建設した場合
（Xは消波提）

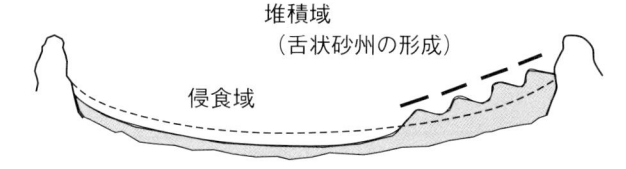

b　ポケットビーチの端部に離岸堤を建設した場合

図2-10　離岸堤建設に起因する周辺海岸の侵食[44]。

iv 保安林の過剰な前進に伴う海浜地の喪失

　海岸の背後の田畑や居住者を海塩や飛砂から守るために多くの海岸の背後には保安林が整備されている。この保安林が海岸近くまで植えられると、暴浪時の汀線変化の影響を受け無いように土堤やコンクリート製護岸が建設されることがある。暴浪の度に護岸全面の海浜の土砂が移動して浜幅が狭まり、ついには海浜は消滅することが多い。このような場合、暴浪時の護岸による海水の飛沫低減あるいは護岸前の侵食による護岸の崩壊防止として消波ブロックが建設され、図 2-11 のような海岸になる。

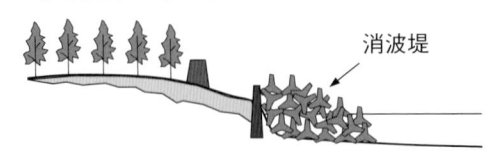

図 2-11　保安林の過剰な前進に伴う海浜地の喪失[45]。

v 護岸の過剰な前出しに起因する前浜の喪失

　海岸に沿った道路や駐車場の建設に伴って、その海側には直立護岸が建設されていることが多い。多くの場合、護岸全面には砂浜が残されており暴浪時の緩衝機能を有しているが、砂浜へのアクセスや親水性を向上する目的で、直立護岸から緩傾斜護岸への変更がなされることがある。この場合、図 2-12 に示すように緩傾斜護岸により砂浜が狭められるので、前面に暴浪に対して十分な浜幅を残す必要がある。これができない場合には、砂浜による暴浪の緩衝機能の低下、緩傾斜面を遡上する波の越流による浸水被害、緩傾斜護岸法先の侵食による護岸構造の崩壊に至ることがある。

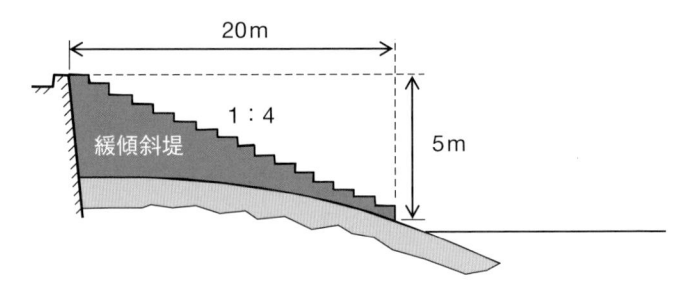

図 2-12　護岸の過剰な前出しに起因する前浜の喪失[45]。

vi 供給土砂量の減少に伴う海岸侵食

河川や海食崖からの土砂供給と海底谷へ落込みや隣接する海岸への土砂流出が均衡していた海岸において、図2-13に示すように河川からの土砂供給量 Q_2 の減少や崖侵食防止による土砂供給量 Q_1 の減少により、流出土砂量に対して供給土砂量 Q_0 が不足して海岸が侵食することがある。

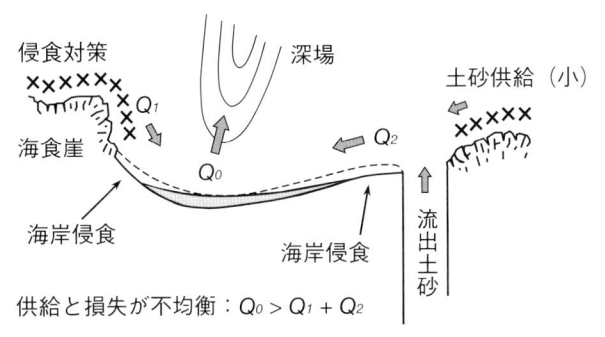

図 2-13 供給土砂量の減少に伴う海岸侵食（xは消波堤）[44]。

vii 海砂採取に伴う海岸侵食

海岸近くの航路浚渫、河口浚渫、土砂採取による海底への窪地の形成は、その窪地が波による地形変化の限界水深よりも浅い場合には、窪地を埋め戻して平衡断面を形成するための土砂移動が生じ、図2-14に示すような汀線の後退や浜崖の形成が生じる。

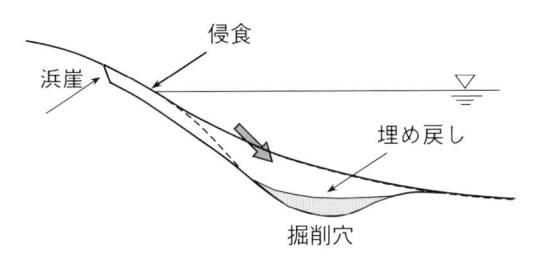

図 2-14 海砂採取に伴う海岸侵食[45]。

f. 海浜地形変化の要因の実態

千葉県九十九里浜は、かつては前掲の図2-5に示したような断面形状をもち、その名が示す通りの砂浜が長く続く海岸であった。現在は陸からの土地利用が

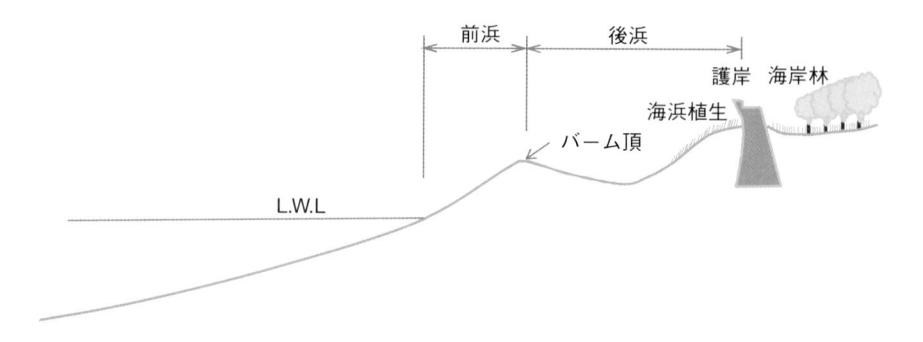

図 2-15　現在のよく見る海岸の断面地形。

進み、沿岸方向の大部分の範囲で他の海浜と同様に図 2-15 に示すような断面地形に変わっている。この図で示されていることは、後浜の陸側には海岸林が植林されているので飛砂や海塩粒子の生活圏への流入が防止されていることと、後浜の陸側境界は波から保安林を守るための護岸で固定されているのでこの境界を越えた侵食は生じえないことである。

　九十九里浜は、南端の太東崎と北端の屏風ヶ浦に挟まれた延長 60 km のポケットビーチであり、この両端部の海食崖と一宮川・南白亀川、栗山川からの土砂供給により形成されたと考えられている。この南端の太東崎近傍の 1967 年と 2008 年の空中写真を写真 2-2 に比較して示す。1967 年の写真では左の太東崎には構築物はなく、右側には幅の広い砂浜が広がっている。これに対して 2008 年では、太東漁港が建設されその近傍のみに砂が堆積し、左の浜は侵食されて海浜が喪失している。この要因は、1）太東漁港建設による太東崎からの沿岸漂砂阻止と防波堤による波の遮蔽域形成と判断できる。漁港の左側の堆積域の延長は 500 m もあるので、事情を知らずに現地に行くと、とても良い海水浴場であると感じるであろうが、その遠方では大変なことが起きているのである。

　この侵食域の浜の一つの一宮海岸では、砂が太東崎方向に移動して減少したことに加えて、砂の供給源の一つである一宮川からの土砂供給量が減少し、従来からの駐車スペースを確保するために、侵食防止の緩傾斜護岸が建設され、写真 2-3 のように海浜は消滅した。この要因は、護岸の過剰な前出しによる侵食と判断できる。

　このような侵食による海浜の消滅を防ぐために、砂の堆積を促進する目的で

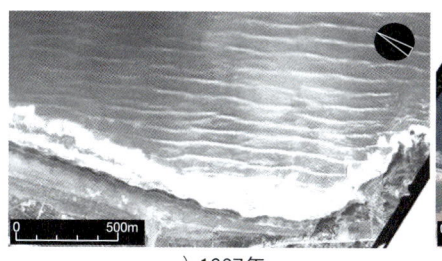

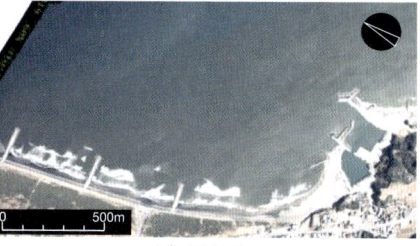

a) 1967年   b) 2008年

写真 2-2　千葉県太東崎とその北側の海浜。

写真 2-3　千葉県一宮海岸の土地利用と緩傾斜護岸。

離岸堤が建設されることがある。写真 2-4 は九十九里浜北端の屏風ヶ浦付近に位置する飯岡海岸である。離岸堤の効果で堆積域が広がっているが、この南方（写真奥方向）では新たな侵食が進行している。この要因は、離岸堤建設に起因する周辺海岸の侵食と判断できる。

g. 海岸侵食の対策

海浜に侵食が生じると、ウミガメや魚介類の生息に必要な自然環境に影響を及ぼし、海水浴やサーフィンなどのレジャーとしての利用が不適合になり、波浪に対する防護機能が失われることになる。したがって国土保全のために対策

写真 2-4 千葉県飯岡海岸の離岸堤と堆積域。

が施されることになる。対策の立案において最も重要であることは、原因の究明のための調査、対策を選択するための正しい予測、利用者や関係者を交えた合意形成である[47,48,49]。

侵食対策には、砂の移動抑制や集積・堆積を目的とした構造物の建設、移動した砂を補う養浜がある[50]。対策立案で重要な留意点は事後の予測である．構造物建設の場合には、海浜の侵食ケ所を守るつもりで建設した構造物が他のケ所の侵食を助長する可能性がある．また、養浜の場合には、移動した砂と同様の砂を材料に用いればすぐに元に戻る．元に戻る時間スケールと養浜を繰り返す間隔がコストに関係する．侵食の要因が容易に解消されない場合がほとんどであるので、複数の対策を組み合わせて、現状で最良の方法を選ぶことになる．

対策の立案の第一歩は侵食要因の特定であり、空中写真や衛星写真による時系列の考察により、海浜の汀線と土砂収支の変化が明確になり、要因が前述の

---

[47] 宇多高明・野志保仁（2014）：実海岸の侵食調査での衛星画像と GPS を用いた現地踏査の有効性，第 24 回海洋工学シンポジウム，日本海洋工学会・日本船舶海洋工学会，CD-ROM，論文 No. OES24-045.
[48] 芹沢真澄・宇多高明・宮原志保（2014）：海岸実務者のための海浜変形予測モデル，第 24 回海洋工学シンポジウム，日本海洋工学会・日本船舶海洋工学会，CD-ROM，論文 No. OES24-001.
[49] 星上幸良・宇多高明（2014）：侵食対策立案プロセス上の課題とその解決策，日本海洋工学会・日本船舶海洋工学会，CD-ROM，論文 No. OES24-003.
[50] 土木学会海岸工学委員会海岸施設設計便覧小委員会編（2000）：『海岸施設設計便覧』，193-240.

7つの要因の中のいくつかに絞り込まれる。さらに現地調査では、砂浜の構成材料、地形測量を行う。これらは現状把握と数値シミュレーションに対する重要なデータになる。さらに空中写真では判読できない現状の把握や利用者へのヒアリングを行う。これらは具体的な対策方法の選定の際の利用者の意見を知るうえで重要である。

次に、数値シミュレーションの準備として現況再現計算を行い、その海浜の現象を的確に再現できる計算モデルを選定する。この過程で侵食要因が絞り込まれ、いくつかの対策の立案が可能になり、対策案ごとの数値シミュレーションにより効果を判別して、前述したような突堤、離岸堤、土砂の供給など適切な対策の選択を行う。

最後に、実施後のモニタリング計画を立案する。対策の実施期間が数年に及ぶこともあり、高波などの自然現象により予想と異なる事態が生じることも有り得る。また、対策終了後に予想通りの効果が発揮されているかを把握する必要がある。もし、予想外のことがあれば直ちに対策を修正することも重要である。そのために、継続的なモニタリング項目と実施時期の設定が必要になる。

h. 高波・高潮対策

台風などの暴浪からの防護対策としては、海岸では護岸や堤防による越波や越流の防止、沖では潜堤や人工リーフによる波浪の減勢や防波堤による遮蔽が講じられる[51]。これらの構造物の機能の分担や組合せた効果的な防災計画が講じられている。しかし、陸側での越波や越流防止には護岸や堤防が効果的であり、その高さ（天端高）が高くなる場合があり、海への眺望景観や海浜への親水性が損なわれることになる。このような対策事例としては、天端高を下げる工夫として護岸上部に沿岸方向に平行な2列の波返しブロック（パラペット）を配置する方法[52]も実施されている。

i. 東日本大震災における海岸の被災事例

海岸域での津波災害は、防波堤、堤防、護岸を越流した水塊によって生じる。また、海岸域の地震災害では地盤沈下が海岸の利用や環境に大きな影響を与え

---

[51] 土木学会海岸工学委員会海岸施設設計便覧小委員会編（2000）:『海岸施設設計便覧』, 353-366.
[52] 芹沢真澄・宇多高明・清野聡子・峰島清八・高橋和彦・星上幸良・種崎晴信（2003）:岩礁帯に隣接する緩傾斜護岸の越波特性を考慮した保全対策の検討－千葉県白渚海岸の例－, 海岸工学論文集, 第50巻, 651-655.

写真 2-5　コンクリート製堤防の崩壊。　　写真 2-6　土塁堤防の崩壊。

写真 2-7　茨城県涸沼の地盤沈下による変状。

る。対策を議論する前にこれらの現象の事例を示す。

　海岸堤防や周辺道路の被災状況の調査では、堤体の海側や陸側に顕著な洗掘が見られた。これは津波の押し波や引き波時に越流した水塊の落水によって生じたものである。堤体は、洗掘が進行して堤体構造が徐々に変形し、堤体内部の土砂が流出したために崩壊した。写真 2-5、2-6 に崩壊の状況を示す[53]。

　地盤沈下は相対的な海面上昇として海岸域の低地に脅威をもたらしており、新たな津波・高潮・高波対策はもとより、常時の大潮時の越流対策が必要である。一方で、放置すれば自然の状態として汀線は安定するまで変形（主に陸側に後退）し、生活圏や植生限界を変化させることが予想される。写真 2-7 は茨城県涸沼の地盤沈下前後の比較を示している[54]。撮影時の潮位はどちらもほぼ同じであるが、手前の砂浜や奥の松の根本は浸水している。涸沼は汽水のため、

---
[53]（財）土木研究センターなぎさ総合研究室（2012）：東日本大震災津波災害状況調査, http://pwrc-nagisa.jp/
[54] 小林昭男，宇多高明，遠藤将利，増田康太（2013）：涸沼親沢鼻の近年の変形と東北地方太平洋沖地震時の地盤沈下の影響，土木学会論文集 B2（海岸工学），vol. 69, I_701-I_705.

表2-3 津波のレベルと対策の要求性能[55]

種類	対象津波	対策の要求性能
レベルⅠ	近代で最大 100年に1度程度の発生確率	人命、財産、経済活動を守る
レベルⅡ	最大級 1000年に1度程度の発生確率	人命を守る 経済的損失を軽減する 大きな二次災害を引き起こさない 早期復旧を可能にする

この松は枯れると考えられる。

これらの被災事例から学ぶことは、津波の対策として堤防や護岸を構築する場合には、洗掘を防止すること、あるいは、表面を覆うコンクリートの隙間からの土砂の流出を防止することが挙げられる。そのためには、構造物はコンクリートで隙間なく覆い、堤体の前後にはコンクリートの床板で覆うことになる。このようにした場合に、津波が越流すると、堤体に浮力が生じるために崩壊が生じることが懸念される。また、地盤沈下した海域を津波・高潮・高波から守るために、海岸の汀線際に海岸堤防を築くと、荒天時の波浪で前面が洗掘され、堤体の崩壊や水深増加による越波量の増大につながる可能性がある。これらを解決する対策は喫緊の課題である。

j. 想定津波と対策の課題

津波対策に要求される性能を津波の規模に応じて変えることが東日本大震災を契機に提案された。想定する津波規模はレベルⅠ、レベルⅡと呼ばれ、表2-3に示すように対策の要求性能に対する考え方が明確にされている。このことに従って津波対策の堤防を構築する場合には、レベルⅠの津波に対して越流は防止すべきであり、レベルⅡの津波に対して越流は許容するが崩壊は防止することなる。この考えによって、海岸線近くに2列の堤体あるいは地盤を上げた高盛土の道路を造り、レベルⅡの津波に対しては2列目の堤体の越流は阻止して生活圏を守るという案が提案されている。ただし、越流による地盤の洗掘や、越流した海水による浮力の発生が原因となる堤体の崩壊に対処する必要があり、崩壊に対して粘り強い海岸堤防の構造を考究するために、数値シミュレーションや水理模型実験が行われている。

---
[55] 高橋重雄・戸田和夫・菊池喜昭・栗山善昭・菅野高弘・富田孝史・有川太郎・河合弘泰・根木貴史（2011）：東日本大震災による地震・津波被害に関する調査速報,「港湾」, Vol. 88, 38-43.（社）日本港湾協会.

写真 2-8　静岡県焼津港の津波緊急避難施設。

写真 2-9　築山（千葉県一宮市）の例（展望施設であるが避難も可能）。

　一方、越流が想定される地域では津波避難ビルの指定や建設が行われている。しかし、法規制により高層建築物が建築されていない地区や高台まで遠距離の地区では、避難施設として人工的な高台の築造が行われている。従来は写真2-8に示すような鋼製フレーム構造の避難施設が建設されてきたが、メンテナンスや常時利用の面から、写真2-9に示すような盛土による高台、すなわち築山の造成が提案されている．築山は眺望のための公園施設として用いることができる。築山の津波に対する安全性は、宮城県仙台新港港奥の公園施設で実証されている。津波が頂部まで遡上しない築山の高さや登り易い斜面勾配の決定のために、数値シミュレーションと水理模型実験が行われている。

k. まとめ

　ここでは国土保全と防災を沿岸域の欠くべからざる基本となる利用形態として、その現状の課題と対策を考察した。議論の対象は沿岸域で最も海洋に近い海岸域とし、はじめに防護と利用と環境保全の出発点として海浜地形と侵食対策を取り上げ、次に防護として高波・高潮や津波の対策を取り上げた。海岸では構造物の構築という人為により土砂のバランスが一度崩れると、それに対する対策を講じても別の侵食が生じることが多い。したがって、慎重に将来を予測したうえで構造物を構築する必要がある。一方で、高波・高潮・津波の対策として護岸や堤防の建設は必要である。しかし、通常時の自然や利用に対する配慮は必要であり、これらに対する影響の最小化も併せて検討する必要がある。

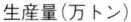

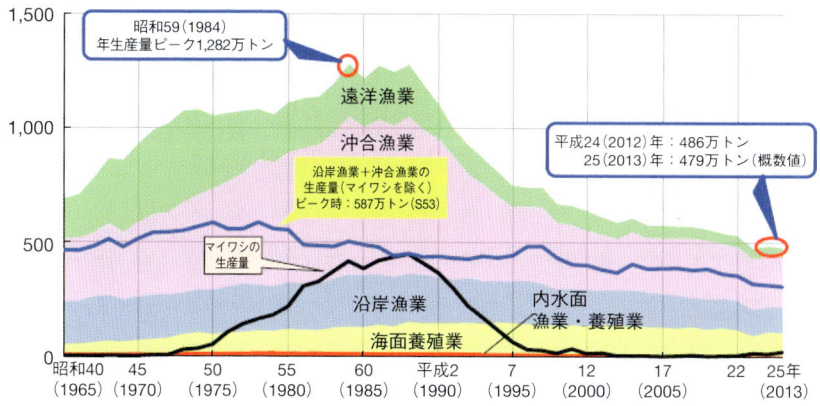

図 2-16 漁業・養殖業生産量の推移。

2・3・2 漁業
a. 漁業の現状と沿岸域の利用

漁業は伝統的な日本の沿岸域の産業利用の代表的な形態である。平成21年の日本人の動物性タンパク質摂取量の36.6％は魚介類からの摂取であり[56]、OECD加盟国中でも動物性たんぱく質の魚介類への依存度は韓国と日本が圧倒的に高い。日本人は伝統的に魚食民族であり、今日でもその傾向は続いている。

日本人の食用魚介類の重量ベースでの自給率は、昭和35年には111％であったものが、昭和60年86％、平成7年59％と漸減し、平成12年度の53％で底を打った。その後徐々に増加に転じ、平成25年概算で60％である[57]。

漁業生産・海面養殖業の生産量で見れば、日本は昭和59年の生産量1,282万トンをピークに、生産量が漸減し、平成25年概数値で479万トンに落ち込んでいる。それを海面養殖業・沿岸漁業、沖合漁業、遠洋漁業の5つの類型に分けてみると、図2-16のようになる[58]。

平成25年の海面養殖業の生産量は100万トン、沿岸漁業の生産量は115万トン、沖合漁業の生産量が219万トン、遠洋漁業の生産量が39万トンである。

---

[56] 水産庁企画課『水産早わかり』（平成26年11月）33頁。
[57] 註54 前掲書48頁。
[58] http://www.jfa.maff.go.jp/j/koho/pr/pamph/pdf/000zudemiru2014.pdf

養殖業と沿岸漁業の生産量の合計は沖合漁業にほぼ匹敵する。このような漁業生産の状況からも、わが国の沿岸域の海域利用における海面養殖業と沿岸漁業、沖合漁業が占める割合の多さが推測される。これを漁業管理の法体系との関係で整理しておく。

沿岸域の地先水面で行われる漁業を管理する制度が漁業権漁業である。これには定置漁業、区画漁業、共同漁業がある（漁業法6条）。漁業権は都道府県知事の免許によって与えられる（10条）。

漁業権は、特定の水面において特定の水産動植物の採捕または養殖を一定の期間、排他的・独占的に営む権利であり（6条）、物権とみなされ、土地に関する規定が準用（23条）される。これを侵すものに対しては、漁業権者が返還請求権、妨害排除請求権、妨害予防請求権を行使できる排他性の強い権利である。しかし、現行法の下での漁業権は特定の水産物の採捕または養殖を独占的に営む権利であるにとどまり、土地所有権のようにその空間の絶対的な排他的権限を与えるものではない[59]。漁業権の対象となる特定の水産物の採捕または養殖に影響を与えなければ、他者の当該海域の利用を排除できない。しかし、漁業権者はこのような法的な限界の存在をあまり強く意識せずに、土地所有権と同じような感覚で水面を支配することも多かった[60]。そこに漁業権者と非漁業権者の間でさまざまな紛争が発生する一つの原因がある[61]。

漁業権漁業がおこなわれる海域あるいはその沖合、主に地先・沖合で操業する小型巻網漁業、機船船びき網漁業等（漁業法65条、水産資源保護法4条に基づき都道府県規則で指定）と、中型まき網漁業、小型機船底びき網漁業、小型さけ・ます流し網漁業等（特に調整が必要として漁業法66条が法定）を管

---

[59] 水面をあらゆる目的のために独占的に使用したり、水面下の敷地を使用する権利ではないとされる。漁業法研究会・著『最新　逐条解説漁業法』（水産社　2008年10月1日改訂版）42頁。
[60] 昭和39年1月24日39-4　漁政部長「県有財産の敷地上の水面の漁業権設定について」が、漁業権が一定水面において特定の漁業を営む権利であるので、水面をあらゆる目的のために独占的に使用したり、水面下の敷地を使用する権利ではないことを改めて確認しているのも、漁業権者の意識が法制上の漁業権の権利内容と異なるものであったことを物語るものと言える。
[61] ダイビングなどの新興のレジャーと漁業の紛争はその典型例である。漁業権者がダイバーから潜水料を徴収することの正当性が争われた大瀬崎ダイビング訴訟（平成12年11月30日東京高裁判決　判例タイムズ1074号209頁）はその代表例である。

この判決は「被控訴人が潜水整理券の購入者である控訴人に対し前記潜水スポットでの潜水を許容して自己の漁業権への侵害を受忍し、かつ、被控訴人の組合員をしてその潜水スポットでの漁業操業をその日一日に限り差し控えさせ、もって控訴人の潜水の自由と安全を保障し、他方、控訴人においては、自己の潜水による被控訴人の漁業権への侵害に対する損害の賠償及び自己の潜水の自由と安全を被控訴人が保障したことの対価として、潜水料を支払う。」旨の合意が成立し、その合意（以下「本件合意」という。）に基づいて潜水料が支払われたものと認めるのが相当であるとし、控訴人もその内容を認識した上で本件潜水整理券を購入し続けたものと認めるべきである」として、漁業者によるダイバーからの潜水料の徴収が不当利得に当たらないとした。

漁業法の体系

```
目的
水面の総合的
利用による
生産力の発展
```

農林水産大臣管理漁業

指定漁業
主に沖合・遠洋で操業する①沖合底びき網漁業、②大中型まき網漁業、③遠洋かつお・まぐろ漁業等（政令で指定）

特定大臣許可漁業
主に沖合・遠洋で操業する①ずわいがに漁業、②東シナ海はえ縄漁業等（省令で指定）

届出漁業
主に沿岸・沖合で操業する①沿岸まぐろはえ縄漁業、暫定措置水域沿岸漁業等（省令で指定）

都道府県知事管理漁業

知事許可漁業
主に地先・沖合で操業する①小型まき網漁業、②機船船びき網漁業等（都道府県規則で指定）

法定知事許可漁業
特に調整が必要な漁業として①中型まき網漁業、②小型機船底びき網漁業、③小型さけ・ます流し網漁業等を法定

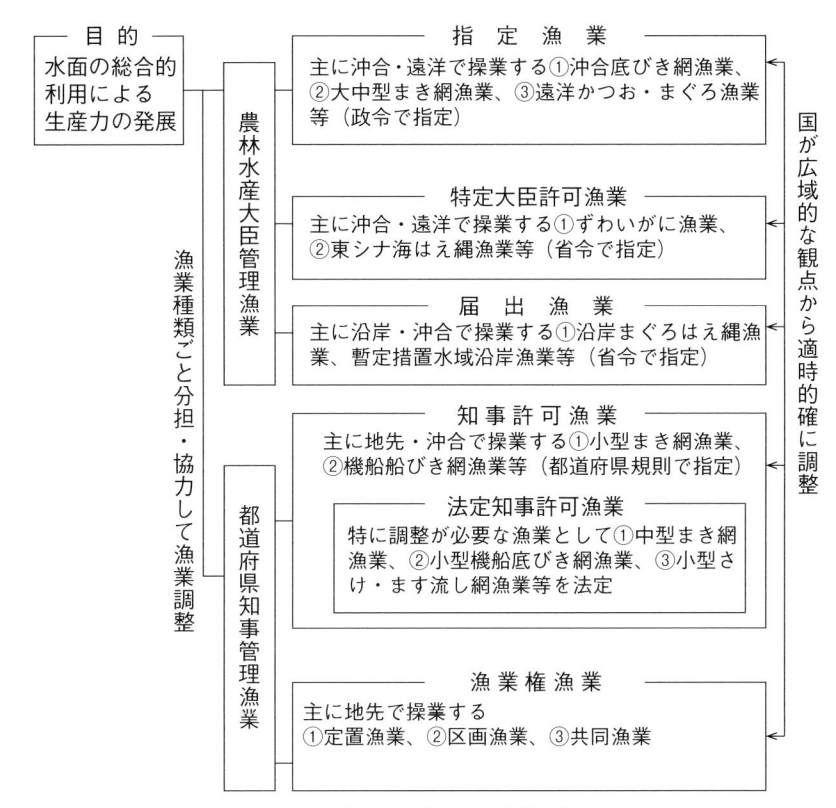

漁業権漁業
主に地先で操業する
①定置漁業、②区画漁業、③共同漁業

漁業種類ごと分担・協力して漁業調整

国が広域的な観点から適時的確に調整

図 2-17　漁業法に規定される漁業の体系。

理する制度が知事許可漁業である。沿岸域の相対的に陸域に近い海域の漁業は、漁業権漁業を含めて都道府県知事が管理する漁業である。

さらに、主に沖合・遠洋で操業する沖合底びき網漁業、大中型まき網漁業、遠洋カツオ・マグロ漁業等（政令指定許可）、ズワイガニ漁業、東シナ海はえ縄漁業等（省令指定許可）、沿岸マグロはえ縄漁業、暫定措置水域沿岸漁業等（届出対象を省令で指定）は農林水産大臣管理の漁業となっている（52条）。漁業調整の必要な範囲との関係で、大臣が管理する漁業と都道府県知事が管理する漁業とに区分されている。これを図 2-17 に示す[62]。

---

[62] 註54前掲書　176頁。

b. 漁業、漁村と漁港

　長い海岸線を持つ日本の沿岸域に沿って、6298の漁業集落がある。平均すると海岸線約5.6キロごとに漁業集落が存在する。これらの漁業集落の多くは辺地、離島、半島等の条件不利地にあり、過疎化にともなう人口減少と高齢化の問題を抱える[63]。これらの集落はわずかな農業と漁業以外の産業立地が難しく、多くは半農半漁の生活を営む。このような環境におかれた漁業集落の産業基盤となるのが漁港である。日本の沿岸には2909の漁港があり、平均すると海岸線の約12キロごとに漁港が立地する[64]。その4分の3は小規模な地元の漁業が主として利用する第一種漁港である。

　漁港は「天然または人工の漁業根拠地となる水域及び陸域並びに施設の総合体」（漁港漁場整備法2条）であり、漁業という一次産業の産業基盤であるが、一般の港湾がもっぱら産業基盤として機能するのと異なり、過疎に悩む漁業集落の生活基盤でもあるところにその特徴がある。漁港漁場整備長期計画に基づいて実施される漁港の整備、振興のさまざまな事業は、水産物の採捕、加工、流通のための産業基盤としての漁港整備の性格と、高齢化と過疎に悩む漁業集落の活性化、生活基盤の整備の性格とを併せ持つのである。

　また、200海里排他的経済水域の生物・鉱物資源の開発利用が現実化しつつある今日、離島は単なる過疎地域の振興の対象であることから出て、新たな海洋開発のフロンティアとしての重要性を増しつつある。すでに見たように離島振興法はそのような視点での改正がなされた。平成26年4月1日現在で、本州、北海道、四国、九州、沖縄本島を除く日本の有人離島数は418、法指定離島数は311（離島振興法260、うちその他特別措置法51）となっている[65]。

　現状ではこれらの有人離島の第一次産業生産額のうち、漁業生産額が6割を占め、漁業はこれらの離島経済を支える産業となっている。その再生のために一定以上の経済的な不利性を有する離島を対象とする「離島漁業再生支援交付金」制度が設けられている[66]。

　また漁村では、漁業以外に自然景観、海洋性レクリエーション、漁村独特の文化・伝統、風力、波力、太陽光等の再生可能エネルギー、温泉・深層水等の

---

[63] 漁港背後の漁家2戸以上で人口5,000人以下の集落（漁港背後集落）は、平成25年度で4190集落あり、6割以上が過疎地に立地している。

[64] 水産庁『目で見る日本の水産』（平成26年11月）23頁.

[65] 財団法人日本離島センター　http://www.nijinet.or.jp/publishing/statistics/tabid/68/Default.aspx

[66] 註55前掲書152頁。

その他の地域資源に富んでいることに着目し、これらの潜在的な地域資源の活用による漁村振興が大きな政策課題となっている。現在、漁村でこれまで中心的に行われてきた一次産業、水産物加工等の二次産業に加えて、地域資源を生かした三次産業を総合的一体的に推進して、総合化事業計画を認定し、新たな付加価値を生み出す取り組みが行われている。「地域資源を活用した農林漁業者等による新事業の創出等及び地域の農林水産物の利用促進に関する法律（六次産業化[67]・地産地消法）」（平成22年法律67号）がその根拠法となっている。これも沿岸域の総合的な管理手法の一つと評価することができる。

さらに、水産業・漁村は水産物の供給という本来的機能に加えて、漁獲による物質循環の促進といった物質循環補完機能、海岸清掃や魚付林の造成等の環境保全機能、干潟・藻場による水質浄化等の生態系保全機能、海の安全確保や不法入国などの監視ネットワークといった生命財産保全機能、汚濁の除去といった防災・救援機能、都市住民の保養・交流・教育機能といった多面的機能を持つ。平成25年度から水産多面的機能発揮対策事業が実施され、多面的機能の発揮に資する地域の漁業者の活動を国が支援する制度が設けられている。これも沿岸域の総合的管理の一手法として評価しうる。

2・3・3　港湾・海運・航路
a. 港湾の発展

「全国津々浦々から……」の定番の表現の「津」は港であり、「浦」は海浜・海岸・入り江を意味する。日本の海岸線はそれだけ変化に富んで、人々が居住し、臨海部を利用してきた。「港」は文字通り水の側にある「巷」で、海（川や湖）と陸の交通がそこで結ばれ、人やモノが通過する重要な結節点となっている。このように港湾と海運は、本来不可分なものであるが、本項では、施設としての港湾と、経済活動としての海運、さらには水域施設として特別の管理・利用がなされている航路について個別に解説することとする。

「港湾」は明治以降使われるようになった言葉で、英語のPort and Harborを訳したものと言われている。Portは水運と陸運をつないで貨物を引き渡す場としての概念である。一方、Harborは船が安全に停泊できる水面の広がりを意味する。このように、港湾は陸域と海域の両方を含んだ比較的広い空間と

---

[67] 一次産業、二次産業、三次産業の合計が六次であるという説と、かけた数が6となるという説がある。

言える。こうした港湾の整備に係る港湾計画や、港湾の管理、運営に関わることを規定する法律として、昭和25年に港湾法が制定された。港湾法は、逐次改正されており、平成12年の改正では法の目的に「環境の保全への配慮」が位置づけられ、平成23年の大改正では「港湾運営会社」制度の導入や、港湾の種類の見直しがなされている。

　港湾の施設としては、水域施設である航路、泊地や船だまり、外郭施設である防波堤、水門、護岸など、係留施設である岸壁、桟橋、物揚げ場など、臨港交通施設である道路、橋梁など、荷さばき施設である荷役機械や荷さばき地、上屋をはじめ、その他施設には海浜や緑地なども含まれている。こうした施設は、それぞれ要求される性能に従い、その技術上の基準が厳密に定められている[68]。例えば、防波堤については、施設の船舶の安全や荷役の効率化のため、波のエネルギーを減衰させる、港内の静穏度を確保する機能を有しており、整備に当っては設計時に用いる波浪条件の設定方法、地盤・構造物の材料強度・構造形式ごとの構造の細目や断面の設定に関する性能の照査方法などが記載されている。

　改正された港湾法において、港湾は、国際戦略港湾、国際拠点港湾、重要港湾、地方港湾に分類され、その整備と利用が図られている。

　国際戦略港湾は、長距離の国際海上コンテナ運送の拠点港湾で、国際競争力の強化を重点的に計ることが必要な港湾であり、横浜港、東京港、川崎港、神戸港、大阪港の5港が指定されている。国際拠点港湾は、国際海上貨物輸送網の拠点となる港湾として、全国で18港が指定されている。重要港湾は、海上輸送網の拠点となる港湾であり、全国で102港が指定されている。地方港湾は、上記以外の比較的小規模の港湾であり、全国で808港が指定されている。

　さらに、港湾を機能で分類すると、流通貨物を扱う商港、背後の工場が使用する原材料や製品を専用的に取り扱う工業港、石油、石炭、LNGやLPGなどのエネルギーを受け入れるエネルギー港、旅客船や遊覧船など人が主に利用する観光港、漁船が利用する漁港、荒天時に船が安全に避難するための避難港などがある。上記の機能を、一つの港湾で重複して有する場合もあり、例えば首都圏では東京港が商港、川崎港と千葉港が工業港・エネルギー港であり、横浜港は商港・工業港・エネルギー港・観光港などの多面的な機能を有している。

---

[68] 国土交通省港湾局監修：港湾の施設の技術上の基準・同解説, 2007.

港湾は元来、良好な地形を利用して、最小限の防波堤などで静穏な水域を確保する「天然の良港」が多かったが、地域開発を進めるために、海岸線から内陸方向に土砂掘削を行い港湾施設を確保した「掘込み港湾」（苫小牧西港や鹿島港など）や、海岸線から沖合方向に向かって埋立てをして土地と港湾施設を確保した「埋立て港湾」（横浜港、東京港、神戸港、大阪港など）もある。

　国際戦略港湾、国際拠点港湾または重要港湾においては、「港湾管理者は、港湾の開発、利用及び保全並びに港湾に隣接する地域の保全に関する政令で定める事項に関する計画（以下「港湾計画」という。）を定めなければならない（港湾法第三条の三）。」とされている。港湾計画は、国土交通大臣の定める港湾の開発、利用及び保全の方向や港湾の配置、さらには、配慮すべき環境の保全、港湾相互間の連携の確保、民間の能力を活用した港湾の運営などの基本方針に適合し、地方港湾審議会の意見を聴いて策定される。その過程においては、計画に対する環境影響評価（戦略的アセスメントとも位置づけられる）も実施されるものであり、港湾という機能に特化しながら、総合的な視点に立った管理を標榜している法制であることは特記に価する。

　さらに長期的には、地球温暖化対策への貢献も議論され始めている。港湾では、これまで省エネルギー化、再生可能エネルギーの利活用、CO_2吸収源拡充の取組みを実施してきているが、設備導入に対する補助制度や法令による規制は十分に行われていない状況である。今後、港湾管理者が関係者との合意形成を図った上でCO_2排出削減の計画を作成すること、低炭素型設備の積極的な導入を図ること等が期待されている[69]。

b．海運の発展と現状

　現在、わが国の輸出入貨物の99.7％（2013年調査、重量ベース）が海上貿易（海運）に頼っており、内訳をみると食糧の6割、エネルギーの9割を海外に依存している状況である[70]。海運の果たす役割の大きさを物語っている。

　海運は、2・1・3（伝統的海洋利用としての漁業と海運）で示されているように、13〜16世紀ごろの倭寇（わこう）、16〜17世紀ごろの東南アジアを中心とする交流や貿易（朱印船貿易）に端を発し、江戸時代に鎖国政策によって内航海運が発展を遂げた。人やモノが動くと経済活動が活発となり、富が集積し

---

[69] 国土交通省：港湾環境政策について，2015．
[70] 日本港湾協会：2015年版 数字で見る港湾，2015．

てきた。万国津梁の地沖縄がそうであり、北前船が寄港した下関は、新潟や北陸で生産された米を取扱い、長州藩の財政を豊かにした。

1950年には、外貿が1783万トンに対し、内貿が1億72万トンであったが、2000年におよそ12億トンで拮抗し、2013年には、外貿12億9千トン、内貿10億2千トンと逆転している。これは、輸出における金属機械工業品（車を含む）の伸びによるところが大きく、次いで、輸入・内貿における鉱産品の増加が寄与している。その他、輸出入・内貿全体いずれにおいても化学工業品は2-3割を占める重要な構成品となっている[71]。

海運の今後の発展の方向性として、循環型社会への貢献が議論され始めている。循環型社会の形成のためには、廃棄物の再生利用を主軸とする物流システムの構築が必要である。廃棄物は、納期の制約が少ない貨物であるので、時間がかかったとしても、船舶により広域的に大量輸送する「静脈物流ネットワーク」を構築することで、大量の循環資源を有効活用する道が開けていく。港湾においても、こうした循環資源の広域流動の拠点港湾として「リサイクルポート」を指定するなど、制度的な支援も行われている。さらに、外貿においても、品質管理や保管の厳格化などの課題は有るものの、新たなリサイクル需要の掘り起こしも含め、海外も含めた循環資源ネットワークの広域化を図ることも重要である[72]。

c. 航路の発展と現状

航路は、港湾に出入する際に船が安全かつ円滑に航行できるよう、浮標等により操船者に対してその存在が明確に示し、必要な水深及び幅が確保されている水域である。港湾法において泊地、船だまりとともに、水域施設として位置づけられており、特に国が指定し開発管理する航路として「開発保全航路」があり、全国で15航路が設定されている（図2-17）。

航路に対する要求性能は「船舶の安全かつ円滑な航行を図るものとして、地象、波浪、水の流れ及び風の状況並びにその周辺の水域の利用状況に照らし、国土交通大臣が定める要件を満たしていることとする。」と省令[73]に定められており、前出の港湾の施設の技術上の基準・同解説において、航路幅員（幅）、

---

[71] 日本港湾協会：2015年版 数字で見る港湾，2015．
[72] 国土交通省：港湾環境政策について，2015．
[73] 港湾の施設の技術上の基準を定める省令（平成十九年三月二十六日国土交通省令第十五号）．

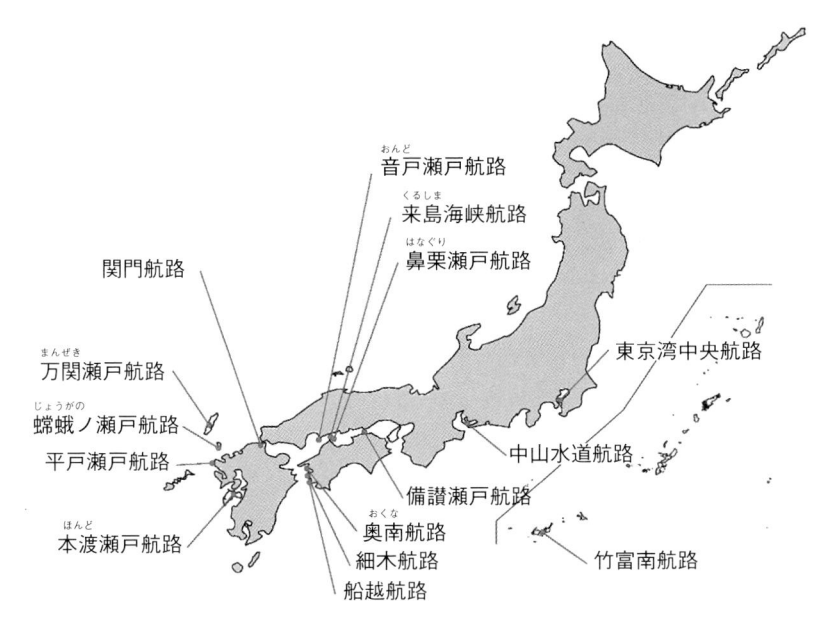

図 2-17 開発保全航路の位置。

水深、方向、方向別交通の分離などについて技術的要件が定められている。

航路の利用に関する法律として、航路内の右側通行など船舶の航行規則を定める海上衝突予防法、個別の航路の通行方法や航路内での作業の制限などを定める海上交通安全法、及び特定の港湾への出入港において航路利用を義務化する港則法があり、運輸関連の関係する法律としては、海洋汚染等及び海上災害の防止に関する法律、航路標識法、水路業務法、水先法などがある。

東京湾の湾口に位置する浦賀水道航路と中ノ瀬航路や、本州と九州の間の関門航路のように国際・国内海上輸送ネットワークを担っている大規模な航路においては、特に大型船の航行の安全確保、効率的な運用が重要であり、海上保安庁により東京湾交通安全センター（通称：東京マーチス）や関門海峡海上交通センター（通称：関門マーチス）が運用されている[74]。同センターでは、大型船の入港予定情報を始めとする各種船舶情報、気象情報や潮流・潮汐情報、航行警報など航路利用に対する各種サービスが提供されている。

---

[74] 海上保安庁：http://www6.kaiho.mlit.go.jp/tokyowan/

規模は小さいが地域の生活に密着し支える航路もあり、一例として竹富南航路を挙げると、世界でも有数のサンゴ礁を有する石西礁湖を取り囲んで位置する島しょ間の交通確保に役立っている。当該海域は保全すべき環境を有するとともに台風の常襲地域でもある。当該航路の保全計画の検討に当たっては、これらの特性を考慮する必要があり、石西礁湖における航路整備技術検討委員会が設置され、利用と環境保全の両面から、計画、施工、モニタリングを通した検討が行われている[75]。

d. 港湾・海運・航路の発展がもたらしたものと今後の展開に向けて

日本国土の海岸線の総延長は約3万5000 kmあり、その内の約12%に当たる4100 kmが港湾区域内の海岸線で、港湾として利用されるとともに、背後に人々が居住し、港湾活動はもとより工場や発電所などが立地し経済活動が盛んに行われている。

国土が狭隘で山岳丘陵地が多い日本の地形的特性から、人口が稠密な平野部の海岸線から沖合に向かう埋立てが古くから行われてきた。東京湾を例にとると、江戸時代には日本橋浜町から新橋付近までの土地を埋立て造成している。明治になると、月島や隅田川右岸を造成した。昭和10年代に京浜運河埋立て工事を開始した後は、京浜地区及び京葉地区の全ての地区に埋立て計画が実行に移され、自然の海岸線がほとんど消滅して行った。現在、千葉市から横浜市にかけての海岸線で自然海浜が残っているのは船橋市の三番瀬（約1,800 ha）のみとなっている。

東京湾の総面積1320 km^{2}の実に11%に相当する約145 km^{2}の土地が、1965年から2012年までに埋立て造成されている。それらの土地の43%が工業用地、住宅用地が8%、公園緑地が7%で、残りの41%が港湾や公共施設としての土地となっている。

このように港湾周辺の臨海部に土地が造成された原因は、日本の経済発展に伴う工業立地の進展や、港湾貨物量の増大や船舶の大型化に対応するための港湾の面的拡張及び航路の整備によるところが大きい。ただ、拡張された港湾や工場周辺では、貨物を効率よく運搬するための大型トラックが縦横に行き交うため、市民にとって臨海部が近づきにくい土地となってしまったのも事実であ

---

[75] 石西礁湖における航路整備技術検討委員会資料：竹富南航路保全計画の策定，2015.

るし、交通量の増えた航路における油流出事故や船舶からの排出ガスによる大気汚染など、臨海部に対しての環境リスクの増大も懸念されている。

　港湾活動が、新しく拡張された地域に移って行くに従い、古くからの港湾施設が陳腐化し、使用されなくなってきた。これらの地域・水域をインナーハーバーと言い、その再開発利用が市民を港に導き、水際空間とを結び付けるものとなっている。人間は、穏やかで快適な水辺の側に行くと、心が和みリフレッシュする。これを如何に導き出すかは、水際空間の設計と密接に関係する。横浜港の「みなとみらい地区」は、造船所、鉄道操車場と古い港湾施設である新港埠頭の跡地に埋立て地を加えて再開発を行い、快適な水際線を有する新都心を形成したものである。現在では、年間延べ7000万人もの人々が訪れる魅力的な地域に変身したのは特記すべきところである。

　陸域から水域を眺めるのもよいが、一方、水面に出て陸域を感じるのも重要な体験である。水上バスや遊覧船から港湾や背後の都市を見ると、陸域からでは感じられない新しい発見がある。さらに、シーカヤックのような水面に近いところから陸域や水面を見る経験を通して、できるだけ多くの市民や子供たちに水面から街を見て、感じてもらいたい。必ずや新しい発見があるだろう。

2・3・4　埋め立て・ウォーターフロント開発
a. ウォーターフロント開発の台頭

　わが国で、大規模な都市に存在するウォーターフロントに多くの人々の関心を集めるようになったのは、1980年代中頃以降である。その10年以上前、とくに北米の大都市でウォーターフロント開発は胎動し始めた。港湾空間と人間の生活空間が分離していた、ボストン、ニューヨーク、ボルティモア、サンフランシスコ、シアトルそしてバンクーバーなどは、みなとと背後のまちが一体的に整備され、これまでになかった、まちなかで海を感じる、新たな都市環境・風景が人々を魅了した。

　このウォーターフロント開発が、海岸線総延長が約3万5000 kmを有し、そこに港湾と漁港を合わせると約4000もの港がある、わが国に伝搬しないわけがない。釧路、函館、東京、横浜、名古屋、大阪、神戸、福岡など次々と開発が進められていった。それまで港湾関係者以外ほとんど訪れる人もなかった、東京・台場、横浜みなとみらい21、大阪・天保山などは、いまでも年間数千万人単位の来訪者を数えている。

ウォーターフロント開発台頭の要因はさまざまであるが、大きな要因のひとつは1960年代から本格的になってきた物流革命といわれるコンテナ[76]の世界的普及である。規格の定まっているコンテナは、船舶や航空機を問わず、ヨコにもタテにも重ねられ、そのままトラックで運搬できる。必然的に船主等は、一度に大量のコンテナを積んで、1台当りのコンテナの輸送費を安価にすることを考え、現在では、一度に1万5000台以上のコンテナを積めるコンテナ船もある。全長300メートルを越える貨物船がそれだけの量のコンテナを積めば、船が深く沈み、水深の浅い岸壁には接岸できない。最重量級の貨物船を接岸するには15～18メートルの水深を持つ岸壁が必要とされ、水深数メートルしかない港には船が入らなくなり、広大な港は船も荷も入らず荒廃化していった。
　大都市の多くは港から発展したため、荒廃した港はもともと都心にあるものが多い。都心という立地を生かし、これまでの倉庫や工場から、業務・商業・居住などの機能を備えた新たな風景が、多くの人々を集めウォーターフロント開発と称されるようになったのである。

b．ウォーターフロントの定義

　わが国では、水際線を挟んで、陸域と海域を包含した空間を指す言葉として、沿岸域、ウォーターフロント、水辺などがある。それぞれ、それなりの出自や意味を有して使われている。沿岸域という言葉が正式に使われたのは、国土計画である第三次全国総合開発計画（1977年）であり、その陸域の範囲は、河川が形成する流域圏が対象となる場合が多い。一方、水辺は、その発祥は定かでないが、少なくとも江戸時代に汐入庭園[77]などがつくられていたことからも、かなり昔からある空間概念で、水際線にきわめて近い空間をさしている。ウォーターフロントは上述したように、港湾を中心に、その周辺を含む都市計画レベルの領域であり、この三者は明確に使い分ける必要がある（図2-18、表2-4）。なお、ウォーターフロントの定義・領域として、日本建築学会では「水際線に接する陸域周辺及びそれにごく近い水域を併せた空間」[78]としており、水際線からの具体的な距離等は明記されていない。

---

[76] 海上コンテナは、8フィート×8.6フィート×20フィートが基準の規格。コンテナ船の積載の単位はTEU(twenty-foot equivalent units)で表す。100台のコンテナは100TEUと示す。
[77] 浜離宮恩賜公園のように、園内の池の水位を海の干満差で調整する庭園方式。
[78] 日本建築学会編：海洋建築用語事典，pp.16～17，共立出版，1998．

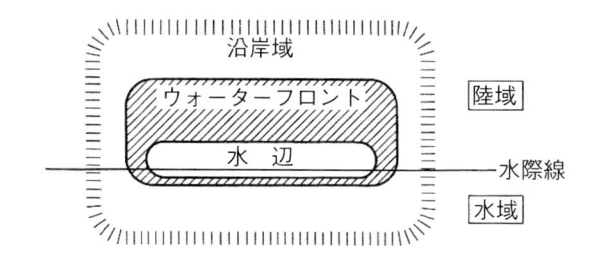

図 2-18　沿岸域・ウォーターフロント・水辺の空間概念の包含関係[79]。

表 2-4　ウォーターフロントの計画レベルの位置づけ[4]

区分	計画レベル	場レベル	行為レベル	機能レベル	類語
沿岸域 Coastal Zone	国土計画	国土・地方	国土政策 地域拠点	機能配置 （ゾーニング）	コースタルゾーン ベイエリア
ウォーターフロント Waterfront	都市計画	地方・都市地区	都市更新 地域殻	住・働・遊	水際域
水辺 Waterside	地区計画 施設計画	地区・水際線	デザイン 親水創造	遊	水際空間・臨海部 リバーフロント

c. ウォーターフロントの魅力

　ウォーターフロントがさまざまな都市で注目を浴び、開発を促してきたのには、空間としての多面的な魅力を有していたからといえる。その魅力を、ウォーターフロントを訪れる利用者側からとウォーターフロントの開発者側に大別し、それぞれの視点から捉えてみる。

ⅰ ウォーターフロントの利用者からの視点

　利用者が魅力的と思うおもな点は、まず水そのものの魅力が挙げられる。潮騒や潮の香、思わず触れてみたくなる水の暖かさや冷たさ、潮の干満差や生物の生息などは自然のダイナミズムを感じずにはいられない。水面に映し出される倒景[80]もウォーターフロントならではの魅力である。

　また、都市生活ではふだん感じることのできない、海や河川の広大な水面・空の広がりは、非日常の風景であり、精神的な開放感を感じさせてくれる。さらに、ウォーターフロントにみられるレンガ倉庫や石積み護岸などの建物や構

---

[79] 横内憲久：ウォーターフロントの計画ノート，p.3，共立出版，1994．
[80] 倒景とは、逆さ富士に代表される、水面に映る風景。

造物といったランドマークから感じる歴史性も大きな魅力である。

　ⅱ ウォーターフロントの開発者からの視点
　開発者側からのウォーターフロントの魅力は開発手続の容易さや経済的メリットである。図2-18に示されるように、敷地の半分近くは水面となるため、ウォーターフロントのマーケット（利用圏域）は内陸の半分しかない。そのため、地価は、背後地域に比して安価である。したがって、住宅やオフィスなどの利用者が定まっている特定多数を対象とする機能には向いている。また、内陸の面的開発では、土地・建物に関する権利関係の整理に膨大な期間を要することが多いが、都市のウォーターフロントはもともと大規模な倉庫や工場であった場所が多く、1つの敷地が大きいなど、内陸の市街地に比べ所有関係が単純であり、開発の容易さにつながる。さらにいえば、これらの倉庫や工場などの敷地は、ヘクタール単位のものが多く、規模が大きいゆえに開発の自在性（ポテンシャル）も高く、開発者側にとっては魅力的な空間といえよう。

　d．ウォーターフロントの法制等
　2007年に施行された海洋基本法やそこで定める海洋基本計画では、沿岸域の総合管理の基本的あり方などを示しているが、陸域と海域を包含する沿岸域やウォーターフロントに関わる、実際に適用される法制は、港湾法や漁港漁場整備法などきわめて少ない。しかし、これらの法も、陸域と海域にまたがっている空間を扱ってはいるものの、陸域での土地や建物利用はきわめて制限が厳しく、地権者の利用意図は反映されにくい。したがって、建築の自由度が低いため、上述のマーケットの狭さとともに地価が安価になるのである。陸域と海域にまたがる法制度等がない理由の一つとして、上述した、1977年の第三次全国総合開発計画で沿岸域という言葉や空間概念が初めて挙げられ、それまで、沿岸域はわが国にない概念であり、水際線は海と陸の価値を分けるものとして扱われていたという状況がある。つまり、海や河川は国土や財産を侵すものであり、海岸線はそれを防御するもので、それらを一体と捉える法制度等は考えられなかったのである。しかし、とくに防波堤や突堤・離岸堤など土木技術の発展により、これらの内側の水域は静穏となり、沿岸域やウォーターフロントの利用が可能となったが、これに法制が追い付いていない状況であるといえよう。

一方、アメリカでは1972年に沿岸域管理法 CZMA（Coastal Zone Management Act）が制定され、それのもと州ごとの沿岸域管理計画を策定して、土地利用や環境・生物保全などの制限等を定めている。同様に、1986年フランスでも、沿岸域の管理・保護・保全に関する法律（沿岸域法）を制定し、ここでも沿岸域の土地の利用方針、生態系の保全、景観の保護などを整備している[81]。いずれも、海岸線を挟んだ海域と陸域の帯状の空間を対象としている。わが国においてもウォーターフロント開発・整備に関わる法制が待たれるところである。

e．ウォーターフロント開発の第1フェーズ

　第二次世界大戦後から現在まで、わが国のウォーターフロント開発は、大別して3つのフェーズを経ている。

　1960年代から1970年代までのいわゆる高度経済成長期が第1次のウォーターフロント開発期である。まだウォーターフロント開発という概念は存在していなかったが、わが国の国土計画である全国総合開発計画（1962～1969年）が作成され、日本中に工業拠点を整備し、経済大国への足掛かりをつくった。その後、田中角栄の日本列島改造論をベースにした新全国総合開発計画（1969年～1977年）は、日本各地の大都市や中核都市を結ぶ鉄道・道路網を形成させ、公有水面であった海の浅海域を埋立て、沿岸域・ウォーターフロントに大臨海工業地帯を形成していった（図2-19）。その結果、経済成長は飛躍的に伸びたが、地価の異常な高騰や公害という言葉を代表とする環境問題が深刻化した。

　このようなことから、第1フェーズは公有水面の埋立て、臨海工業地帯の形成の時代といえよう。

f．ウォーターフロント開発の第2フェーズ

　開発一辺倒だった第1フェーズにかわり、新たなウォーターフロント開発は、海や河川などの水域の環境・景観的良さを活用して、まちづくりを展開した時期となった。1970年から80年前後に北米を中心に、港湾再開発としてウォーターフロント開発が始まったが、その後1990年代には世界的にブームといえるほど広まっていった。

---

[81] 長尾義三・横内憲久監修：ミチゲーションと第3の国土空間づくり，pp. 91～92，共立出版，1997．

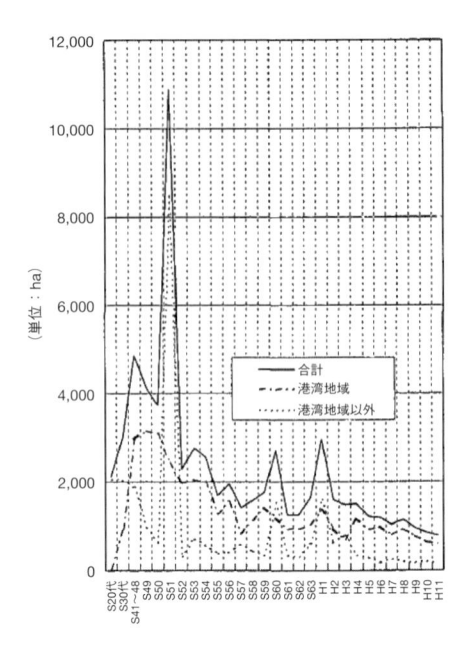

図 2-19 海上埋立の埋立て面積の変遷[82]。

　都市開発は巨額の投資を伴うことから、経済が活性化しているときに行われるのが一般的である。わが国でのウォーターフロント開発も、1985年からバブル経済の崩壊といわれている1990年代初頭までが最も活気があった。このフェーズに計画・整備された各地のウォーターフロント開発は、空間づくりばかりでなく、その計画システムや経営ノウハウも確立させた。

　この時代にウォーターフロント開発が要請されたのには以下の事項が考えられる[83]。

① 土地の高度利用の促進；港湾や工場・倉庫用地等には余剰容積が十分存在するとともに、地価は内陸と比してかなり安価である。また、都心に近いため容積率一杯の建築物を建設しても十分に経済的利点が見いだせることから、土地の高度利用を促している。

② 都市問題の抜本的解決の要請；都市には交通問題、住宅問題、環境問題等がある。これに対しての解決方策の一つとしてウォーターフロントの

---

[82] 安井誠人・薮中克一，日本における海上埋立の変遷，海洋開発論文集，第18巻，pp. 119-124, 2002.
[83] 横内憲久，ウォーターフロントの計画とデザイン，別冊新建築，pp. 13～16，新建築社，1991.

広大な空間を活用して、湾岸道路や鉄道の建設、埋立地の都市づくりなどが実際に行われている。小規模空間の場合は殆どの都市問題は解決に効果がないが、敷地の広大さは解決に寄与するといえる。
③ 地域活性化の創出・コミュニティの形成：歴史・文化の蓄積が多い、ウォーターフロントにはそれを活用した地域活性化やコミュニティ形成の可能性が高い。
④ アメニティ環境への希求：水辺の微気候（風・光・陰など）やウォーターフロントの景観は、多くの人々に受け入れられる快適（アメニティ）な環境であり、ウォーターフロントが都市生活者に求められる大きな要因である。
⑤ 自然への憧れ：ほとんどの都市で最も近い自然空間は、海と河川・湖沼などであろう。そこでは、四季の移ろいや生物の生息など自然の営みを観察することができる。人工物に囲まれた都市生活で自然と触れたいという要請はかなり高いといえよう。

これら5つの要請は、直接ウォーターフロントという場を特定したものではなく、現在の都市環境に対する都市生活者の改善の要請であり、このすべての要請に応えられる場として、必然的にウォーターフロントが挙がったと解釈すべきである（写真2-10）。この港湾再開発を契機として、ウォーターフロントからのまちづくりを担ったのが、第2フェーズ期である。

g. ウォーターフロント開発の第3フェーズ

第2次フェーズは、ウォーターフロントが有する良好な環境がまちづくりの要請と合致して、世界的に注目を浴びた。この第2次フェーズの計画では水域をおもにプレジャーボートや船舶での利用が検討されていた。しかし、バブル経済の破たんが過ぎて2005年頃から、ウォーターフロント開発は、水際線内側の陸域から水際線を超えて水域までも、まちづくりの空間にし始めた。小さいながらも、海域の公物法が適用された、浮体式海上レストランのウォーターライン（東京都・品川区、写真2-11）や係留権（桟橋）付き戸建て住宅群である芦屋マリーナ（兵庫県・芦屋市）、シンガポールでは、世界最大の浮体式競技場マリーナベイフローティングスタジアムなどが海に立地している。つまり、ウォーターフロント開発はここまで水辺の陸域部で展開されていたが、第3フェーズは水域までをその対象領域となり始めたのである。今後は、海上風

写真 2-10 東京台場のウォーターフロント開発埋立地。そこには業務・商業・住宅等の機能が立地し、人工砂浜が自然やアメニティを希求する都市生活者に憩いの景観を与えている。

写真 2-11 浮体式海上レストランであるTYハーバーリバーラウンジ（東京品川天王洲）手前の白い箱状のガラスが入った建物が浮いているレストラン。左右の黒い4本のポールで水平移動を制御するが、潮の干満による上下移動は自由。

力発電や海上ソーラー発電など自然エネルギーやメタンハイドレードなどの環境・エネルギー関係で、海域の利用が促進され、そのための新たなウォーターフロント開発が多様に展開されると思われる。

> ### コラム
>
> ### mitigation
>
> 　ウォーターフロント開発と並んで、この時期に導入された考え方としてミチゲーションがある。ミチゲーションとは、一般に「環境緩和措置」と訳され、1970年代後半のアメリカにおいて導入された環境政策の一つであり、現在でも沿岸域管理法（Coastal Zone Management Act：CZMA）で定められている。そもそも、ミチゲーションは「人間の行動は環境に何らかの影響を及ぼす」ことを前提に、人間が自然環境に与える負荷を緩和することを目的に制度化されたものであり、1969年に国家環境政策法（National Environmental Policy Act：NEPA）が、また1972年沿岸域管理法（CZMA）が制定されたころからミチゲーションの概念が制度として導入された（NEPA施行規則第1508-20条ミチゲーションで規程）。
>
> 　ある開発が計画された際、環境アセスメント等によって環境に影響があると判断された場合、政府は、その計画に対し、大別して、計画の「回避」（中止）、開発規模等の「最少化」、どうしても実行しなければならない場合は、損ねる環境に対する「代償」措置を講ずる。つまり、避けられない開発に対しては、それによって生じる環境のダメージをなんとか少なくなるような代償措置を、開発事業者（組織）に行わせるのである[84]。誤解を恐れずいえば、事業者等が10 haの海を埋立てた場合、彼らに同様の質を有する10 haの海をつくることを要求するのである。
>
> 　この制度には、制度を円滑に履行させるために、ミチゲーションバンキングというシステムがある。事業者等は、代償のための新たな環境の創造を義務づけられているが、ミチゲーション制度は、同質に近い環境が完成するまでどれほどの年数がかかろうと、完成しない限り事業者等が免責になることはない。

したがって、事業者等は新たな環境を最短期間でつくりたいと願望するが、最も確実な方法は、いまある同質な環境をクレジットとして購入することである。何年、何十年分の経費を考えたら、結果的に経費削減となる可能性も高く、新たな環境をつくった（買った）と広く認識されることにより、企業イメージもあがる。それらの環境を販売・貸与するのがミチゲーションバンクである。このバンクは、通常の銀行と同様のシステムで、異なるのは金銭の代わりに良好な環境の土地〈バンクサイト〉を多く所有している点である。事業者等は、代償ミチゲーションに評価された環境と同様の土地を、ミチゲーションバンクから購入・借受をして、その対価をバンクに支払うのである。これがミチゲーションバンキングシステムである[85]。（図2-20）

これによって、「開発と保全」が両立することが可能となるのである。もちろん、この制度にも問題があり、とくに、経済力のある企業等が金の力に物をいわせて、バンクサイトを買うため、金を払えばいくらでも開発ができるのかといった批判が多く出ている。

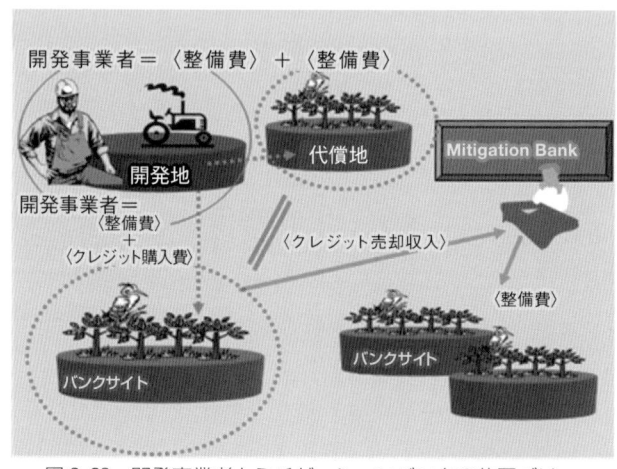

図2-20　開発事業者とミチゲーションバンクの位置づけ。

---

[84] 長尾義三，横内憲久監修：ミチゲーションと第3の国土空間づくり，pp. 223〜226，共立出版，1997.
[85] 岡田智秀，横内憲久ほか：アメリカにおける環境管理制度の支援システムとその運用－カリフォルニア州のミチゲーションバンキングについて－，pp. 379〜384，日本都市計画学会学術講演論文集，2001.

2・3・5 レジャー・観光

a. レジャー・観光の振興

「観光」という視点で、沿岸域の利用を考えた場合、わが国の海洋は、海水浴や海の幸をはじめ、海洋クルーズ、マリンレジャーなど、海の魅力を味わうことが出来る素材が数多く存在する。又、平成25年4月に閣議決定された新たな海洋基本計画（以下「海洋基本計画」という。）においても、わが国に富と繁栄をもたらすために、海洋の有する潜在力を最大限引き出すことが、海洋国家日本の目指すべき一つの姿とされ、それを支える施策の一つとして「海洋観光の振興」が位置付けられるなど、観光は、有効な沿岸域の利用形態の一つとして捉えることができる。

本稿では、海洋基本計画や、後述する「海洋観光の振興に向けての最終とりまとめ」（以下「最終とりまとめ」という。）での記述を中心に、「海洋観光の定義」、「海洋観光の魅力」及び「海洋観光の意義・施策体系」について述べる。

b. 海洋観光の定義について

「海洋観光」は、海洋を活用した観光であり、海水浴、遊覧船やクルーズ船に乗船することによる観光、離島における観光等、多岐にわたる。

海洋基本計画において、この「海洋観光の振興」が意味するところは、「観光資源や憩いの場としての海洋を活用した海洋観光等の取組の推進や、地域資源を活用した海洋観光の振興等の取組の推進、また海洋観光の振興を図る観点からの離島航路への支援等」という位置付けになっている。

海運、造船、港湾、離島振興等の施策分野を所掌する国土交通省においては、この新たな海洋基本計画への位置付けを受けて、平成26年1月に有識者等で構成される「海洋観光の振興に関する検討会」を設置し、4回の検討会を経た上で、同年6月に最終とりまとめを「海洋観光の振興に向けての最終とりまとめ」[86]という形で行ったが、その中で、「海洋観光」を「海洋に関わる観光資源及び自然状況並びに海上交通を利用、活用する観光」と定義している。

c. 海洋観光の魅力について

最終とりまとめでは、「海洋観光の魅力」について、代表的なものとして、

---

[86] 海洋観光の振興に関する検討会：海洋観光の振興に向けての最終とりまとめ，国土交通省総合政策局，2014.

①景観、②船への乗船体験、③離島の自然、歴史、文化、伝統、④教育としての場、⑤非日常の空間としての海、の５つを列挙した。

　特筆すべき点として、そもそも、観光とは日常生活圏とは異なる空間（＝非日常）を楽しむものであるから、国民が海とふれあう機会が減少している現状を逆に「魅力」として捉えることができることが挙げられる。以下、海洋観光の魅力について整理した結果について記載する。

- 景観：広大なわが国海洋が有するリアス式海岸や白砂青松など、多様で豊かな自然、わが国の美しい沿岸域の地形やその地形を活かした街並、海から見える景観、港の風景など、海洋の景観そのものが魅力となり得る。
- 船への乗船体験：クルーズ船、フェリー・旅客船、遊覧船等、様々な形態が存在するが、いずれも船に乗ることで日常とは異なる様々な体験が出来る。
- 離島の自然、歴史、文化、伝統：離島には、美しい自然のほか、離島独自の歴史、文化、伝統が残されており、これらに触れることは海洋観光の魅力となり得る。
- 教育としての場：海が有する豊かな自然や文化などを活用した体験学習や、カヤックなどのマリンスポーツなど、海洋観光の体験を通じた教育の場を創出できる。
- 非日常の空間としての海：観光は日常生活圏とは異なる空間や体験を楽しむものであるから、海が非日常になってしまっていることを逆手にとると、海洋観光によって非日常体験を提供することができる。

d．海洋観光の意義・施策体系について

　海洋観光の意義については、これまでは、地域振興や雇用機会の増加など、経済の活性化の観点から語られることが多かったが、最終とりまとめでは、海洋観光を、経済の活性化という観点に加え、海域の管理という観点からも有意義なものであると定義し、海洋観光の施策意義や施策体系について、図2-21のように整理している。

　海洋観光が「経済の活性化」に資することについては論を待たないであろう。なお、「経済の活性化」については「地域振興」及び「国・地域のブランド力・競争力の強化」という２つの柱に細分化することができる。

　「海洋の管理」という観点については、「わが国海洋の適切な管理」及び「わ

```
                    ┌─────────────────────────────────┐
                    │           地域振興              │
          ┌─────────┤・観光入込客増加，交流人口増大， │
          │         │  雇用の創出                     │
┌─────────┤         │・海洋観光産業の人材育成         │
│経済の活 │         └─────────────────────────────────┘
│性化     │         ┌─────────────────────────────────┐
│         │         │ 国・地域のブランド力・競       │
└─────────┤         │      争力の強化                 │
          └─────────┤・クルーズ船発着・寄港による地域│
                    │  の魅力発信                     │
                    │・魅力ある観光地づくり           │
                    │・船舶の技術力強化               │
                    └─────────────────────────────────┘
                    ┌─────────────────────────────────┐
                    │    我が国海洋の適切な管理       │
          ┌─────────┤・観光を通じた我が国海洋の適切な│
          │         │  管理                           │
┌─────────┤         │・観光の振興に資する沿岸域の適切│
│海洋の管 │         │  な管理                         │
│理       │         │・海洋観光と連携した大規模災害時│
│         │         │  の船舶の活用                   │
└─────────┤         │・航行の安全                     │
          │         └─────────────────────────────────┘
          │         ┌─────────────────────────────────┐
          │         │     我が国海洋の周知・啓発      │
          └─────────┤・海洋観光の体験を通じた海洋管理│
                    │  の必要性認知                   │
                    │・関係者の連携促進，機運の醸成  │
                    │・海洋に関する教育の充実         │
                    └─────────────────────────────────┘
```

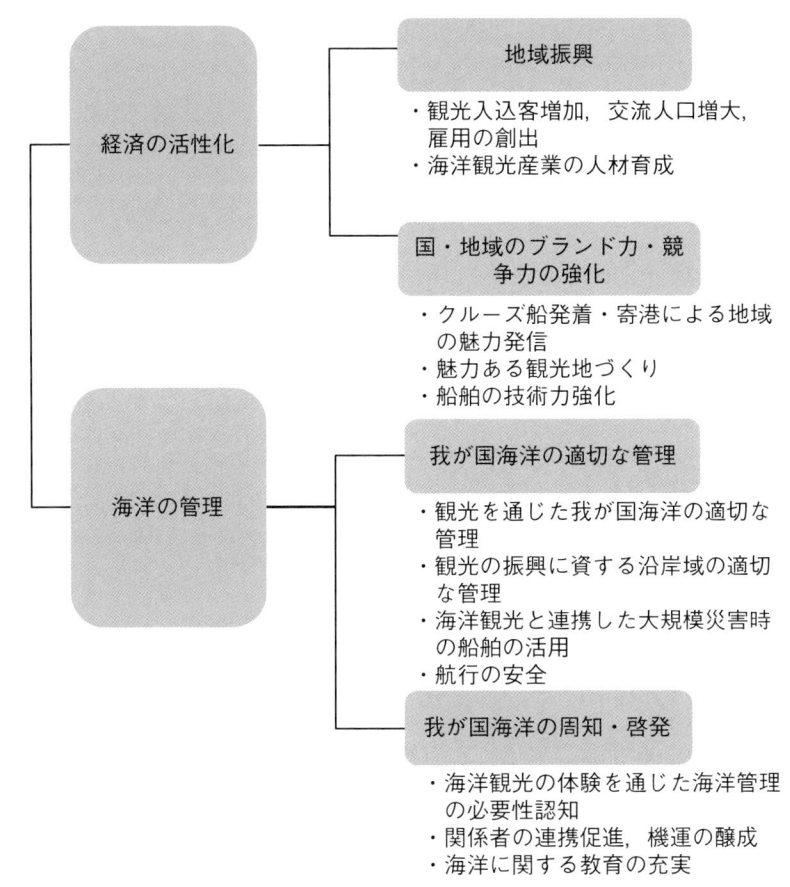

図 2-21 海洋観光の意義・施策体系[86]。

が国海洋の周知・啓発」という 2 つの柱に細分化することができる。

例えば、新たな観光航路の開拓が、災害時の人員・物資輸送体制の強化にもつながるなど、海洋観光の振興は、わが国海洋の適切な管理と密接な関係にある。また、国境離島への往来促進や、海洋観光を通じた様々な体験が、国境離島の重要性や、海に関する知識や海洋管理の意義等を幅広く国民に知ってもらう契機となるなど、わが国海洋の周知・啓発のツールとしても非常に有効である。

世界第 6 位の排他的経済水域（EEZ）等を有する海洋立国であるわが国にとって、海洋観光の振興は、経済の活性化のみならず、海洋の管理という観点からも非常に重要な役割を担っており、このような視点も考慮することが重要である。

e. 今後の海洋観光の振興に向けて

上記のとおり、海洋観光の魅力、意義・施策体系等について、海洋観光の振興に関する検討会を通じて整理されたところであるが、今後の海洋観光の振興を具体的に推進するにあたっては、①海洋観光の魅力の発掘・磨きあげ、②魅力の情報発信手法、③産業創出・振興、④離島振興、⑤わが国海洋の周知啓発、⑥海洋観光に係る人材の育成、⑦関係者の連携、の7項目の観点から、関係者が課題や取組の方向性について意見の共有を図った上で、連携して施策横断的に取り組んでいくことが望まれる。

2・3・6　エネルギーの生産
a. エネルギー利用の各種形態と海洋再生可能エネルギー

沿岸域における様々な利用活動、利用形態のなかにあって、エネルギー関係で大きなウェイトを占めるのが火力（石油・石炭・LNG）及び原子力発電所の立地である。各種の工業立地や工業港湾の整備等にともなう埋立とともに、大量の冷却水を海水に求めることが可能であるため発電所の立地が沿岸域に求められ、そのことによって多くの埋立がなされてきた。しかしながら、原子力発電所については、2011年3月11日の東日本大震災・津波に伴う福島第一原発の事故によって見直しが進められたが、最新のエネルギー基本計画（2014年4月閣議決定）によれば、安全を確認しつつ再稼働の方向が打ち出される一方、稼働後40年を経た原発については、一部延長を認めつつ、廃炉の方向も打ち出されている。したがって、今後、原発の新規立地は考えにくいので、これに伴う埋立はかつてのように進むわけではないであろう。また、石炭火力や石油火力については遊休状態にあった発電施設のフル稼働もなされているほか、燃料のLNG（液化天然ガス）への転換も進められており、これもまた新たな埋立が積極的かつ大規模に行われる方向にはない。

これに対して、最近、沿岸域で目覚ましい取り組みがなされようとしているのが洋上風力発電などの再生可能エネルギー利用の試みである。

ところで、従来の石油やLNG、石炭などの化石燃料などの枯渇型資源を発電材料に使うものを"非再生可能エネルギー利用"というのに対して、水力、太陽光、風力、地熱等の発電については"再生可能エネルギー利用"という。

他方、"新エネルギー"という用語もしばしば使われるが、これは厳密には、わが国の「新エネルギー利用等の促進に関する特別措置法」及びその施行令

(2008年4月改正）で指定される次のものを指す。つまり、太陽光発電、太陽熱利用（給湯、暖房、冷房その他の用途）、風力発電、雪氷熱利用、バイオマス発電、バイオマス熱利用、バイオマス燃料製造（アルコール燃料、バイオディーゼル、バイオガスなど）、などである。ここには海洋再生可能エネルギーは含まれないが、水力発電、地熱発電とともに、波力発電、海洋温度差発電を含めたものが"自然エネルギー"とされる。（新エネルギーと自然エネルギー等の用語の範囲と定義は図2-22を参照。）、

この自然エネルギーという用語も再生可能エネルギーの類似語としてしばしば用いられるが、発電材料が自然由来のものであるかどうかというよりも、再生可能であるか否かの方が重要な判断基準であるため、再生可能エネルギーという用語を用いる方が好ましい。

国際的にも、自然エネルギー（Natural Energy）や新エネルギー（New Energy）という用語はほとんど使われず、再生可能エネルギー（Renewable Energy）あるいは枯渇資源利用に代わるという意味で代替エネルギー（Alternative Energy）という用語を用いるが、どちらかと言えば、再生可能エネルギーを用いるのが一般的である。

b. 沿岸域における海洋再生可能エネルギー利用

沿岸域での再生可能エネルギー利用としては、洋上風力発電がもっとも先行しているが、これは正確には、風力エネルギー利用の洋上立地である。風力発電は一般に陸上で実施されるが、風車の立地を海域に求めるようになり、これを区別して洋上風力発電という。しかし、洋上の方が陸上と違って山や建物などの遮蔽物がなく風力エネルギーが格段に大きいために、陸上とは区別し海洋特有のものとして、海洋再生可能エネルギーに含めて論じるのが一般的である。

その他に、海洋エネルギーを利用した発電方式として、波力発電、潮流発電、海流発電、潮汐発電、海洋温度差発電などがある。

新エネルギーとは

新エネルギーは、「再生可能エネルギー」と「従来型エネルギーの新利用形態」の二つに分類されます。さらに「再生可能エネルギー」は、「自然エネルギー」と「リサイクル・エネルギー」に分けられます。

新エネルギーのメリット

メリット1 環境に優しいクリーンなエネルギーです。

メリット2 石油の消費を減らすことができます。

メリット3 身近なエネルギーであり、多種多様な利用方法があります。

```
エネルギー全般
 ├ 石油
 └ 石油代替エネルギー
    ├ 石炭  天然ガス  原子力
    └ 再生可能エネルギー
       ├ 自然エネルギー
       │   水力発電  地熱発電
       │   太陽光発電
       │   太陽熱利用
       │   風力発電
       │   雪氷熱利用
       │   エネルギー作物
       │   波力発電
       │   海洋温度差発電
       └ リサイクル・エネルギー
           バイオマス発電
           バイオマス熱利用
           バイオマス燃料製造
           {黒液*、木くず、廃材、バイオガス、汚泥、糞尿}
           廃棄物発電
           廃棄物熱利用
           廃棄物燃料製造
           温度差エネルギー
```

実用化段階 / 普及段階 / 研究開発段階

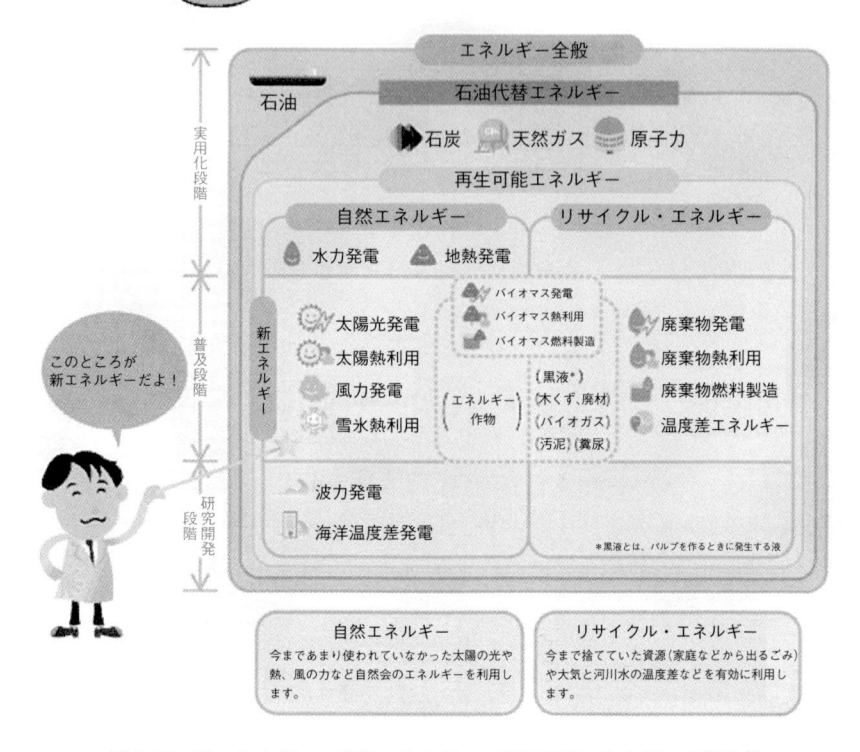

このところが新エネルギーだよ！

*黒液とは、パルプを作るときに発生する液

自然エネルギー
今まであまり使われていなかった太陽の光や熱、風の力など自然界のエネルギーを利用します。

リサイクル・エネルギー
今まで捨てていた資源(家庭などから出るごみ)や大気と河川水の温度差などを有効に利用します。

図 2-22　新エネルギー、自然エネルギー、再生可能エネルギーの範囲 [87]。

---

[87] 一般財団法人新エネルギー財団　パンフレット。

i 洋上風力発電

　着床（底）式と浮体式に大別される。前者は、支柱の基礎部を海底に固定するもので、その構造形式から、重力式（海底に重力を利用した大きな基礎構造体を設置する方式）と杭式（モノポール式：単一の杭を海底に打ち込む、ジャケット式：やぐら状の杭を打ち込む）とがある。後者は、浮体の構造形式によって、スパー式（円筒型：巨大な浮子のような構造）、セミサブ式（半潜水型：三角または矩形の構造物の下半分が海面下にある構造）あるいはそれらの変形構造などがある。沿岸域の水深30～50mまでの浅い海域では経済的にも着床式が適しており、水深100m以上の深い海域では着床式は設計・製作費も施工費も高くなるので、浮体式の方が適している。

　ヨーロッパでは北海の浅い海域で一つの海域に数10基から100基以上もの多数の風車を設置した着床式の洋上発電基地（ウィンドファーム）が次々と出現しているが、わが国では、2014年3月現在、着床式の商用発電では北海道の瀬棚港、山形県の酒田港、茨城県の神栖沿岸に複数の洋上風車が設置されている段階である。最近では、着床式では銚子沖と北九州沖に各1基、浮体式では福島沖にアドバンスト・スパー型（円筒の海中部に円形デッキ状の張り出しを設置して安定性を向上させた形式）の洋上風車と洋上変電所（サブステーション）と、セミサブ型の洋上風車（最終的に2基、併せて3基）、長崎県五島列島の椛島沖にスパー型洋上風車がそれぞれ1基、実証実験用として建てられている。

　このうち、銚子沖と北九州沖のものはNEDO（New Energy and Industrial Technology Development Organization）の助成事業、福島沖のものは経済産業省の直営事業、椛島のものは環境省の助成事業として取り組まれているものである。また、政策的にはFIT（Feed-in Tariff Program、固定価格買取制度）において、平成25年度までは風力発電は陸上風車のみが対象であったが、26年度から普及のめどがたってきたとして洋上風力発電も対象になった。ただ、36円/kWhと設定されたため、これで経済的に成り立つかどうかがその後も議論となっている。なお、FITは、以下の波力発電などについては、まだ研究開発段階であるとして対象にはなっていない。

表2-5 浮体式洋上風車の構造形式の種類とその概要[8]。

構造形式	スパー型	アドバンストスパー型	セミサブ型	六角・三角フレーム型
概略図				
設置海域等	長崎県五島列島椛島沖1km (2MW)	福島沖20km サブステーション（洋上変電所）	福島沖20km洋上風車 (左：2MW、右：7MW)	博多湾内 風レンズ風車等登載
浮体部 概要	・浮子（筒）状の直立した浮体構造。 ・海面の占有面積は少ない。 ・浮体の大部分は海面下に沈んでいる。 ・吃水が深い、大水深向き。	・スパー型を発展させ、水面部中央部の3層に中間デッキ（ふくらみ）を持たせた浮体構造。 ・海面の占有面積は少ない。 ・浮体の大部分は海面下に沈んでいる。 ・吃水が深い、大水深向き。（スパー型よりは浅い）	・複数の浮体をトラス形式やラーメン形式でつなぎ合わせた構造。 ・海面の占有面積が大きい。 ・浮体の約半分が海面下にあるが、半分は海面上にある。 ・吃水が浅い、中大水深向き。	・複数の浮体をトラス形式のフレームで囲んだ構造。 ・海面の占有面積が大きい。 ・浮体の約半分が海面下にあるが、半分は海面上にある。 ・吃水が浅い、浅海および中水深向き。
可能性	・水深が深い海域で、固縛可能な構造物として利用ができる。 ・浮体が浮魚礁の役目として期待できる。（集魚効果がある）	・水深が深い海域で、固縛可能な構造物として利用ができる。 ・浮体が浮魚礁の役目として期待できる。（集魚効果がある）	・フレーム型の場合、海面上の浮体上面をヤードとして使用できる。 ・浮体下部の海中空間を活用できる。	・フレーム型の場合、海面上の浮体上面をヤードとして使用できる。（生簀の設置等）
問題点	・風車の騒音、振動が海中に伝播する。 ・浮体部の振れ回り、上下動揺がある。	・風車の騒音、振動が海中に伝播する。		

ⅱ 波力発電

　波力発電は、波のエネルギーを利用した発電システムで、主として、装置内に設けた空気室の海面の上下動により生じる空気の振動流を用いてタービンを回転させる「振動水柱型」、浮体などの可動物体を介して波力エネルギーを油圧モータ等によって発電する「可動物体型」、波を貯水池等に越波させて貯留し水面と海面との落差を利用してタービンを回し発電する「越波型」の3種類に区分される。

　また設置形式の観点からは、装置を海面または海中に浮遊させる浮体式と、沿岸に固定設置する固定式とに分けられる。可動物体型に含まれる浮体式には、ブイ構造のものや海面に浮かべる円柱構造あるいは船型その他の浮体構造のものがあり、固定式には防波堤や護岸等の堤体利用方式などがある。

ⅲ 潮流発電

　潮流発電は、沿岸域の狭い海峡部や島と島の間の水道と呼ばれる海域の流速の早い潮流でタービンを回転させて発電する方式である。洋上風力が、風の変動が大きく不安定な傾向があるのに対して、潮流発電は空気の密度の800倍以上の密度を有する海水の流れを利用し、潮の干満によって規則的に流れるため、発電量の予測が可能で安定性が期待でき、信頼性の高いエネルギー源といえる。

　沿岸域での再生可能エネルギー利用においては、洋上風力に続いて、海洋エネルギー利用の次の本命と見るむきもある。構造形式としてはブレードともども発電装置全体を海底に設置するタイプ、海底から中層に全体をあたかも水中での凧のように浮遊させるタイプなどがある。なお、自然界の流速の早さが今一歩足りない海域等においても、人為的に狭水路構造等を造成してベルヌーイの原理を利用し、レンズ効果によって流速を増幅させて、そこにブレード等の発電装置を設置するタイプも検討され始めている。

ⅳ 海流発電

　潮流発電が沿岸を主たる利用場所とするのに対して、海流発電は、黒潮など沖合の大きな海流の流れのエネルギーを利用しようとするものである。安定した流速を確保するには蛇行しがちな海域を避けて、海流の流軸に発電装置を設

---

[88] 一般社団法人海洋産業研究会。

置するのが望ましいが、一般に、それは陸地からの離岸距離が遠く水深も深くなるため、発電装置の設置工事の施工や維持管理が難しいこと、送電距離が長くなること、他の海洋エネルギー利用に比して巨額の投資が必要であること等の課題があり、現在はまだ技術開発・研究開発の段階にある。

 ⅴ 潮汐発電

 沿岸部の陸側に貯水池を設け、満潮時に海水を満たし干潮時に管路等に落とし込んでタービンを回して発電するもので、いわば水力発電の一種といえる。膨大なエネルギーを利用することが可能で、フランスと韓国においてそれぞれ25万kWh級の発電所が既に稼働している。

 ただ、海岸線の自然に変更を加えて施工するものであるため、環境保護上の問題を指摘する向きもある。

 ⅵ 海洋温度差発電

 海洋温度差発電（OTEC：Ocean Thermal Energy Conversion）は、表層の温かい海水（表層水）と深海の冷たい海水（深層水）との温度差を利用して、アンモニアなどの低い沸点の媒体を気化してタービンを回して発電するものである。両者の温度差が20℃以上あれば技術的には可能とされる。ハワイと沖縄県久米島で世界の先進的な実証発電プラントが稼働している。

 c．実証フィールドの選定

 なお、平成26年度に国は、海洋エネルギー利用の促進のために、実証フィールドについて自治体を対象に公募して、4県6海域を指定（のちに、1県1海域を追加指定）し、条件が整えば指定するものとして4県5海域を示している。

表 2-6　実証フィールドに選定された海域（7 海域）とエネルギーの種類

都道府県	海域	エネルギーの種類
岩手県	釜石市沖	波力、浮体式洋上風力
新潟県	粟島浦村沖	海流（潮流）、波力、浮体式洋上風力
佐賀県	唐津市 加部島沖	潮流、浮体式洋上風力
長崎県	五島市 久賀島沖	潮流
長崎県	五島市 椛島沖	浮体式洋上風力
長崎県	西海市 江島・平島沖	潮流
沖縄県	久米島町	海洋温度差

注：岩手県は追加指定された。　　　　　　　　（出典：総合海洋政策本部事務局資料）

表 2-7　要件への適合を確認次第、実証フィールドに選定することとした海域とエネルギーの種類

都道府県	海域	エネルギーの種類
和歌山県	串本町 潮岬沖	海流
鹿児島県	長島町 長島海峡	潮流
鹿児島県	十島村 口之島・中之島周辺	海流
沖縄県	石垣島沖	波力

注：当初、岩手県もあったが、追加指定された。　（出典：総合海洋政策本部事務局資料）

d．海域管理との関係

　本章全体のタイトルである海の管理制度との関連では、洋上風車や各種の海洋エネルギー利用による発電装置がどの海域に立地するか（設置されるか）が問題となる。それらが、港湾区域、漁港区域、海岸保全区域、公園区域（海岸線から 1 km 以内であることや、一般に開発が規制されるので考えにくいが）など、関連法制が整備されており、管理者が存在する海域において設置される場合は、通常、管理者が事業主体に与える一時的占用許可の制度によって取り扱われる。なお、港湾については、「港湾における風力発電について港湾の管理運営との共生のためのマニュアル」が制定されており、漁港についても同様の措置が講じられている。

　しかし、発電装置の立地が、そうした海域の外側のいわゆる"一般海域"になる場合、そしてその可能性が今後大きくなっていくが、一般に管理者が不在で、国有財産法のもとでの扱いになり、届出や許認可の仕組み、占用料の扱いなどが不明の状態にある。ただ、一般海域の管理に関する条例を制定している

地方公共団体においては、同条例に従えばよいが、これらは通常、届出・許認可を知事が行うと規定しているのにとどまる例が多いので、やはり不十分と考えられる。今後、わが国全体として、海洋エネルギー利用に限らず、領海内の一般海域における海域管理制度の整備が求められることになろう。

　なお、漁業権区域内の場合には、ほとんどが海岸線から数 km の範囲内であること（千葉県に 12 海里 ≒ 21.6 km 近くまで設定という例外はある）や、管理制度というより当該漁業権者との合意形成が不可欠ということになる。海域を区切らないで漁業操業を行う権利は許可漁業や自由漁業に属するが、これらの漁場における他の海域利用についても関連の漁業者との間で合意形成が必要である。

第3章
日本における沿岸域総合管理の展開

　わが国において沿岸域総合管理が実施されるまでの道のりは平坦ではなかった。瀬戸内海環境保全臨時措置法（1973）の制定を経て、第5次全国総合開発計画「21世紀の国土のグランドデザイン（1998）」が沿岸域総合管理を取り上げ、それを受けて「沿岸域圏総合管理計画策定のための指針（2000）」を定めたが普及せず、ようやく海洋基本法の制定（2007）によって「沿岸域の総合的管理」が初めて法的な根拠を持ち、新海洋基本計画（2013）において、沿岸域総合管理の政策が具体的に示され、わが国における全国的な沿岸域総合管理が動き出した。この一連の展開を学ぶ。

三重県志摩市　英虞湾

3・1　先駆的総合管理としての瀬戸内法

　沿岸海域は船の往来、漁業、釣り・ダイビング等の海洋レジャーなど様々な用途に利用されている。それらの利用は時として競合し、適切な調整なしには円滑な海域利用が不可能になることもある。そのような直接的な利用以外にも、田畑からの排水や工場の排水が時として沿岸海域の水質や生物に悪影響を及ぼして、問題を引き起こすこともある。このような様々な問題を解決するために、沿岸域総合管理が必要とされる。

　これを瀬戸内海について見れば、瀬戸内海の多面的利用は「道」・「畑」・「庭」に大別される[89]。

　道は言うまでもなく海上交通路としての瀬戸内海である。古代の丸木舟による黒曜石を運搬した丸木舟から、遣新羅・隋・唐使船、北前船、石炭を運んだ機帆船、現代の石油タンカーに至るまで多くの船舶が瀬戸内海を航路として利用してきた。航路（道）としての瀬戸内海は海面がすべて埋め立てられてしまわない限りその機能を発揮し続ける。

　畑は漁場としての瀬戸内海である。タイ・オコゼ・イカナゴ・カタクチイワシ・アサリなど多くのおいしい魚介類が獲れる海域として瀬戸内海は名高い。しかし、1960年代の高度成長期に瀬戸内海沿岸に集中立地した各工場からの大量の排水流入により、瀬戸内海ではオバケハゼや背骨の曲がったボラなどの奇形魚が出現し、植物プランクトンの異常増殖で海水が変色する赤潮が年間300件も発生して、一時は「瀕死の海」と呼ばれた。

　庭は国立公園に代表される人々に安らぎを与える場としての瀬戸内海である。国立公園のみならず、レジャーフィッシング、ダイビングなど観光や楽しみの場としての瀬戸内海を利用する人の数も近年増加を続けている。

　この三つの機能の中で、瀬戸内海の管理に関して重要なことは、畑としての瀬戸内海である。上述したように道としての瀬戸内海は海水があれば基本的にはその機能を発揮する。もちろん、化学薬品の排水による強い酸性化によりスクリューが溶ける水質異常や、海ゴミが多くて安全な航海が出来ないといったような環境悪化は防がなくてはならない。しかし、良質な畑としての機能を発揮させ続けようとすれば、望ましいリン・窒素濃度はいくらかとか、海洋生物の産卵・養育生息場所として重要な働きをする干潟・藻場などの浅場をどのよ

---

[89] 柳　哲雄（2008）瀬戸内海はどのような海か．学術の動向，2008.6, 10-14.

うに保全していくかという問題にも対応しなければならない。さらに良質な畑は良い庭にもなりうる。多くの生物が良質な水質のもと元気に泳ぎ回る海を見て、そこで遊んで人々は癒やされるからである。逆に赤潮が頻発した海では人々は癒やされない。

　瀬戸内海の環境の管理という面から振り返ると、戦後の高度経済成長期（1960〜70年代）には各種の公害や水質汚染が多発する状況になった。当時の状況はDyind Seaとして国際的にも紹介され、頻発する赤潮とそれに伴う水産被害などに対し、いわゆる赤潮裁判などの訴訟も起こされた。

　このような状況を背景にして、1973年には、瀬戸内海環境保全臨時措置法（昭和48年法律第110号）が制定され、5年後には「瀬戸内海の環境の保全上有効な施策の実施を推進するための瀬戸内海の環境の保全に関する計画の策定等に関し必要な事項を定めるとともに、特定施設の設置の規制、富栄養化による被害の発生の防止、自然海浜の保全等に関し特別の措置を講ずることにより、瀬戸内海の環境の保全を図ること」を目的とする瀬戸内海環境保全特別措置法として恒久化された（第1条）。これが、いわゆる瀬戸内法である。2015年に同法は大改正を受けた。改正前の瀬戸内法の大きな特徴の一つはCOD（Chemical Oxygen Demand、化学的酸素要求量）と全窒素、全リンの総量規制にあり、もう一つの特徴は「埋め立てに関わる特別な配慮」、すなわち埋め立て抑制である。

　沿岸域総合管理制度の先駆的法制度としての瀬戸内法の特色を以下にまとめる。

　瀬戸内法は、適用範囲を瀬戸内海に流入する河川のほぼすべての集水域を対象範囲として法律の適用範囲としている[90]。瀬戸内海は11の府県が直接面しているが、海に面していない京都府と奈良県の一部も、淀川、大和川水系を通じて瀬戸内海との関係が深いため、対象範囲に含まれている。そういう意味では陸域と海域を一体のものとしてとらえる総合沿岸域管理の考え方が制度に導入

---

[90] 2条は適用範囲を次のように規定している。
第二条　この法律において「瀬戸内海」とは、次に掲げる直線及び陸岸によって囲まれた海面並びにこれに隣接する海面であつて政令で定めるものをいう。
一　和歌山県紀伊日の御崎灯台から徳島県伊島及び前島を経て蒲生田岬に至る直線
二　愛媛県佐田岬から大分県関崎灯台に至る直線
三　山口県火ノ山下灯台から福岡県門司崎灯台に至る直線
2　この法律において「関係府県」とは、大阪府、兵庫県、和歌山県、岡山県、広島県、山口県、徳島県、香川県、愛媛県、福岡県及び大分県並びに瀬戸内海の環境の保全に関係があるその他の府県で政令で定めるものをいう。
3　略

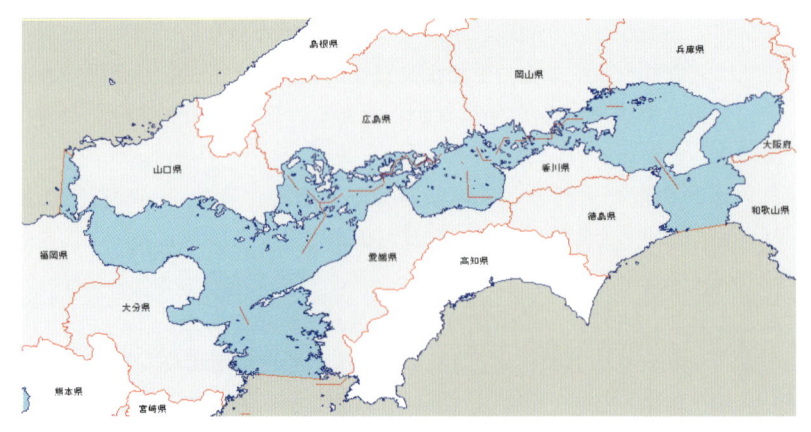

図 3-1 瀬戸内海全域図。

されている。

　このように複数の地方公共団体にまたがる空間を適用対象とした上で、瀬戸内法は、関係府県知事が個別に府県計画を策定して、それに従って環境保全施策を実施することとなっている（3条〜4条の2）。
　計画に従って具体的に展開される施策としては
① 各都道府県において、公共用水域に排出を行う法が定める特定施設の設置の許可を必要とするものとし（5条）、廃棄物処理を目的とする工場、事業所、または当該特定施設からの汚水等の排出が瀬戸内海の環境を保全する上において著しい支障を生じさせるおそれがないもの以外には許可を与えないものとしたこと（6条）
② 水質汚濁防止法、鉱山保安法、電気事業法または海洋汚染等及び海上災害の防止に関する法律、ダイオキシン類対策特別措置法等の個別法の適用を総合的に調整する、個別法による管理を超えた総合的管理の制度を採用していること（12条）
③ 瀬戸内海の水質規制について総量規制の制度を取り入れていること（12条の3）
④ 富栄養化対策として、環境大臣が府県知事に対して、公共用水域に排出される燐等の削減目標、目標年度等についての指定物質削減指導方針を定めることを指示し、府県知事がそれに従って必要な指導、勧告等を行

えるようにしていること
⑤ 環境大臣が指定物質による瀬戸内海の富栄養化による生活環境に係る被害の発生を防止するため緊急の必要があると認めるときは、指定物質排出者に対し、汚水または廃液の処理の方法その他必要な事項に関し報告を求めることができることとし、都道府県の個別の指導を超える国による調整を間接的に制度化していること（12条の4～6）
⑥ 都道府県が条例によって自然海浜保全地区を指定することができるようにし、そこで行われる一定の行為を届け出の対象としていること（12条の7～8）
⑦ 埋め立てに関し、府県知事に瀬戸内海の特性に関する十分な配慮を義務付けていること（13条）
⑧ 下水道及び廃棄物処理施設の整備、汚濁した水質の浄化事業、海難等による油の排出防止、赤潮や油汚染等に対する技術開発、漁業補償等、国及び地方公共団体が、環境保全のための事業を促進し、国はそのための財政支援をこなう努力義務があること（14条～19条）

などが定められている。

以上のような内容を持つ瀬戸内法は、個別の地方公共団体の管轄を超えるという空間的意味においての総合性を持ち、環境保全という目的の下で関連法制度を総合する施策を取るという意味での総合性を持ち、さらに国と地方公共団体が一体となるという総合性を持つものであり、沿岸域総合管理という概念が存在しない時代にすでにその内容を先行して実施した法制度として評価しうる。

瀬戸内法と同法に基づく国の基本計画（瀬戸内海環境保全基本計画）は2015年に大きな転換期を迎えた。すなわち、2015年2月末に基本計画の大幅改定が閣議決定されると、この大幅改定の内容を裏づける形で9月末には国会で改正瀬戸内法が成立し10月に公布された。法律と基本計画のこれまでにない大幅な改定がセットでなされたことになる。

今回の改定の趣旨を一言でいえば、「きれいな海から豊かな海へ」の目指すべき方向の大転換である。公害時代の「瀬戸内法」制定以来、長年にわたって汚れた海をきれいにすることに専念してきた結果、水質の「きれいな海」はかなりの程度に実現できた。一方、自然の浜や藻場・干潟は減少し漁獲量も減少して、瀬戸内海の本来の豊かさは失われたままの現状がある。そこで、今回の改定では、従来の規制型の水質保全中心からより積極的な水産資源の確保や環

境の保全・再生などに大きく軸足が移され、瀬戸内海を「多面的価値及び機能が最大限に発揮された豊かな海とする」ことが改正法の基本理念に明記された。

基本計画の枠組みの大きな変化は、従来の2本柱から4本柱への変化と表現できる。すなわち、変更前は、①「水質の保全」と②「自然景観の保全」の2本柱であった。これに対し、変更後は、①「水質の保全及び管理」、②「自然景観及び文化的景観の保全」、③「沿岸域の環境の保全、再生及び創出」、④「水産資源の持続的な利用の確保」が新たな4本柱となった。①、②は課題の拡大、②、③は新規課題である。中でも①、③、④は、生態系、食物連鎖、生物生産、物質循環の仕組みを確保する上で極めて重要であるが、その実現には、研究の推進を含めて多方面の力の結集が必要である。新制度では、「瀬戸内法」の"守備範囲"が大幅に拡大し、より省庁・分野横断的な取り組み、すなわち総合的管理が重要なテーマとなった。

これらの瀬戸内法と基本計画の大幅改定に基づいて、2016年には関係府県の新たな府県計画が策定される予定である。しかしながら、本書には、編集時期の関係から2015年、2016年の改変に基づく変化が十分には反映されていない。今後、改正瀬戸内法等に基づく瀬戸内海の新たな管理の進捗について注目していただきたい。

3・2 沿岸域総合管理と全国総合開発計画

3・2・1 21世紀の国土のグランドデザイン

1992年の地球サミットにおいて海洋の総合管理と持続可能な開発の行動計画が採択されたのを受けて、わが国が、国の政策として沿岸域総合管理を本格的に取り上げたのは、1998年3月に閣議決定された第5次の全国総合開発計画「21世紀の国土のグランドデザイン」である。それは、「沿岸域圏の総合的な計画と管理の推進」を掲げ、「沿岸域の安全の確保、多面的な利用、良好な環境の形成及び魅力ある自立的な地域の形成を図るため、沿岸域圏を自然の系として適切にとらえ、地方公共団体が主体となり、沿岸域圏の総合的な管理計画を策定し、各種事業、施策、利用等を総合的、計画的に推進する「沿岸域圏管理」に取組む。そのため、国は、計画策定指針を明らかにし、国の諸事業の活用、民間や非営利組織等の活力の誘導等により地方公共団体を支援する。」と定めた。

3・2・2　沿岸域圏[91]総合管理計画策定のための指針

「21世紀の国土のグランドデザイン」の策定を受けて、1998年に計画策定指針を策定するために22省庁の担当局長で構成する「21世紀の国土のグランドデザイン」推進連絡会議が設置され、その下に設置された有識者による「沿岸域圏のあり方調査研究会」及び関係17省庁の担当課長による「沿岸域圏分科会」の検討を踏まえて、2000年2月に「沿岸域圏総合管理計画策定のための指針」（通称「ガイドライン」）が決定された。その主な内容は次のとおり。

(1) 沿岸域総合管理に関する基本理念
　沿岸域総合管理は、良好な環境の形成、安全の確保、多面的な利用等の調和を図り、多様な関係者の参画による魅力ある自立的な地域を形成することを旨として行う。

(2) 沿岸域圏総合管理計画の策定
　①沿岸域圏について、自然の系として、地形、水、土砂等に関し相互に影響を及ぼす範囲を適切に捉え、一体的に管理すべき範囲として、地域の特性（行政界、社会経済活動による利用実態等）を配慮しつつ、海岸線方向及び陸域・海域方向に区分した圏域を明示して沿岸域圏の設定を行う、②沿岸域の自然、災害、社会経済、歴史文化等の地域特性を把握し、課題を抽出し、沿岸域圏総合管理計画を策定して管理を総合的かつ計画的に行う、③同計画の策定・推進のため、関係地方公共団体を中心に、沿岸域圏にかかわる行政機関、企業、地域住民、NPOなど多様な関係者の代表者を構成員とする沿岸域圏総合管理協議会を設置する。

　この指針が提唱している沿岸域圏総合管理は、今や「アジェンダ21」などに取り上げられて国際標準化している沿岸域総合管理として立派に通用するものである。しかし、残念ながら、「ガイドライン」が出されても沿岸域圏総合管理は実際には各地であまり行なわれてこなかった。

　その理由の一つに、わが国の沿岸域では、目的の異なる様々な個別の法制による個別の管理がバラバラに行なわれていることが挙げられる。これらの実定法はそれぞれの縦割りの法目的を持って施行されているため、これらの実定法

---

[91] 本項で解説するガイドラインでは、本書で取り扱う「沿岸域」に相当する言葉として「沿岸域圏」が用いられている。以下、ガイドラインからの引用部分については、「沿岸域圏」を原文を尊重して用いている。

を調整して沿岸域管理を進めるためには明確な法的裏づけが必要である。それを持たないこの「ガイドライン」に基づいて沿岸域の管理施策を推進するのは、現状では多くの困難を伴う。

又、より根本的な理由としては、「グランドデザイン」は、住民の生活と密接なかかわりを持つ沿岸域の総合的な管理は地方公共団体が主体となって取り組むと定めているが、権限、財源の問題を含めてどこまでが地方公共団体の事務であり、責任であるのかについて、国と地方公共団体との間で制度上きちんと整理がなされていなかったことがあげられよう。

そもそも海域については、地方公共団体の区域または管轄範囲がどこまで及ぶのか明確でない。基礎自治体である市町村の区域には原則として海域は含まれていない。又、都道府県についても海域方向にどこまで都道府県の管轄海域が伸びているのかは明確でない。「自然の系として、地形、水、土砂等に関し相互に影響を及ぼす範囲を適切に捉え、一体的に管理すべき範囲として、地域の特性（行政界、社会経済活動による利用実態等）を配慮」するとしているが、その前提が不明確なままでは沿岸域総合管理の取組みは難しい。早急な制度的対応が求められる。

又、このような沿岸域圏総合管理には、取り組み主体の面では、単に行政だけでなく事業者、住民をはじめとする地域の利害関係者が、沿岸域の総合的管理の必要性を理解し、それを支持し、自ら進んで参加することが求められる。そのための情報の公開・提供、建設的な参加に向けての啓発、アウトリーチが必ずしも十分でなかったことも取り組みが進展しなかった理由として挙げられよう。

3・3　海洋基本法の成立による総合的管理の始まり
3・3・1　海洋基本法成立までの経緯

1994年に、海洋の諸問題は相互に密接な関連を有しており全体として検討される必要があるという認識を掲げて海洋法のすべての側面を規定する国連海洋法条約が発効し、地球サミットで採択された海洋の総合管理と持続可能な開発の行動計画とあいまって、海洋の秩序は「海洋の管理」へと大きく舵を切った。わが国は、新海洋秩序の下で、沿岸から沖合200海里までの世界第6番目に広大で資源豊かな海域を管理することとなった。これにより、わが国は、その優れた科学技術力をいっそう磨いて沿岸域及びそこから沖合までの海域の調

査、開発・利用、保全及び管理に総合的に取り組むべきときを迎えたが、残念ながら当初は新しい海洋の法秩序及び国際的な政策的枠組み並びにそれらに基づく海洋空間の再編成が持つ意義の重要性への認識が必ずしも十分でなく、対応が遅れていた。

　21世紀に入って、日本周辺海域での近隣諸国の活動が活発化し、それに伴い海洋をめぐる対立・紛争が顕在化してきて、ようやく政治家や一般国民の関心が次第に海洋に向けられるようになってきた。このとき、海洋の総合的管理の政策を研究していた海洋政策研究財団が「21世紀の海洋政策への提言」（2005年）を発表し、わが国が新しい海洋秩序の下で海洋・沿岸域の問題に総合的に取り組むよう提唱した。これがきっかけとなってわが国でもようやく海洋の問題に全体的・総合的に取り組むための海洋基本法制定の動きが本格化した。

　2006年に入り、自民党のイニシアチブで、自民・公明・民主の3党の国会議員と海洋関係各界の有識者からなる海洋基本法研究会（代表世話人武見敬三参議院議員）が設立された。政策提言を行なった笹川平和財団海洋政策研究所（旧海洋政策研究財団）は要請を受けてこの研究会の事務局を務めた。研究会は、座長の石破茂衆議院議員、共同座長栗林忠男慶応大学名誉教授のリードの下で4月から12月まで10回にわたって開催され、わが国の「海洋政策大綱」並びに「海洋基本法案」について、海洋関係省庁や海洋関係団体も交えて、熱心な審議を行い、「海洋政策大綱」及び「海洋基本法案の概要」を取りまとめた[92]。

　これに基づいて海洋基本法案が作成され、2007年4月、自民・公明・民主の3党の国会議員により通常国会に提案され、可決、成立した。

　海洋基本法には、海洋政策の基本理念として「海洋の総合的管理」などが掲げられ、又、基本的施策の一つに「沿岸域の総合的管理」が定められて、ここに、わが国では長年の懸案であった沿岸域総合管理の政策が、ようやく法律レベルで、しかも基本法で取り上げられた。

3・3・2　海洋基本法の概要

　海洋基本法は、2007年4月20日に成立、同月27日に公布され、7月20日に施行された。

---

[92] 「海洋政策大綱」及び「海洋基本法案の概要」については https://www.spf.org/opri-j/news/article_19936.html 参照。

海洋基本法は、次の4章で構成されている。
第1章　総則
第2章　海洋基本計画
第3章　基本的施策
第4章　総合海洋政策本部

第1章 総則は、目的、基本理念、国・地方公共団体・事業者・国民の責務、法制上・財政上・金融上その他の必要な措置等を定めている[93]。

第1条は、この法律が、国連海洋法条約・アジェンダ21などの国際的な約束・取り組みに基づき、国際的協調の下で、わが国が海洋の平和的開発・利用と海洋環境の保全との調和を図る新たな海洋立国を実現することが重要であることにかんがみ、海洋に関する施策を総合的、かつ計画的に推進することにより、わが国経済社会の健全な発展及び国民生活の安定向上を図り、海洋と人類の共生に貢献することを目的に掲げている。

海洋基本法は、目的に続いて、「海洋の開発及び利用と海洋環境の保全との調和」、「海洋の安全の確保」、「海洋に関する科学的知見の充実」、「海洋産業の健全な発展」、「海洋の総合的管理」及び「海洋に関する国際的協調」の6つの基本理念を定めている[94]。このうち海洋の総合的管理については、次のように定めている。

> 海洋の管理は、海洋資源、海洋環境、海上交通、海洋の安全等の海洋に関する諸問題が相互に密接間関連を有し、及び全体として検討される必要があることにかんがみ、海洋の開発、利用、保全等について総合的かつ一体的に行われるものでなければならない。
> （海洋基本法第6条）

基本理念は、様々な海洋に関する施策を整合させ、優先順位を付けて国の施策として総合的に取りまとめる際の指針・基準として重要である。

そして、基本法は海洋に関する施策の総合的かつ計画的な策定・実施を基本理念に則って実施する責務を国・地方公共団体に、またその事業活動を基本理

---

[93] 海洋基本法第1条から第15条まで。
[94] 海洋基本法第2条から7条まで。

海洋基本法について(概要)

海洋基本法(平成19(2007)年4月20日成立、同27日公布、7月20日施行)

基本理念
- ①海洋の開発及び利用と海洋環境の保全との調和
- ②海洋の安全の確保
- ③科学的知見の充実
- ④海洋産業の健全な発展
- ⑤海洋の総合的管理
- ⑥国際的協調

基本的施策
- ①海洋資源の開発及び利用の推進
- ②海洋環境の保全等
- ③排他的経済水域等の開発等の推進
- ④海上輸送の確保
- ⑤海洋の安全の確保
- ⑥海洋調査の推進
- ⑦海洋科学技術に関する研究開発の推進等
- ⑧海洋産業の振興及び国際競争力の強化
- ⑨沿岸域の総合的管理
- ⑩離島の保全等
- ⑪国際的な連携の確保及び国際協力の推進
- ⑫海洋に関する国民の理解の増進等

海洋政策の推進体制

国
- 総合海洋政策本部の設置
  (本部長:内閣総理大臣
  副本部長:内閣官房長官、海洋政策担当大臣
  ・有識者からなる参与会議の設置(10名)
  ・事務局の設置(関係8府省、37名)
- 海洋基本計画の策定
  (海洋に関する施策についての基本的な方針、海洋に関し、政府が総合的かつ計画的に講ずべき施策等を規定。おおむね5年ごとに見直し。)

地方公共団体
各地域の自然的社会的条件に応じた施策の策定、実施

事業者
基本理念に則った事業活動、国・地方公共団体への協力

国 民
海洋の恵沢の認識、国・地方公共団体への協力

(出典:総合海洋政策本部事務局資料)

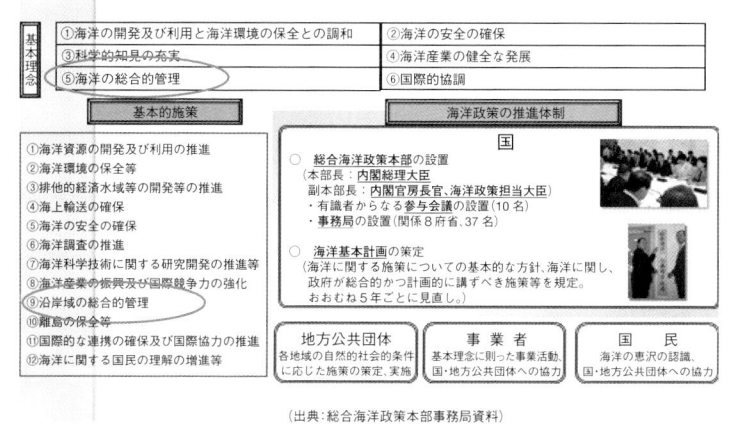

図3-2 海洋基本法の概要と海洋・沿岸域の総合的管理の位置づけ。
(出典:総合海洋政策本部事務局資料)

念に則って行う責務を事業者に課している[95]。さらに、基本理念の実現を図るため、これら関係者に相互の連携・協力に努めるよう求めている[96]。これは海洋・沿岸域には重層的・分野横断的管理が必要なことに配慮したものであり、重要なポイントである。

さらに第14条では、政府は、海洋に関する施策の実施のために必要な法制上、財政上または金融上の措置等を講じなければならないとしてその実施を担保している。

第2章 海洋基本計画は、政府は、海洋に関する施策の総合的かつ計画的な推進を図るため、海洋基本計画を定めなければならないと定めている。海洋基本計画は、閣議決定に付され、政府は、その実施に要する経費に関し必要な資金の確保のために必要な措置を講じるよう努めなければならないとしている[97]。

この規定が果たす役割はきわめて重要である。海洋基本計画の策定によって、わが国の海洋に関する施策は海洋基本法が定める基本理念の下に総合調整され、体系化される。その過程でわが国の海洋の主要施策が明確になり、施策の優先

---
[95] 海洋基本法第9条から11条まで。
[96] 海洋基本法第12条。
[97] 海洋基本法第16条。

順位が調整され、施策相互間の関係が明確化される。沿岸域の問題は陸域・海域に関する様々な個別の法制度と政策の対象となっており、それらを総合的に調整する上で海洋基本計画が重要な役割を担っている。

第3章 基本的施策は、各省の枠を超えて総合的に取り組む必要のある海洋に関する重要な12の施策分野を基本的施策として採り上げているが[98]、「沿岸域の総合的管理」がそのひとつとして次のように定められている。

> 第25条　国は、沿岸の海域の諸問題がその陸域の諸活動等に起因し、沿岸の海域について施策を講ずることのみでは、沿岸の海域の資源、自然環境等がもたらす恵沢を将来にわたり享受できるようにすることが困難であることにかんがみ、自然的社会的条件から見て一体的に施策が講ぜられることが相当と認められる沿岸の海域及び陸域について、その諸活動に対する規制その他の措置が総合的に講ぜられることにより適切に管理されるよう必要な措置を講ずるものとする。
> （第25条第1項。第2項省略）

国際的な行動計画の下で各国が取り組んでいる「沿岸域の総合的管理」が、わが国でもこのように海洋基本法の基本的施策に位置付けられたことは、画期的なことである。

なお、これ以外の基本的施策を列記すれば、「海洋資源の開発及び利用の推進」「海洋環境の保全等」「排他的経済水域等の開発等の推進」「海上輸送の確保」「海洋の安全の確保」「海洋調査の推進」「海洋科学技術に関する研究開発の推進等」「海洋産業の振興及び国際競争力の強化」「離島の保全等」「国際的な連携の確保及び国際協力の推進」及び「海洋に関する国民の理解の増進等」であり、これらの多くも「沿岸域の総合的管理」に密接に関連している。

第4章 総合海洋政策本部は、海洋政策推進の司令塔である総合海洋政策本部について定めている[99]。内閣に総理大臣を本部長、官房長官と海洋政策担当大臣を副本部長とし、上記以外の全ての国務大臣を本部員とする総合海洋政策本部が設置され、あわせて、内閣総理大臣の命を受けて、海洋に関する施策の集中的かつ総合的な推進に関し内閣総理大臣を助けることを職務とする海洋政

---

[98] 海洋基本法第17条から第28条まで。
[99] 海洋基本法第29条から第38条まで。

策担当大臣が設けられた。また、国会の委員会決議を受けて、本部に海洋に関する幅広い分野の有識者から構成される参与会議が設置された。

3・3・3　海洋基本計画─わが国初の基本計画から新基本計画へ発展

　わが国初の海洋基本計画は、海洋基本法施行から8か月後の2008年3月に閣議決定された。しかし、この海洋基本計画は、施策構築のための準備期間が短かったこともあり、そこで取り上げられた施策は、その目標、ロードマップ、方法などについて具体的に述べているものが少なかった。沿岸域の総合的管理についても、基本的な方針[100]としては「沿岸海域及び関連する陸域が一体となった、より実効性の高い管理のあり方について検討を行い、その内容を明確にした上で、適切な措置を講じる必要がある。」と述べるに留まり、また、政府が講ずべき施策[101]としても、各省で取り組みが始まっていた総合的な土砂管理、赤土流出防止対策、栄養塩類及び汚濁負荷の適正管理等、漂流・漂着ゴミ対策等の取組み及び沿岸域における利用調整の取組みを主に取り上げていて、国際的に取り組みが進んでいるような沿岸域の総合的管理についての具体的な記述はなく、代わりに「沿岸域管理に関する連携体制の構築」として「必要に応じ、適切な範囲の陸域及び海域を対象として、地方公共団体を主体とする関係者が連携し、各沿岸域の状況、個別の関係者の活動内容、様々な事象の関連性等の情報を共有する体制づくりを促進する」等記述するにとどまっていた。

　これに対して、5年ごとの見直し規定に基づいて2013年4月に改定された新海洋基本計画は、沿岸域を含む海域の管理に積極的に取り組むことを打ち出し、沿岸域総合管理の推進に向けて大きく踏み出している。すなわち、「第1部 海洋に関する施策についての基本的な方針」において、「2　本計画において重点的に推進すべき取組」で「(5) 海域の総合的管理と計画策定」を挙げ、「沿岸域の再活性化、海洋環境の保全・再生、自然災害への対策、地域住民の利便性向上等を図る観点から、陸域と海域を一体的かつ総合的に管理する取組を推進する。」と明記し、「3　本計画における施策の方向性 (5) 海洋の総合的管理」で「沿岸域の総合的管理については、それぞれの特性に応じた海域の利用が行われている等を留意した上で、国、地方公共団体等が連携して各課題に対処し、陸域と一体となった沿岸域の管理を促進する。」としている。そして、

---

[100] 第1部海洋に関する施策についての基本的な方針5。
[101] 第2部海洋に関する施策に関し、政府が総合的かつ計画的に講ずべき施策9。

これに基づき「第2部　海洋に関する施策に関し、政府が総合的かつ計画的に講ずべき施策9沿岸域の総合的管理」では、冒頭に「(1) 沿岸域の総合的管理の推進」を掲げ、「沿岸域の安全の確保、多面的な利用、良好な環境の形成及び魅力ある自立的な地域の形成を図るため、関係者の共通認識の醸成を図りつつ、各地域の自主性の下、多様な主体の参画と連携、協働により、各地域の特性に応じて陸域と海域を一体的かつ総合的に管理する取組を推進することとし、地域の計画の構築に取り組む地方を支援する。」明記した。

まだまだ沿岸域総合管理の推進方策、国の支援内容などこれから具体化していかなければならない部分が残っているが、この新基本計画によってわが国では長年の懸案であった沿岸域総合管理の政策が具体的方向性を明確にして動き出したことは大きな進展である。

なお、参考までに新旧の海洋基本計画の目次を対比する（表3-1）。

表3-1　新旧海洋基本計画第2部「9沿岸域の総合的管理」の目次比較表
（それぞれの基本計画の目次より抜粋、作成）

旧海洋基本計画 （2008〔H20〕年3月18日閣議決定）	海洋基本計画 （2013〔H25〕年4月26日閣議決定）
(1) 陸域と一体的に行う沿岸域管理 　ア．総合的な土砂管理の取組の推進 　イ．沖縄等における赤土流出防止対策の推進 　ウ．栄養塩類及び汚染負荷の適正管理と循環の回復・促進 　エ．漂流・漂着ゴミ対策の推進 　オ．自然に優しく利用しやすい海岸づくり (2) 沿岸域における利用調整 (3) 沿岸域管理に関する連携体制の構築	(1) 沿岸域の総合的管理の推進 (2) 陸域と一体的に行う沿岸域管理 　ア　総合的な土砂管理の取組の推進 　イ　栄養塩類及び汚濁負荷の適正管理と循環の回復・促進 　ウ　生物及び生物の生息・生育の場の保全と生態系サービスの享受への取組 　エ　漂流・漂着ごみ対策の推進 　オ　自然に優しく利用しやすい海岸づくり (3) 閉鎖性海域での沿岸域管理の推進 (4) 沿岸域における利用調整

旧海洋基本計画の (1) の「イ．沖縄の赤土対策」及び (3) 連携体制の構築」は新計画では削除され、代わりに、新計画では、「(1) 沿岸域の総合的管理の推進」と (2) の「ウ．生息・生育の場の保全と生態系サービスの享受への取組」、(3) 閉鎖性海域での沿岸域管理の推進が新設されている。

第4章
沿岸域総合管理への取組み事例

　沿岸域総合管理に関する取組みが日本各地で実践されている。笹川平和財団海洋政策研究所では、地方公共団体と協働でモデルサイト事業を展開し、沿岸域総合管理の推進に努めている。また東京湾では、東京湾再生推進会議が行動計画を策定し、環境改善に努めている。
　沿岸域を総合的に管理するためには、様々な利害関係を有する多様な主体が緩やかな合意を形成しつつ、具体的な活動を実施する必要がある。各地の活動例からそのヒントを学ぶ。

三重県志摩市の再生干潟

わが国における沿岸域総合管理への取組みは、1960年～70年代の高度経済成長に伴う環境悪化の顕在化により、沿岸域の環境保全への関心が高まった時期に端を発している。1973年には瀬戸内海環境保全臨時措置法が制定された。これが、わが国における沿岸域総合管理に向けた第一歩であると評価されている。

　2001年には、都市再生プロジェクトの第3次決定に大都市圏における都市環境インフラの再生（海の再生）が位置づけられ、順次、東京湾、大阪湾、伊勢湾（三河湾を含む）、広島湾において、海の再生プロジェクトとして再生推進会議が設置され、10年計画の再生行動計画が策定された。それぞれの計画において、陸域対策、海域対策、モニタリング、官民連携などを推進するための分科会が設けられるなど、大都市圏における沿岸域総合管理が推進された。

　2007年に海洋基本法が成立し、同法第25条に「沿岸域の総合的管理」が初めてわが国の法令に規定され、国が推進すべき12の基本的施策の一つとして沿岸域総合管理が明確に位置づけられたことを受け、海洋政策研究財団では、沿岸域総合管理の実施に強い意欲を有する5ケ所のサイト（三重県志摩市、岡山県備前市（日生）、福井県小浜市、岩手県宮古市、高知県宿毛市・大月町（宿毛湾））において地域が主体となって実施する沿岸域総合管理のモデルとなる取組[102]に着手・促進している。以下に、沿岸域総合管理の取組み事例として、東京湾における海の再生プロジェクト、瀬戸内海における、里海の展開、地域が主体となって実施する沿岸域総合管理のモデルの実施事例を紹介する。

4・1　東京湾における沿岸域総合管理

4・1・1　東京湾の概況

　東京湾は「関東地方南部、房総半島と三浦半島に囲まれた太平洋側の海湾。広義には房総半島西端の洲崎（すのさき）と三浦半島の剣崎（つるぎさき）を結ぶ線以北約1500 km^{2}の水域をいう。しかし、狭義には富津（ふっつ）岬と横須賀（よこすか）市の勝力崎（かつりきざき、脚注　参照）を結ぶ線以北の内湾（ないわん）、約1100 km^{2}の水域を指し、それ以南の浦賀水道は除かれ

---

[102] 2010年度からの3か年「沿岸域の総合的管理モデルに関する調査研究」によりモデルサイトとしての取組の着手を、2013年度からの3ヵ年「沿岸域総合管理モデルの実施に関する調査研究」により沿岸域総合管理の実施段階への移行を目的として、いずれも日本財団の助成事業として実施してきている。

図 4-1　東京湾概要図[104]。

る。」[103] と定義される湾である（図 4-1）。

　東京湾は神奈川県、千葉県、東京都の 3 都県に囲まれ、主たる河川として、鶴見川、多摩川、隅田川、荒川、江戸川、村田川、養老川、小櫃川等が流入する。首都東京を後背地に擁し、日本の政治経済活動の中心地であるため、日本の戦後復興から高度経済成長期を通じて人口が増大し、2015 年現在までは人口増加は継続してきた。
　東京湾流域の 6 都県（上記 3 都県に埼玉、茨城、山梨の 3 県を加える）では、

---

[103] 沢田清「東京湾」日本大百科全書。
ただし、勝力崎は過去のある時点で埋立によって消滅したと推測され、現在の横須賀には勝力の地名は存在しない。大塚静喜編輯出版「横須賀弌覧図」明治 15 年 4 月出版によれば、現在の横須賀市泊町に隣接する米軍横須賀基地のあたりに勝力崎は存在した。
http://tois.nichibun.ac.jp/chizu/images/002401446.html
上記地図で富津岬から横須賀港に水平に線を引くと勝力崎と富津岬を結ぶ線となる。
[104] 東京湾環境情報センター　http://www.tbeic.go.jp/kankyo/

第 4 章　沿岸域総合管理への取組み事例　●　151

表 4-1　3大湾の比較 [107]

		東京湾	伊勢湾	大阪湾
自然環境	水面面積（km^2）	1380	2130	1400
	湾口幅（km）	20.9	34.7	—
	平均水深（m）	38.6	16.8	27.5
	容積（億 m^3）	621	394	440
港湾活動	港湾数　特定重要港湾	4	2	3
	港湾数　重要港湾	2	3	2
	港湾数　地方港湾	3	18	15
	水面面積に占める港湾区域の割合（％）	40.6	20.7	22.3
	港湾取扱貨物量（万トン）※ H16年	56482	29594	26094
	全国比（％）※ H16年	17.9	9.3	8.2

　昭和 25（1950）年から昭和 45（1970）年にかけて人口が大きく増加した。昭和 45 年以降は、増加率は低下する傾向にあったが、人口そのものは依然増加し続けてきた。国立社会保障・人口問題研究所による将来推計人口によれば、6 都県の人口増加の傾向は平成 27 年（2015 年）に 6 都県合計 3850 万 4000 人になるまで続くとされており [105]、その後人口減が始まることが予想されている。

　東京湾は大阪湾、伊勢湾と並ぶ日本の 3 大湾の一つである。表 4-1 で明らかなように、東京湾は 3 大湾の中で水面面積は最小であるが、日本の経済活動の中心を後背地に持つ湾であり、水面面積における港湾区域の割合が他の 2 大港湾に比較して圧倒的に高い。また港湾取扱貨物量も他の 2 大湾の合計とほぼ同じという多さとなっている。また、当然に東京湾の船舶交通量の多さも浦賀水道で一日平均 600～800 隻（内、160 m を超える巨大船が 30 隻程度）を数える世界有数のものであり [106]、図 4-2 に見るように日本の他の航路の交流量をはるかに凌駕している。

　東京湾のもう一つの特徴は、歴史的に累積した埋立面積の多さである。

　日本の高度成長期中葉であった昭和 40 年代から安定成長に移行した 50 年代にかけて、東京湾の全面積の 2 割に相当する 2 万 5000 ha の海が埋め立てられた。その結果として、東京湾においては昭和 30 年以降に約 123 km の自然海岸・浅海域が消失し、昭和 20 年以前に約 9450 ha あった干潟面積が昭和 30 年

---

[105] 東京湾環境情報センター　www.tbeic.go.jp/kankyo/download/02-01.xls
[106] 東京湾海上交通センター　http://www.geocities.jp/kamosuzu/kaijyokotu.html
[107] 東京湾環境情報センター　http://www.tbeic.go.jp/kankyo/

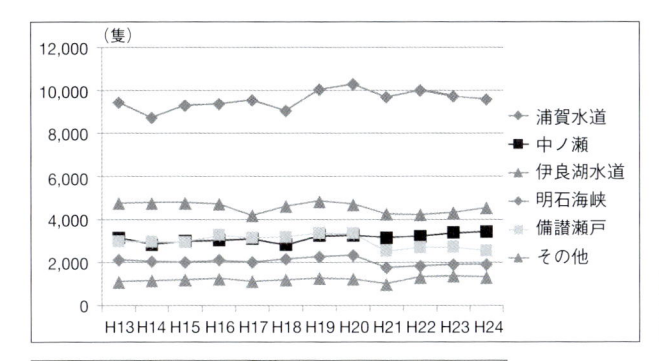

図 4-2　主要な航路の巨大船（船長 160 m 以上）交通量比較[108]。

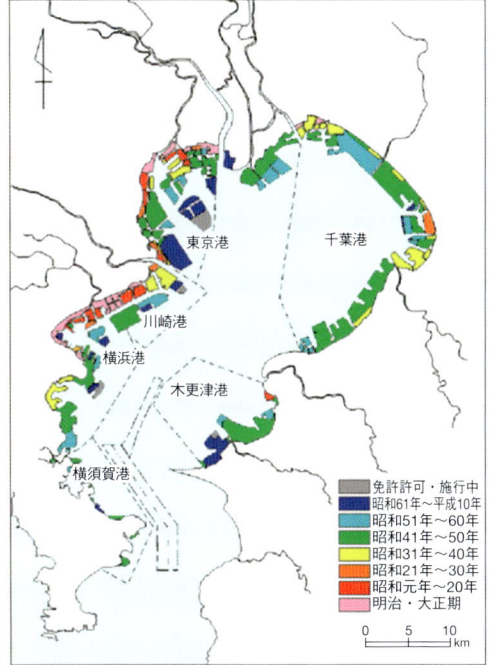

図 4-3　東京湾の年代別埋め立て。

代末には半減した。東京湾の最奥に現在でも 1200 ha 残っている三番瀬が、東京湾における最後の大規模干潟であり、その保全の市民活動も活発である。国も東京湾海域環境創生事業等[109]によって東京湾に残された干潟の保全や、東京湾の環境改善に取り組んでいる（図 4-3、4-4、4-5、表 4-2）

---

[108] 国土交通省関東地方整備局東京湾航行路整備事務所　数字で見る東京湾
http://www.pa.ktr.mlit.go.jp/wankou/toukyou_wankoukouro/suujidemiru.htm
[109] 国土交通省関東地方整備局千葉港湾事務所　干潟の保全と再生
http://www.pa.ktr.mlit.go.jp/chiba/overview/tokyo/tidelands/index.html

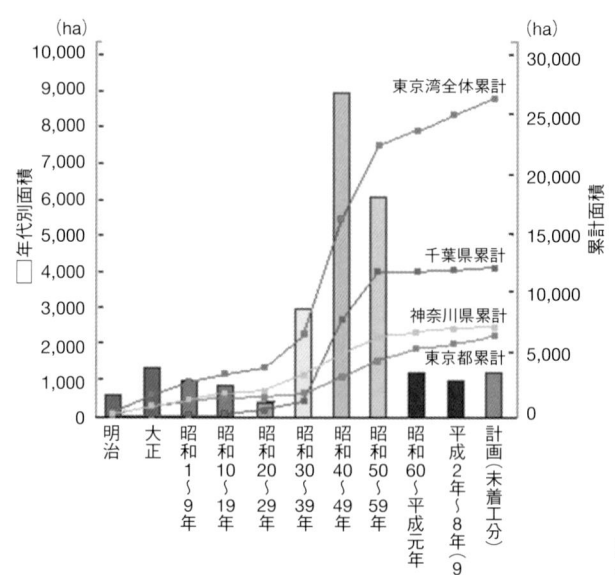

図 4-4　東京湾の埋め立て量経年変化　都県別。

表 4-2　東京湾における干潟・浅場の規模[110]

	地点	干潟面積（ha）（※2）	張り出し長さ（m）（※1）	干潟海域の構成
自然干潟	野島海岸	10	150	前面海域に浅場
	多摩川河口	95	500	ヨシ群落
	森ヶ崎	22		
	三枚洲（浅場）	64（※4）	1,575（※4）	
	三番瀬	130（※5）	1,150（※5）	
	谷津干潟	40	400	ヨシ原
	盤洲干潟	1,250	1,430	ヨシ・シオクグ群落，沖合にコアマモ，前面海域に浅場
	富津干潟	174	750	アマモ場，前面海域に浅場
人工干潟	海の公園	20	110	前面海域に浅場
	羽田沖浅場	250（※3）	45	
	東京湾野鳥公園	5	80	背後にヨシ原，汽水池
	大井ふ頭中央海浜公園	1	70	
	葛西海浜公園	—	300	前面海域に浅場（三枚洲）
	船橋海浜公園	—	—	三番瀬の一部
	稲毛海浜公園	24	70	前面海域に浅場

注：
1.「張り出し長さ」は、海図（H12〜13年）による護岸から水深0mまでの最大距離。
2.「干潟面積」は複数の文献より調べた値。その定義が不明確なものがあり、定義が異なる場合がある。
3. 羽田沖浅場の干潟面積は、造成した浅場面積。
4. 三枚洲は葛西海浜公園前面の人工干潟を含めた値。
5. 三番瀬は船橋海浜公園前面の人工干潟を含めた値。

出典：干潟ネットワークの再生に向けて，2004，国土交通省港湾局・環境省自然観光局

図 4-5　東京湾の浅瀬・干潟[110]。

　東京湾の漁業は、江戸時代以降、「江戸前」の名称とともに活発に行われた。しかし戦後の高度成長期に進んだ埋立や、京浜工業地帯から流入する工場排水、後背地から流入する農業排水・生活排水等による汚染の進行、水質悪化によって、東京湾全体の漁獲量が1965年から1975年の10年間で大幅に落ち込み、その後継続した横這いであったが1989年ころからは再び落ち込む傾向を示している。

---

[110] 東京湾環境情報センター「東京湾を取り巻く環境 水際線の状況」、http://www.tbeic.go.jp/kankyo/mizugiwa.asp

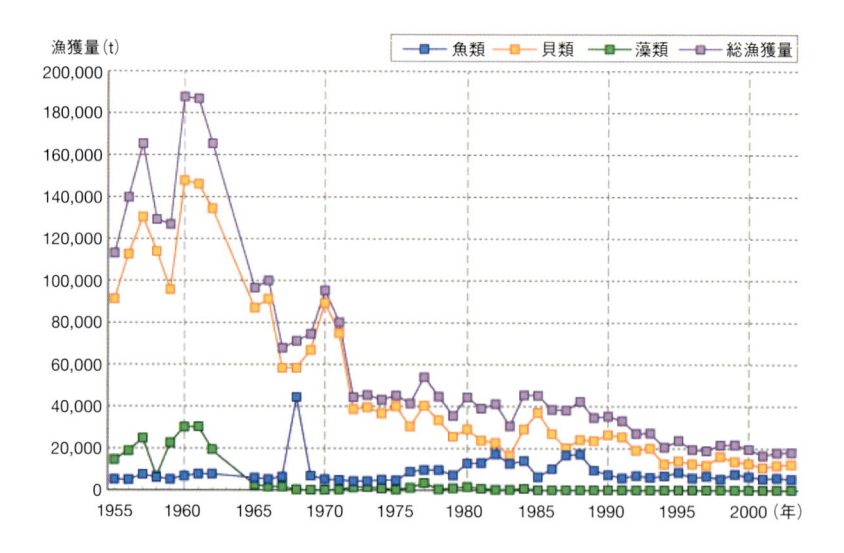

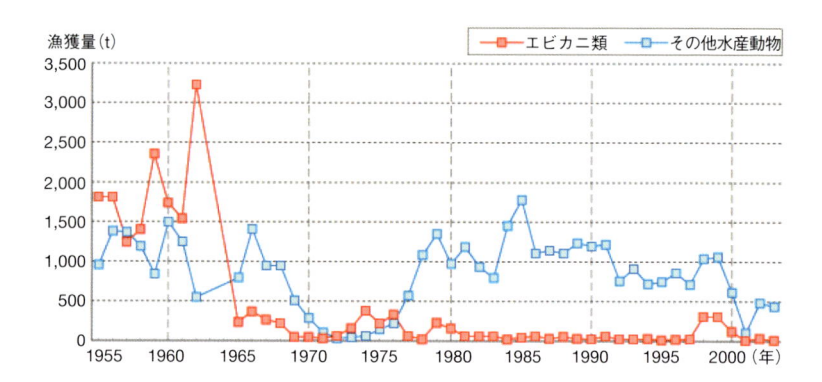

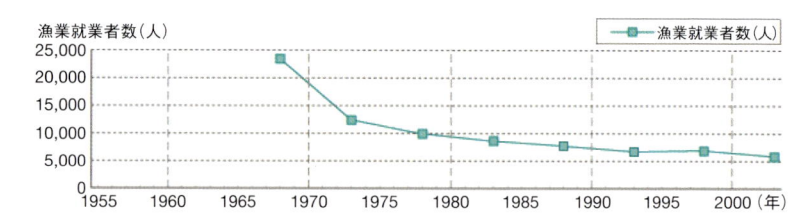

図 4-6　東京湾における海面漁業漁獲量（上図：全体、中図：エビカニ類等）と漁業就業者数（下図）の推移[112]。

それに伴い、漁業就業者数も 1968 年の 2 万 5000 人弱から 1973 年までの 5 年間で半減し、その後も減少傾向が続いて今日に至っている。漁業権漁業は湾奥部ではほとんど残っておらず、多くは湾口部で行われている。2005 年の東京湾における漁獲量は 1 万 8500 トンであった[111]。

　伝統的な海洋レジャーである海水浴は、東京湾の水質悪化によって海水浴場が減少し、現在、狭義の東京湾において地方公共団体によって公認された海水浴場は、千葉市の稲毛海岸のみとなっている。湾口部には神奈川県側にも千葉県側にも公認の海水浴場が存在している。湾奥部では、水質を改善し、高度成長期以前に東京にも存在した海水浴場を復活させることを目的とする NPO 活動も行われている。

　海水浴と並ぶ伝統的海洋レジャーである釣り（遊漁）は、東京湾においても依然として活発に行われている。日本全体で釣り人口は減少傾向にある。東京湾においても 1991 年をピークに遊漁者数が減少する傾向にあるといわれる[113]。

　1998 年、自衛隊横須賀基地所属の潜水艦と遊漁船第一富士丸が衝突し、乗客 30 名が死亡した「なだしお号」事件に象徴されるように、海上交通量の多い東京湾において遊漁者の安全確保は長い間の課題であった。昭和 63 年に、遊漁船の利用者の安全の確保、及び利便の増進並びに漁場の安定的な利用関係の確保に資することを目的として「遊漁船業の適正化に関する法律」が制定され、平成 14 年に一層の安全確保のために遊漁船業者を登録制の下に置き、業務規程の作成、遊漁船業務主任者の選任、損害賠償措置、水産動植物の採捕に関する規制の周知などを義務付ける等の法改正が行われている。

　また遊漁者による捕獲が一部魚種によっては漁業者の捕獲量に大きな影響を与えることもあり、資源保護も遊漁の重要な課題であった。これに対しては遊漁者及び遊漁船業者から協力金を出してもらい、漁業者及び漁業協同組合に負担金を課し、マダイの種苗を放流するような試みが行われ、各地に広がっている[114]。

---

[111] 東京湾再生推進会議　東京湾の環境について
http://www1.kaiho.mlit.go.jp/KANKYO/TB_Renaissance/AboutEnv/AboutEnv.htm
[112] 東京湾環境情報センター「東京湾における海面漁業漁獲量と漁業就業者数の推移」
http://www.tbeic.go.jp/kankyo/gyogyo.asp
[113] 東京湾遊漁船業協同組合　『40 年のあゆみ』によれば、同年の組合傘下の遊漁船利用者数は年間約 37 万人であった。今井利為「マダイ栽培漁業の効果と課題―釣り人・釣船の応分負担の必要性」アクアネット 42　2011 年 10 月 神奈川県では 2011 年当時漁業者によるマダイ漁獲量の 2 分の一を遊漁者が捕獲していた。　http://www.kanagawa-sfa.or.jp/aquanet201110.pdf
[114] 今井利為「マダイ栽培漁業の効果と課題―釣り人・釣船の応分負担の必要性」アクアネット 42 2011 年 10 月 神奈川県では 2011 年当時漁業者によるマダイ漁獲量の 2 分の一を遊漁者が捕獲していた。
http://www.kanagawa-sfa.or.jp/aquanet201110.pdf

また東京湾ではクルーズや屋形船などの遊覧船事業も盛んに行われている。しかし遊覧船事業についてはこれまでほとんど研究の蓄積もなく、東京湾単位でのまとまった情報も公開されていない[115]。ウェブ上で観光案内情報を検索すると、2015年1月末で、東京で15の湾内遊覧船が就業しており、このほかに横浜、川崎、千葉などでも遊覧船事業が行われている。最近は京浜工業地帯の工場群の夜景観光などの新たな企画に人気が出ている。

　さらに東京湾にはプレジャーボート、ヨット等による海上レジャー人口も多く、マリーナやヨットハーバーが少なくとも40は存在する[116]。そのほかシーカヤック、ウィンドサーフィン、カイトサーフ、スタンドアップ・パドルサーフィンなどの水上レジャー活動も各地で行われている。

　また、沿岸域の陸地部分では、浦安の埋立地を利用した大規模娯楽施設であるディズニーランドがあり、日本だけではなくアジアの各国からの観光客を多数集めるテーマパークとなっている。東京ディズニーランドは、ウォルト・ディズニー・カンパニーの直接投資によらずに開設された世界唯一のディズニーランドであり、日本法人であるオリエンタルランドがライセンス契約に基づいて経営する形態をとる。1983年の開園以来2014年4月までの入場者数が6億人[117]という超人気テーマパークとなっている。

　東京湾岸にはこのほかに、葛西沖開発事業で東京都が作った葛西臨海公園や、横浜市には八景島シーパラダイス・海の公園、千葉市の稲毛海浜公園等の埋め立て地を利用して作られた大規模公園がある。

　葛西臨海公園は、埋め立てで消滅した東京湾の自然を回復させ、沖合の自然干潟である三枚洲を保護・再生することを目的に、東京都が1989年一部開設し、今日に至っている。この公園は面積81万m²で、都立公園の中でも最大規模の講演の一つであり、水族館、野鳥観察施設人工干潟等を持つ。

　八景島リゾートは埋立による人工島を利用した娯楽施設で、1993年開設。西武ホールディングスが経営する。水族館や遊園地、マリーナ施設等を持つ。

　稲毛海浜公園は、「みどりと水辺」をテーマに、1977年、一部開園した埋め立て地利用の海浜親水公園である。千葉市が管理する公園で、東京湾内湾で唯

---

[115] 数少ない研究例として　森本剣太郎「遊覧船の事業活動、運行状況、利用者意識の現状分析及び地域資源の可能性」国土技術政策総合研究所資料 No. 641
http://www.nilim.go.jp/lab/bcg/siryou/tnn/tnn0641pdf/ks0641.pdf
[116] 関東のマリーナ・ヨットハーバー・艇庫 http://rippletown.jp/marina-kanto.shtml
[117] http://www.rbbtoday.com/article/2014/04/12/118816.html

図 4-7 東京湾のレクリエーション施設分布状況[118]。

一の公認海水浴場や、ヨットハーバー、防波堤利用の釣り施設などがあり、ウィンドサーフィン、シーカヤックなどのマリンスポーツが四季を問わず盛んに行われている。また海岸線を利用したサイクリング、ウォーキング、ジョギング等、陸域での活動も盛んであり、緑化啓発の拠点としての「花の美術館」等の施設もある。

4・1・2 東京湾における総合的管理
a. 総合的管理の難しさ　ステーク・ホルダーの多様さと複雑さ

概況で見たように、東京湾は背後に4000万人弱の人口を抱え、高度成長期には海岸線を大量に埋め立てて京浜工業地帯や住宅地を作り、日本の政治経済の中心における経済的空間として機能している。同時に、歴史的には豊かな自

---
[118] 東京湾環境情報センター　http://www.tbeic.go.jp/kankyo/recreation.asp

然環境を誇った海として、江戸前の魚を捕獲する漁業生産の場となっており、高度成長期に失われた良好な環境の回復保全のさまざまな活動が行われている。

また、東京湾には瀬戸内海の一部のように歴史的に形成された海の県境も存在せず、中央官庁のうち、主要な官庁だけ上げても、港湾と航路、河川、下水、観光を管理する国土交通省、漁業や農業を管理する農林水産省、工場立地、発電所などを管理する通商産業省、大気、水、景観等の環境を管理する環境省、米軍基地や自衛隊の基地を管理する防衛省が沿岸域のさまざまな活動に関連する法律を所管し、東京湾で直轄事業も行っている。

さらに、都・県のレベルでも、東京湾に直接的に面している東京都、神奈川県、千葉県に加え、埼玉県は河川等との関係で東京湾に深いかかわりを持つ。市としては横須賀市、横浜市、川崎市、千葉市が狭義の東京湾に面しており、埼玉県と同様にさいたま市も東京湾に深いかかわりを持つ。このような公的管理者のほかに、埋立地は私有され大小さまざまな企業や私人が管理しており、そのほかの東京湾沿岸域では製造業、農業、漁業、それらの業界団体から環境保全やまちづくりのNPO等、多種多様な民間団体が活動している。

これだけの広大な空間に官民さまざまな主体が高密度で存在し、活動を展開する東京湾において、東京湾及びその沿岸域を一つの空間として包括的に総合的に管理する総合的管理を行う制度は、現在では、できていない。総合的管理が、後に検討するように、さまざまな管理主体の上位に、それぞれの個別管理主体の権限を調整しうるメタ管理者を置くことを制度的な前提とするならば、そのような主体を創設すること自体が、現状では非常に困難な課題となり、その合意が成立することはほとんど期待できない。

同じ閉鎖性の湾であっても長崎県の大村湾のように、単一の県の区域内にある湾であれば、県が周辺自治体のメタ管理者として機能することは不可能ではなく、総合的管理の実現可能性も高まるということができる。しかし東京湾でそのような合意形成を期待することは非現実的である。

b. 環境改善を中心とする沿岸域総合管理の試み

このような状況ではあるが、東京湾においても、環境の改善を中心課題として、緩やかな総合管理の取り組みとでもいうべき活動が、この15年ほどの期間、地道に着実に行われてきた。以下ではその取り組みについて紹介する。

2001（平成13）年、経済対策閣僚会議がバブル経済崩壊後の日本経済の活

性化のために決定した「緊急対策」に基づき、内閣総理大臣を本部長とする「都市再生本部」が設置された。同本部は都市再生プロジェクトの第3次決定に盛り込まれた「海の再生」を受けて、関係省庁、関係地方公共団体が連携して「東京湾再生推進会議」を設置した。同会議は、2003年、東京湾再生のための行動計画（第一期）を策定し、第一期行動計画が平成25年に終了したことに伴い、同年5月に、これまでの取組状況とその分析・評価を取りまとめ、新たな今後10年間の東京湾再生のための行動計画（第二期）を策定した。

東京湾再生推進会議の活動は、東京湾のように大規模で、利害関係が輻輳する沿岸域において、環境問題を軸に様々な主体が緩やかな合意を形成しながら、官主導である種の沿岸域総合管理を目指す取り組みとして評価しうる。

東京湾は、一時、日本の高度経済成長による環境悪化の代表例の一つであった。人口や産業の集中・集積に伴う環境負荷の増大、沿岸域の埋め立による干潟・浅場等の消失、それによる富栄養化の進展、夏季の広域・慢性的な赤潮の発生、有機汚濁による貧酸素水塊、青潮の影響による魚介類の斃死・生物の減少等々の問題が、長年にわたり様々な機会に指摘されてきた。

1970年の公害国会以降、わが国経済社会の成熟に歩調を合わせて、日本全体として、陸域及び海域における様々な環境改善施策が実施された。その成果により、現在、東京湾における水質は、高度成長期に比較してはるかに改善された。しかし生物の生息状況は、今日に至るまでそれほど大きな改善成果を示してはいない[119]。

このような状況下で、東京湾再生推進会議は、海上保安庁次長を座長とし、国土交通省、農林水産省、環境省、埼玉県、千葉県、東京都、神奈川県、横浜市、千葉市、さいたま市の複数部局の局長、部長クラスがメンバーとなる会議体として構成された[120]。その下に各中央・地方官庁の関連課長クラスで構成される幹事会が置かれ、陸域対策分科会、海域対策分科会、モニタリング分科会に分かれて活動している。陸域対策分科会は、下水道の整備・機能改善等による東京湾の流域の汚濁負荷削減対策等に関すること、水域対策分科会は干潟・浅場等の保全・再生及び汚泥の除去等による東京湾の海域浄化対策に関すること、モニタリング分科会は東京湾の海域環境のモニタリング及び分析に関する

---

[119] 東京湾再生推進会議『東京湾再生のための行動計画（第二期）』3頁。
http://www1.kaiho.mlit.go.jp/KANKYO/TB_Renaissance/action_program_2nd.pdf
[120] 東京湾再生推進会議「東京湾再生推進会議委員名簿」
http://www1.kaiho.mlit.go.jp/KANKYO/TB_Renaissance/RenaissanceProject/Counsil_Member.pdf

ことをそれぞれの検討課題としている。

　平成 15 年に策定された東京湾再生のための行動計画（第一期）では、「快適に水遊びができ、多くの生物が生息する、親しみやすく美しい『海』を取り戻し、首都圏にふさわしい『東京湾』を創出する」という参加各組織に共通の目標を設定し、陸域負荷の削減、海域改善対策、モニタリングの充実等、構成メンバーが連携して今後 10 年間に取り組む事項を取りまとめた。第一回中間評価が平成 19 年に、第二回中間評価が平成 22 年に公表され、最終期末評価が平成 25 年に公表された。

　平成 25 年の最終期末評価の全体としての目標達成評価では、「その結果、水質改善の目標としている底層の溶存酸素環境に顕著な変化が認められるには至っていないものの、底層の溶存酸素環境の悪化の原因となる汚濁物質濃度の減少や、再生された干潟や浅場で生物の生息が確認される等、陸域・海域の各施策の効果と見られる変化が、モニタリング結果に捉えられている。

　このように、この行動計画は一定の成果を挙げたと見られるものの、最大の目標であった底層の溶存酸素環境の大幅な改善には至っておらず、湾奥部で夏季に貧酸素水塊が発生し、青潮による大量の生物死が確認される等、依然として生物にとっては厳しい生息環境となっている。

　東京湾再生のためには、各方面における取組をより発展的に、より強力に推し進める必要がある。」との総括が行われた[121]。

c. 第二期に向けた東京湾再生官民連携フォーラムの組織化とその意義の評価

　東京湾再生推進会議の第一期行動計画が終了した平成 25 年 5 月に、東京湾再生のための行動計画（第二期）が策定された。沿岸域の総合的管理との関係で注目すべきことは、第二期においては、従来のような関係省庁、関係地方公共団体のみからなる公的な組織の活動には限界があるとの認識の下で、それを補う多様な関係者の協力・連携の組織による新たな東京湾再生の方向性が示されたことである[117]。

　2013 年 11 月「東京湾再生官民連携フォーラム」（以下、官民連携フォーラムと略）が組織され、東京湾再生推進会議と表裏一体となった活動が開始された。官民連携フォーラムは、東京湾に関係する東京湾再生推進会議メンバーと

---

[121] 東京湾再生推進会議　『東京湾再生のための行動計画（第一期）期末評価報告書』11 頁。
http://www1.kaiho.mlit.go.jp/KANKYO/TB_Renaissance/AP_evaluation.pdf

しての行政機関だけではなく、研究機関、民間企業、水産、ＮＰＯ、レジャーなどの多様な関係者が自発的に参加する組織である。フォーラムは、参加者の連携・協働による様々な取り組みを行い、東京湾で活動する多様な関係者に交流の場を提供し、情報を発信・共有するのみならず、フォーラムが自らも考え、行動し、最終的には、官の組織である東京湾再生推進会議へ提言を行うことを目標として活動している[122]。

フォーラムの具体的な活動は、企画運営委員会で承認されたプロジェクトチームに、会員がボランティアで参加する形で行われている。現在、東京湾大感謝祭プロジェクトチーム、江戸前ブランド育成プロジェクトチーム、指標検討プロジェクトチーム、モニタリング推進プロジェクトチーム、生き物生息場つくりプロジェクトチーム、東京湾パブリック・アクセス方策検討プロジェクトチーム、東京湾での海水浴復活の方策検討プロジェクトチームの７つのプロジェクトチームがある。2015年にはモニタリング推進プロジェクトチームが東京湾再生推進会議に対する提言を取りまとめ、政策提言を行った[123]。

官民連携フォーラムの動きは始まったばかりである。しかし、今の時点で沿岸域総合管理の視点から、この動きの特徴をまとめると以下のように整理される。

ⅰ）「新しい公共」の概念が今日の日本社会でさまざまに論じられる中で、対象空間の広がりという意味でも、そこに参加する公私さまざまな主体の多様性という意味でも、わが国のみならず世界的に見ても稀な大規模な官民連携の試みである。

ⅱ）その活動の軸は、東京湾における環境改善への貢献である。環境改善・良好な環境の保全という価値は、今日の日本社会の一般的な価値意識の中で高い位置づけを受けるものであり、かつ外延の広い包括的な概念である。

ⅲ）東京湾の海洋環境の改善、良好な環境の保全という目標の下に、多くの官民の法人、個人が参加し、合意ベースでその価値を実現するための政策提言を

---

[122] 官民連携フォーラム　http://tbsaisei.com/
[123] 国土交通省「東京湾再生官民連携フォーラムからの政策提案について」
http://www.mlit.go.jp/report/press/port06_hh_000100.html

するという組織目標自体が、特定の価値を実現するために関連する様々な活動を秩序付ける活動であり、沿岸域総合管理概念への類似性・親和性を強く持つ。

ⅳ）沿岸域総合管理は、一般的に官民が連携した活動となる。官民連携フォーラムは、東京湾という大規模なスケールでの多数の参加者による活動という意味で、総合的管理の最も難しいケースにおいて行われる試行的活動として評価され、その活動における意見調整や問題点、成果等を一般化することにより、総合的管理にかかわる組織論、運動論等での理論的な深化が期待される。

ⅴ）官のサイドにおいても、国の様々な省庁が参加し、自治体では都・県、市と様々な主体が参加しており、官側の各主体は、官の中でもそれぞれ異なる立場と役割を持っている。各主体は、その施策の中心部分では、それぞれに他とは共有できない特有の論理と利害を持っている。総合的管理の試みにおいて、複数の官がかかわる場合には、官の論理・利害は同質ではない。それゆえ官民連携フォーラムは、形式上、組織的な上下関係もない主体間での合意による調整のモデルケースとなる。同様に、民側も、漁業者は漁業者の論理、企業は企業の論理、NPOはNPOの論理を持っており、それぞれの活動の精神の中核的な部分では、これもお互いに相容れない固有の論理を持っている。

ⅵ）沿岸域総合管理においては、官であれ民であれ、それぞれの主体が本来行ってきた固有の活動範囲を超えて他の主体と交わらざるを得なくなる。そのような場合には、それぞれの主体に固有の活動原理とは異質の原理で活動する、他の多くの主体とのかかわりが必然的に生ずる。沿岸域総合管理の展開のためには、各主体が、異質の存在や異質の活動原理・論理を、相互に、弾力的に認め合うという態度や対応をとる必要がある。組織間である種の寛容性を相互に持たない場合には、それぞれの主体の活動の発展がありえないことや、それを互いに十分に理解することが重要である。

　環境という普遍性を持つ価値を前提にして、各主体間の合意形成のプロセスで、そのような寛容性がどのようにして生ずるのか、官民連携フォーラムは、それを見極めるための壮大な実験として評価しうるのである。

4・2　瀬戸内海における沿岸域総合管理

　瀬戸内海における沿岸域総合管理は、3章で紹介されているように瀬戸内海環境保全特別措置法（以下、瀬戸内法という）を出発点とする総量負荷削減政策、瀬戸内海環境保全基本計画の改定による創造的施策の導入、それに引き続く自然再生や里海づくりの施策の展開といった大きな流れの中で発展してきた[124]。本節では、特に近年活発化してきた「里海」の取組みについて、事例紹介をする。

　「森は海の恋人」風に言えば、「里海は里山の兄弟」であろうか。里海[125]は日本の伝統的な里山の海版のような考え方である[126]。今、この里海は、一般社会の中でも市民権を得つつあり、例えば、全国紙の社説にも「里海創生」、「海を身近にするチャンスに」などが紹介されている。あるいは全国紙が「里海特集」の企画を組み、瀬戸内再生というような切り口で、里海づくりの活動が紹介されている。

　瀬戸内海には瀬戸内法に関連して、瀬戸内海環境保全知事・市長会議という自治体の長の集まりがある。この会議は2004年から、里海をキーワードとして、瀬戸内海の「豊かな里海としての再生」と「美しい里海として再生」を進めている[127]。2015年の改定で湾灘会議等の住民参加が重要なものとされたことについては既に見たとおりである。

---

[124] 柳　哲雄（2008）瀬戸内海はどのような海か．学術の動向，6, 10-14.
[125] 柳　哲雄（2006）里海論．恒星社厚生閣，102頁．
[126] 柳　哲雄（1999）潮の満干と暮らしの歴史．創風社出版，116頁．
[127] 日高　健（2012）漁業者は里海とどう関わったらいいか？　アクアネット，2012.4, 62-66.

コラム

里海

　里海は瀬戸内海だけでなく、愛知県の三河湾里海再生に向けた取組（三河湾里海再生プログラム）や、三重県志摩市の里海創生基本計画など様々な公的施策や海洋生物多様性保全戦略など国家戦略などに取り込まれている。例えば、環境省の里海創生支援事業では、各地の里海づくりを支援するのみならず、里海づくりのマニュアルをつくり、あるいは「里海ネット」というWeb siteを立ち上げ、さらに里海の海外向け発信なども推進されている。

　又、近年では、里海に関する国際会議なども頻繁に行われるようになり、Satoumiと表示されて国際的にも関心がもたれている。例えば、生物多様性条約の事務局からは日本のSatoumiに関する研究報告が出版され、国際連合大学からはSatoyama-Satoumi and Human Well-Beingが刊行され、和訳され「里山・里海」という書名の書籍が出版されている。

　欧米に於ける類似の考え方であるEBM（Ecosystem-Based Management）や、CBM（Community-Based Management）と里海の関係性について考察する。EBMは基本的には環境管理指標を、TP（Total Phosphorus）・TN（Total Nitrogen）といった水質から、藻場面積などの生態系指標に変えて、健康な生態系を維持するための環境管理を行うことである[128]。実際にEBMを効果的に行うためには、健全な生態系を再生・維持するためのLocal Wisdom（Indigenous Wisdom）を活用するということが大切になる。複雑な生態系構造はそれぞれの地域で異なった特性を持ち、生態系全体の健康度を守るための知恵は各地で同一ではないからである。水産資源管理に対しても今までのような単一魚種にTAC（Total Allowable Catch）を決めるような管理法ではなく、生態系全体の保全を目指す、EBFM（Ecosystem-Based Fishery Management）が提案されている[129]。

　EBMが水域環境管理目標としての指標を藻場面積などの生態系ベースに置いていることに対して、Satoumi概念は、指標としての生態系も考慮するが、生態系全体として多様な海洋生物生息場所を確保し、基本的には人々のWorking Landscape（人々の労働が背景となって造られる景観）としての沿岸海域を創造しようとしているところに大きな特徴がある。

　一方、CBMは、東アジアではICM（Integrated Coastal Zone Management）の主要な手法として行なわれようとしている[130]。中央官庁の諸法律を元に沿岸海域管理を行うのではなく、地域社会の了解を元に、沿岸海域環境管理を行うというもので、Satoumiも同様な基本理念に依っている。ただし、例えば、インドネシアのSasiが各地域社会では遵守されているにもかかわらず[131]、他地域から侵入してくる住民により破られているという現実[132]は、CBMと同時に

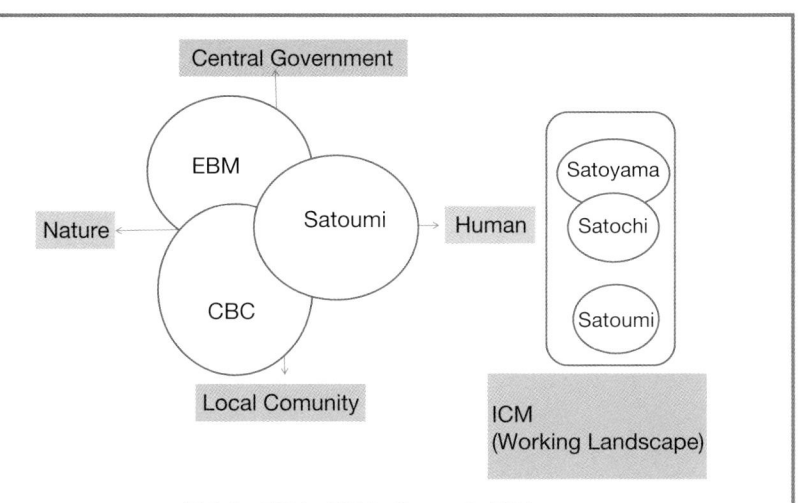

図 4-8　EBM、CBM、Satoumi、ICM。

国家的・広域的な環境管理も ICM には必要なことを示唆している。

　Satoumi 創生も地域の知恵を活かすと同時に、国家的・広域的な陸域・河川域管理や生物生息場所確保技術提供が同時に為されなければならない。これは Satoyama、Satochi、Satoumi をつなぐ統合管理（IM：Integrated Management）として実現されるべきものである。これらの関係を図 4-8 に示す。

　近年、環境省を中心に瀬戸内法に基づく仕組みの再検討が進められてきた。その成果文書である「今後の瀬戸内海の水環境の在り方の論点整理（2011）」では、水質管理を基本としつつも、従来の水質管理中心主義から豊かな海へ向けた物質循環、生態系管理への方向転換を図る必要性が示されている。あるいは地域における里海の創生、地域の協議による目標の設定、あるいは、瀬戸内

---

[128] Larkin, P. A. (1996) Concepts and issues in marine ecosystem management. Reviews in Fish Biology and Fisheries, 6, 139-164.
[129] Pikitch, E. K., C.Santora, E. A. Babcock, A. Bakun, R. Bonfit, D.O.Conover, P. Dayton, P. Doukakis, D. Fluharty, B.Heneman, E. D. Houde, J. Link, P. A. Livingston, M. Manget, M. K. McAllister, J. Pope and K. J. Sainsbury (2004) Ecosystem-Based Fishery Management. Science, 346-347.
[130] 鹿熊信一郎（2009）サンゴ礁海域における海洋保護区（MPA）の多面的機能．山尾・島編「日本の漁村・水産業の多面的機能」．北斗書房，89-110.
[131] 村井吉敏（1998）サシとアジアと海世界―環境を守る知恵とシステム．コモンズ，224 頁．
[132] Mosse, J. W. (2008) Sasi Laut: History and its role of marine coastal resource management in Maluku archipelago. International Workshop "Sato-Umi" Report, International EMECS Center, Japan, 68-76.

海全域一律ではなくて、湾、灘ごとの状況に応じた管理や地域の参加協働、というような仕組みがまとめられた。

　この論点整理を背景にして、2011年には、環境大臣から中央環境審議会の瀬戸内海部会に対して「瀬戸内海における今後の目指すべき将来像と環境保全の在り方」について諮問が行われ、約一年間の議論が行われた後、答申がまとめられた。その中で、湾・灘ごとや季節ごとのきめ細やかな水質管理、あるいは底質環境の改善、自然景観や文化的景観の保全、森・里・海のつながりを考慮した里海づくりなどが提唱されている。また、海のことはなかなか分からないことも多いので、科学的データのさらなる蓄積と順応的管理の導入が薦められている。この答申内容は瀬戸内海環境保全基本計画の見直しなどに反映されつつある。

　以上から、瀬戸内法を中心にしたシステムの中では、水質管理中心主義から生態系や水産資源の管理への移行、それから、いわゆる縦割り行政で、所轄別、空間別に陸域は陸域、海域は海域、川は川というようになっている管理システムを陸域と海域の相互作用や陸域と海域の関連性をも重視した沿岸域の総合的管理へ変えてゆくことが必要である。さらに、地域の特徴や伝統を生かして、法律などの全国的なトップダウンの仕組みと、それから地域の里海づくりのようなボトムアップの活動をつなぐような包括的アプローチが是非とも必要である。

　今回、中心的な事例として取り上げた瀬戸内海は、戦後の50～60年かかって大きく変化した。従って、前述の目指すべき将来像を短期間に実現するのはそれほど容易ではない。次世代からさらにもっと先の世代までを視野に入れて、息を長く、できれば楽しみながら取組む必要がある。それぞれの立場に応じた役割分担をしながら、陸域と海域の関連性にも十分に配慮しながら、豊かな沿岸海域を取り戻していく必要があろう。

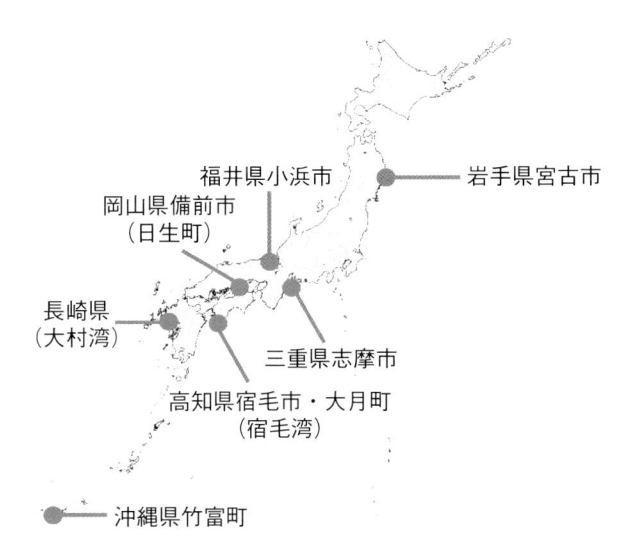

図 4-9　モデルサイト（宮古市、志摩市、小浜市、備前市、宿毛湾）と関連事例サイト（大村湾、竹富町）の場所。

4・3　モデルサイト事業の概要

　地方部沿岸域においては、本来地方公共団体が制度上、本来は総合的な取組みを担い管理を行うべきであると考えられるが、実態として、市町村合併による広域化、人的・財政的・技術的資源の不足などを受けて、縦割りとなっており、思ったように沿岸域総合管理が進捗していないのが現状である。

　新たな海洋基本計画に示された「各地域の自主性のもと、多様な主体の参画と連携、協働により、各地域の特性に応じて陸域と海域を一体的かつ総合的に管理する取組を推進する」を実現するためには、沿岸域総合管理の手法を用いて地方公共団体が実態としての総合性を復活させることが必要である。その総合性とは、①陸域と海域を一体とする沿岸域の設定、②地域が主体となった取り組み、③総合的な取り組み、④協議会等の設置、⑤計画的・順応的な取り組み、⑥地方公共団体の計画への位置づけ、が必要であり、国においては、こうした総合的な取組みを推進する地方公共団体を支援する沿岸域総合管理の制度化に取り組むべきと指摘されている[133]。

---

[133] 海洋政策研究財団「沿岸域総合管理の推進に関する提言」2013 年。

笹川平和財団海洋政策研究所（旧海洋政策研究財団）では、2013 年に制定された新たな海洋基本計画の策定[134]を受け、地方公共団体と協力して沿岸域総合管理にモデル的に取組むサイトを支援する事業[135]を実施し、沿岸域総合管理を実施段階に移行させるための、支援のあり方や課題について実証的に研究している。沿岸域総合管理の実施を図るうえでの課題や問題点についての調査研究を行っている。以下に、主なモデルサイトでの取組み状況を紹介する前述した地域が主体となって実施する沿岸域総合管理のモデルとなる取組み事例及び、関連する事例を紹介する。

4・3・1　三重県志摩市（英虞湾・的矢湾・太平洋沿岸）

　三重県志摩市[136]の沿岸域総合管理への取組みは、地方公共団体が主導する形で進められてきた。きっかけは、英虞湾における環境悪化による地域産業の衰退（真珠養殖の不調、水産漁獲量の減少、環境業の落ち込み）である。2003 年より、干潟再生の研究プロジェクト[137]が実施されるなど、対策が検討されてきたが、根本的な解決には至っていなかった。2004 年の 5 町合併を経て、英虞湾・的矢湾・太平洋岸が一つの自治体に包括的に管理されることとなった。2010 年から海洋政策研究所の沿岸域総合管理モデルサイトとして志摩市と研究所が共同で実施する沿岸域総合管理研究会が開催され、海を活かしたまちづくりに向けた方策が検討されてきた。

　そうした状況の下、大口秀和志摩市長は、沿岸域総合管理の手法を用いて地域振興の推進することを決意し、2011 年に「新しい里海創生によるまちづくり」に重点的に取組むことを盛り込んだ志摩市総合計画（第 1 期後期）を策定するとともに、市の担当部署として里海推進室を設置した。

　2012 年 3 月に「稼げる！　学べる！　遊べる！　新しい里海のまち・志摩」をスローガンとした志摩市里海創生基本計画（別名、志摩市沿岸域総合管理基

---

[134] 第 2 部 9 節 1 項において「沿岸域の安全の確保、多面的な利用、良好な環境の形成及び魅力ある自立的な地域の形成を図るため、関係者の共通認識の醸成を図りつつ、各地域の自主性の下、多様な主体の参画と連携、協働により、各地域の特性に応じて陸域と海域を一体的かつ総合的に管理する取組を推進することとし、地域の計画の構築に取り組む地方を支援する。」と明記された。
[135] 2010 年度から「沿岸域の総合的管理モデルに関する調査研究」2013 年度から「沿岸域総合管理モデルの実施に関する調査研究」を日本財団の助成事業として実施している。
[136] 2004 年に浜島町、大王町、志摩町、阿児町、磯部町の 5 町が合併してできた市であり、人口 54,908 人（2014 年 1 月現在）、面積 179.63 km^2 で、水産業（真珠養殖、カキ養殖、アオサ養殖、沿岸漁業）や観光業が盛んである。
[137] 独立行政法人科学技術振興機構（JST）の補助による三重県地域結集型共同研究事業である。

本計画）が策定された。基本計画では、取り組みを実施する区域として、市民が主体的に利用と管理を行っている市の全域にわたる陸域と、同漁業権が設定されている海域を含むものとし、地域的な特性を考慮して、英虞湾沿岸域、的矢湾沿岸域、太平洋（熊野灘）沿岸域の3つの地域に分けた。基本方針では、真珠の層構造になぞらえ1）「核」となる「『自然の恵み』の保全と管理」、2）「真珠層」となる「沿岸域資源の持続可能な利活用」、3）「輝き」を放つ「地域の魅力の向上と発信（地域ブランディング）」を軸とする実施計画が示され、その成果として、豊かな自然環境の保全と再生、持続的・安定的な農林水産業の実現、魅力的な観光地の創生、次世代を担う人材の育成、里海文化の継承を達成することが掲げられている。

この基本計画に基づき、同年8月には市の関係部局だけでなく、県、国の関係機関、商工会、観光協会、大学、市民からの公募メンバー等、23名の多様な関係者を含む志摩市里海推進協議会が発足した。

協議会は、三重大学の高山進会長が招集し議事進行をし、里海推進室が事務局を務める。協議会は、関係団体の活動実績についての共有や、重点的に取組む事業[138]の推進方策等についての協議を行う場として、市民と行政を結ぶ役割を持っており、主に事業の推進の中心となる市の担当部局や商工会、環境省等からの取組状況の報告と、それに対する審議により協議が進められてきた。そのような協議の積み重ねにより、具体の施策についての情報共有が進み、自治会連合や漁業協同組合の代表メンバーからも、主体的に取組みに参画したいという発言が見られるようになってきた。これは、沿岸域総合管理への住民参加が次の段階に入ったこととのあらわれとして、特筆すべきことである。

現在、2016年の志摩市里海創生基本計画の改訂を目指し、2014年から志摩市里海創生推進協議会に評価専門委員会を設置し計画の評価に着手するとともに、2015年からは、作業部会を設置して計画改訂を進めることとなっており、沿岸域総合管理のPDCAサイクルの2巡目に向けた動きが始まっている。

---

[138] ネットワーク型の観光拠点の形成のための「里海学舎」、地域ブランド創生のための「食のテキスト化」、地域参画型の環境再生のための「干潟再生」。

図 4-10　志摩市里海創生基本計画[139]。

図 4-11　志摩市里海推進室。

[139] 志摩市「志摩市里海創生基本計画」http://www.city.shima.mie.jp/kurashi/cat147/post_215/

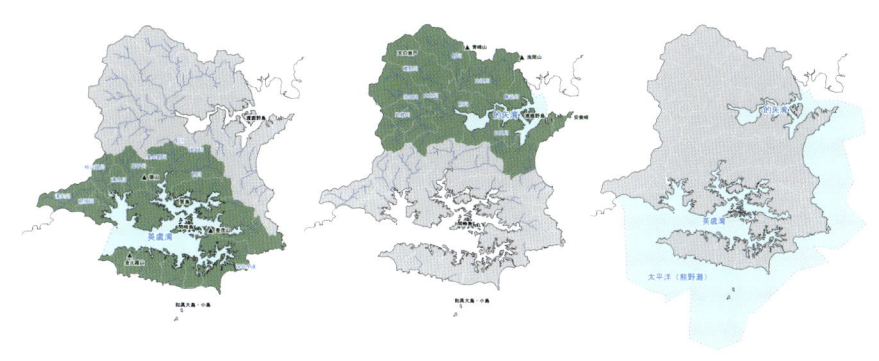

図 4-12　志摩市里海創生基本計画の取り組みを実施する区域（左：英虞湾沿岸域、中：的矢湾沿岸域、右：太平洋（熊野灘）沿岸域、本文参照）。

4・3・2　福井県小浜市

　福井県小浜市[140]の沿岸域総合管理への取組みは、「市民の動きを市が後押しする」形で進められてきた。きっかけは、小浜湾の環境劣化に気付き、対策を自ら考え行動を起こした小浜水産高等学校（現若狭高等学校）のダイビング部のアマモ場再生活動である。この活動に賛同した市民が支援活動を広げるとともに、2012年の全国アマモサミットの開催などを通して、関係者間の横断的なつながりが強化された。2011年には、小浜市と海洋政策研究所が共同で沿岸域総合管理研究会を発足させ、海の健康診断などを通して、関係者間での小浜湾の環境の状況の把握や問題点の共有を進めた。研究会には、小浜市と海洋政策研究所の他、福井県立大学、小浜市漁業協同組合、商工会議所、観光協会、市民団体（アマモサポーターズ）、若桜高等学校、小浜水産高校、近畿地方整備局福井河川国道事務所、福井県嶺南振興局、などが参加し、小浜市が事務局並びに司会進行を務め活発かつ自由な意見交換を進めてきた。メンバーからは、こうした意見交換の場を継続的なものにすることを望む声が上がり、市担当者の積極的な応援を受け、2014年2月に小浜湾の現状とあるべき姿を提示し、協議会の設置を要望する市民提言を市長に提出した。

　市民提言では、小浜市沿岸域の「自然環境の保全」、「自然の恵みの産業、教育などへの利用」、「関係者間の連携強化」の3つを柱とする現状認識と対応への提言が示され、望ましい沿岸域の姿として、豊かな自然環境の保全と、そこ

---

[140] 1951年に市制がひかれ、人口3万308人（H26.1現在）、面積：232.8 km²で、第3次産業が中心となっている。

小浜市沿岸域総合管理研究会　提言の概要

◇ 提言の趣旨 ◇
自然環境を保全し、自然の恵みを産業や教育などに継続して活かしていくこと、これらを通じて市民に愛され、市民が愛着をもって住むまちづくりのための提言。行政、産業界、教育機関、市民それぞれが共有し、尊重すべきものであり、全ての関係者に対して自発的な行動を促すことが目的。

◇ 解決すべき課題と望まれる対応 ◇

自然環境の保全

【生態系の保全】
小浜湾内のアマモ場などの減少や山林の植生減少などに対し、調査・研究、現行対策の評価、中長期的なモニタリングなど、関係者が連携して、解決に向けた体制を整備するべき。

【海岸漂着ゴミの円滑な処理】
漂着ゴミの円滑な処理のために、回収・処理における行政と地域住民等の役割分担や、ルールの共有化を図るべき。

【環境保全活動の円滑な推進】
環境保全団体が行うさまざまな活動の円滑な推進のために、官民や民民相互の連携・協力体制を整備するべき。

自然の恵みの産業、教育等への利用

【農林水産業、観光の振興】
魚価や木材価格、米価の低迷等により衰退する農林漁業の振興のため、水産資源管理や木材消費を生み出す新たな仕組みづくりなどを官民一体となって推進するべき。また、観光業の再興のため、美しい景観、文化・伝統などの既存資源の価値向上、業種間や地域間連携を一層進めるべき。

【学校教育における自然・産業体験メニューの充実】
自然環境や産業との関わりについて理解を深め、地域愛を醸成する体験教育をより一層拡充させ、内容や頻度の地域的な偏りを是正し、産業界やNPOとの連携を深めるべき。

関係者間の連携強化
上記問題が長期化・深刻化しつつあるのは、行政や業種の縦割り管理が責任を曖昧にしてきたことや、関係者間の連携が不十分であること、各種情報が共有されていなかったことが主な原因。総合的な視点で、多様な関係者が参画し、それぞれの役割や目標を明確にし、解決に向けた取組を実施できる協議会などの体制を行政、特に小浜市が中心になって整備するべき。

◇ 望ましい沿岸域の姿の実現 ◇
○ 市民の財産である豊かな自然環境が保全され、そこから得られる自然の恵みが産業や教育などに継続的に活かされている。
○ これら自然環境の保全と、人による利用のバランスが保たれている。
○ 沿岸域に関わる様々な立場の者が沿岸域の問題を自らの問題として意識し、自ら行動する。

図4-13　小浜市沿岸域総合管理研究会による市民提言の概要（本文参照）。

から得られる自然の恵みが継続的に活かされること、保全と利用のバランスを保つこと、自らの問題として意識し自ら行動することなどが掲げられた。こうした市民からの要望に松崎晃治市長がこれに応え、2014年9月に小浜市海のまちづくり協議会が8人のメンバー[141]で発足した。

小浜市においては、2011年に「夢無限大・感動小浜（地域力を結集した協働のまちづくり）」を掲げた「第5次小浜市総合計画」が策定されているが、その中には、明示的な沿岸域総合管理への取組みは、標榜されていない。沿岸域総合管理計画については、2015年に「小浜市海のまちづくり計画」として策定され、若者の参画を促す「海のまちづくり未来会議」も発足した。

---

[141] 小浜市政策幹・教育総務課長・環境衛生課長、若狭高等学校、小浜市漁業協同組合、福井県立大学、アマモサポーターズ、福井県嶺南振興局。

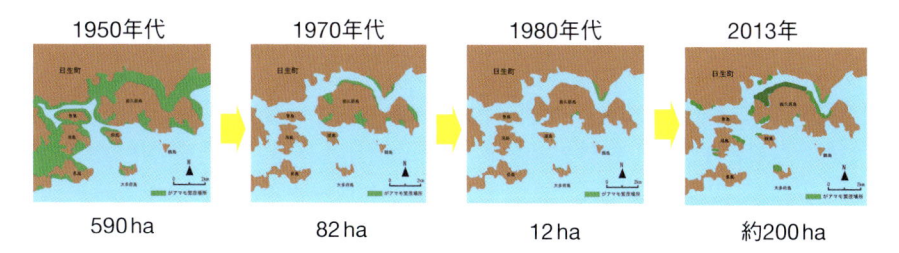

1950年代	1970年代	1980年代	2013年
590 ha	82 ha	12 ha	約200 ha

図4-14　備前市（日生地区）におけるアマモ場の衰退。(1950年代～1980年代）と再生（2013年に最盛期の3分の1程度：約200 haまで回復）。

4・3・3　岡山県備前市（日生地区）

　岡山県備前市[142]の沿岸域総合管理への取組みは、地元漁業者により先導されてきた。きっかけは、1980年代の漁業不振への対策として漁業者自らアマモ場再生を始めたことにある。元々環境への意識の高かった漁業者は、1960年代より海洋ゴミの回収などを実施してきた。当時の日生町漁業協同組合の本田和士組合長が、つぼ網の不漁を不審に思い潜水したところ、最盛期に500 haあったアマモ場が10 ha程度に大きく減少していたことを発見し、直ちに日生町漁業協同組合の自主的なアマモ場再生事業を開始した。アマモ場再生は、基本的には種子をつけたアマモの花枝の回収、それを漁港やカキ筏などで袋に入れて水中に吊るす種子の追熟、回収した種子の海面からの播種という方法で実施されてきた（こうした取組みは、漁業者を中心として設置された日生藻場造成推進協議会により推進されてきた）。そうした活動を漁業者だけのものではなく、市民全体の取り組みに広げようと活動し、2010年に日生町漁業協同組合、岡山県水産課、備前市産業振興課、観光協会、海運関係者、海洋政策研究所などをメンバーとする備前市沿岸域総合管理研究会が発足し、岡山県により整備される海洋牧場[143]を含む海域の適正利用に関する審議や、日生頭島線の架橋[144]竣工による影響などについて意見交換を行ってきた。又、2012年に日生町漁協・岡山県・NPO法人里海づくり研究会・生活協同組合おかやまコープの協定が締結され連携によるアマモ場再生に向けた播種事業が実施されるなど、

---
[142] 2005年に備前市・日生町・吉永町が合併してできた市であり、人口3万7483人（日生地区：7611人）（2014年1月現在)、面積258.23 km²（日生地区：35.91 km²)で、水産業（カキ養殖、小型底びき網、小型定置網、刺網等)、製造業（備前焼、レンガ、セラミック、ファインセラミックス等）を中心産業とする。
[143] 岡山県東備地区水産環境整備事業（海洋牧場：2002年度～2013年度）
[144] 備前市市道日生頭島線離島架橋事業（日生頭島線：1994年度～2014年度）

活動を発展的に継続させ、2013 年には、アマモ場が 200 ha にまで回復してきた。

2013 年に吉村武司市長が就任し、2014 年には、「『備前らしさ』のあふれるまち」を基本理念とする第 2 次備前市新総合計画を策定した。その中で里海づくりを柱とした水産業の振興が謳われ、目標達成のための取組みとして、「沿岸域の総合管理」が位置づけられている。

沿岸域総合管理の推進母体としての協議会や担当部局の設置、沿岸域総合管理計画の策定などは行われていないものの、2015 年からは、日生中学校の総合的な学習の時間を活用した海洋学習（アマモを学ぶ、伝える、考える）が日生町漁業協同組合との連携で開始されるなど、備前市における沿岸域総合管理協議会の設立に向けての調整が進められている。

4・3・4　高知県宿毛市・大月町（宿毛湾）

高知県宿毛市と大月町にまたがる宿毛湾[145]での沿岸域総合管理への取組みは、地元の地方公共団体並びに研究者が協力しながら進められてきた。きっかけは、海洋政策研究所が高知での沿岸域総合管理のモデルサイトの立ち上げについて、有識者にヒアリングしたことに始まる。2012 年から高知大学深見公雄副学長、高知大学吉用武史国際・地域連携センター特任講師、（財）黒潮生物研究財団黒潮生物研究所（現（公財）黒潮生物研究所）岩瀬文人専務理事・研究所長、NPO 法人黒潮実感センター神田優センター長らと情報交換を行い、沖本年男宿毛市長に、沿岸域総合管理について説明した。市長は、就任以前から海域、陸域流域圏の環境保全に対しても強い関心を持っていたことから、研究会を立ち上げ、宿毛湾沿岸域の環境の保全と地域の活性化を計っていくことに賛同を得た。その後、地元の漁業者とダイバー相互の信頼関係の厚い大月町も合流し、2012 年に宿毛市、大月町と海洋政策研究所が共同で宿毛湾沿岸域総合管理研究会を設置し、海の健康診断を進め、地域における問題把握が進められている。研究会には、宿毛市、大月町の産業振興課が事務局として参加するとともに、高知県水産振興部、すくも湾漁業協同組合、高知大学や財団法人黒潮生物研究所、NPO 法人黒潮実感センターなどの有識者も加わり、海の健康診断の結果

---

[145] 人口は、宿毛市　2 万 2231 人（H26.2 現在）、大月町　5763 人（H26.2 現在）面積は、宿毛市 286.15 km^2、大月町 103.02 km^2 である。主要な産業は、一本釣りや定置網、刺し網漁などの漁船漁業と、ブリ、カンパチ等を主とする養殖業の他、磯釣りやダイビングなどの海洋レジャーが盛んである。

を元に活発な意見交換が進められてきた。そうした成果をとりまとめた報告書の作成が進められている。報告書では、研究会実施の経緯とともに、2008年に先行的に実施された全国海の健康診断の結果も踏まえ、宿毛湾における環境の問題点として、干潟・藻場面積の減少と磯焼けの進行していること、TBT（有機スズ）が検出される場合があること、宿毛湾の透明度が全体的に低下しており、特に湾奥部でその傾向が強いこと、赤潮発生による漁業被害の頻度が高くなっていること、宿毛湾の特産品であるキビナゴの漁獲量が、近年、減少していることなどが確認された。こうした現状認識に基づいて、宿毛湾の豊かさを再認識するとともに、宿毛湾に面する沿岸地域の高齢化、人口減少に対応するため地域住民にとって「普通」である宿毛湾の価値を見直し、海の恵みを利用するだけでなく、宿毛湾を地域の財産として活用し、地域の活力を取戻し創生していくための取り組みを進めることの必要性を指摘する。そして、今後、研究会の性格及び位置づけを明確にして、関係者が宿毛湾沿岸の地域について沿岸域総合管理の手法を通して、海を活用しながら継続して守り育てていく仕組みづくりや、環境を守りながら海を利用する産業の創出、地域の活性化について議論していく場としてレベルアップしていく希望が述べられている。

　両市町とも、地方公共団体の総合計画に相当する産業振興計画を持っているが、まだ、沿岸域総合管理の位置づけは無い。また、具体の沿岸域総合管理計画の策定や協議会の設置についても2つの市町の足並みをそろえることは難しい。しかし、行政の動きに先立って、周辺漁協が合併したすくも湾漁協[146]なども交え、広域的な連携体制を模索している。最近では、海洋開発研究機構の黒潮研究グループからも情報提供があり、黒潮による沿岸域への影響（漁業、海洋レジャー）なども含めて議論がなされ始めていることも合わせ、着実に沿岸域総合管理へ進み始めている。

4・3・5　沖縄県竹富町

　沖縄県八重山郡竹富町[147]においては、2011年3月に地方公共団体として初の海洋基本計画となる竹富町海洋基本計画を策定した。同計画は、2007年に

---

[146] すくも湾漁業協同組合は2001年に設立され、組合員数約1800名を擁する。北は宿毛市の片島から、南西は大月町の沖の島、東は大月町の小才角までの16の支所を持つ。
[147] 沖縄県竹富町は、サンゴ礁海域の中に9つの有人島を含む16の島々を管理する島嶼自治体である。サンゴ礁海域は、漁業資源、観光資源としての産業活動の場であるとともに、島と島の間の航路は陸地における道路と同様の役割を果たしている。

"竹富町海洋基本計画"の理念
～ふるさとの美ら海と新たな海洋立国への貢献～

1. 島々と一体的な"**海洋環境の適切な管理**"を行い我が国の貴重な財産である"**自然と文化**"を守ります。
2. "**島嶼型海洋自治体**"の課題にとりくみ、"**安全で安心な生活**"を築きます。
3. "**安全で安心な生活**"を築くことで、"**国境離島**"としての役割を果たします。
4. "**全国の海洋自治体のモデル**"となる活動を行います。
5. "**八重山広域圏の一員**"として、石垣市と与那国町と強い絆をもって行動します。

図 4-15　竹富町海洋基本計画の理念。

制定された海洋基本法に示される地方公共団体の責務（第9条）及び、竹富町海洋フォーラム 2010 における"竹富町海洋宣言[148]"の理念に基づき、竹富町の上位計画である竹富町総合計画（第4次基本構想、第7次基本計画）に則して策定されたのものである。同計画は「日本最南端の町（ぱいぬ島々）から海洋の邦日本へ」と題し、「ふるさとの美ら海（ちゅらうみ）と新たな海洋立国への貢献」を理念として掲げている。具体的には、「島々と一体的な"海洋環境の適切な管理"を行いわが国の貴重な財産である"自然と文化"を守ります。」とする第1項を始めとして、地域が主体となり、近隣自治体と連携しながら、自然と文化を守り、安全安心な生活の構築、国境離島としての役割を話していく等、5項目の理念が示されている（図4-15）。

こうした管理を行う上で、財源を確保することが不可欠である。一般的に交付税算定に用いる測定単位（面積）には、国土地理院が公表する面積を用いることとされているため、琵琶湖、宍道湖、猪苗代湖などの内水面は地方公共団体の面積に含まれている。一方、同様に地域に密接した生活域でありながらサンゴ礁、干潟等の海域は面積に含まれていない。このサンゴ礁等の海域が普通交付税算定に編入されれば、海洋環境をより良い姿で後世に引き継いでいくための財源担保が図られ、健全な地域社会形成に大いに貢献できる可能性がある。

竹富町では、2013年に「地方自治体の海洋政策に関するシンポジウム－海

---
[148] "日本最南端の島嶼型海洋自治体"竹富町と"ぱいぬ島々の住民"が、国家財産である最南端の自治体をつくる島々と海を自らの知恵・責任・行動で守り、また創造して行くことを宣言した。

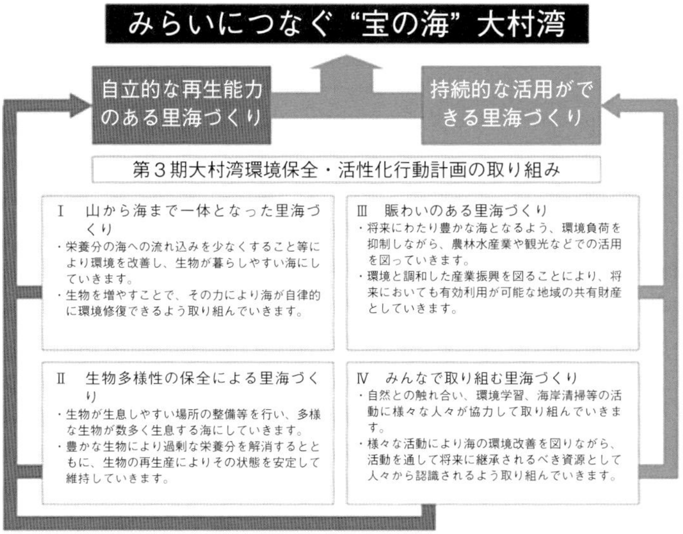

図 4-16 大村湾第 3 期行動計画の体系と施策群。

域管理のための財源を考える」を開催し、2014 年には「サンゴ礁等海域における地方交付税算定面積基礎調査等事業」を実施するなど、地方公共団体の海域管理のための財源の検討を進めているが、海域管理、離島行政における町の実際の財政需要を明らかにするとともに、客観的に示すことが必要と考えられ、実現には至っていない。

4・3・6 長崎県（大村湾）

長崎県の大村湾[149]は、複数の市町にまたがる閉鎖性内湾であり、東京湾や大阪湾といった大都市を背景とする沿岸域と、上述してきたような地域における小規模な沿岸域の中間的な性格をもつ沿岸域である。2009 年度から 2 ヵ年、海洋政策研究所と共同で「海の健康診断」が実施され、「生物組成」、「生息空間」、「堆積・分解」について不健康の診断が下された。診断結果に基づく大村湾の環境回復に向けた具体的な方策としては、自然海岸の再生、貧酸素水への

---

[149] 大村湾は、5 市 5 町に囲まれた面積 321 km^2 の閉鎖性海域であり、底びき網によるエビ、エソ、ハゼの漁獲やアカガイ漁、カタクチイワシ漁などが盛んである。天然真珠の自生地としても知られていたが近年では水質悪化によって低迷、ミカン栽培などを主体とする農業や観光産業が盛ん（国際エメックスセンター、閉鎖性海域情報）。

直接対策、流入負荷の室の検討といった生態系を安定させるための処方箋と人為的な助力による栄養塩類の取り上げによる物質循環の円滑さを促進する処方箋が提示されている。

　大村湾では、「大村湾をきれいにする会」（県、関係市町及び漁協組合長会で構成）によって、ゴミの除去作業、住民に対し水質保全に関する啓発活動を実施されているとともに、産業界、住民、NGO等が主体となった取組みである「大村湾環境ネットワーク」、5市5町の市議会議員、町議会議員、さらには長崎県議会議員も参加する「大村湾沿岸議員連盟」が構築されている。

　さらには、長崎県が「大村湾環境保全・活性化行動計画」（第1期行動計画：2003年、第2期行動計画：2009年、第3期行動計画：2014年）を策定し推進してきた。第2期行動計画では、里海創生による海域の環境保全と再生を目指すとした。第3期行動計画では、「みらいにつなぐ"宝の海"大村湾」を総合目標に掲げ、環境の保全と利用を「自立的な再生能力のある里海づくり」、「持続的な活用ができる里海づくり」と表現し、4つの施策体系のもと（図4-16）、重点施策として、1）貧酸素水塊、底質悪化等への対策、2）生物の生息場整備、3）水産業の振興、4）大村湾を囲む5市5町の流域自治体との連携の推進を掲げている。こうした動きを受けて、2014年8月には、大村湾沿岸の10市町首長が意見交換をする「大村湾サミット」が開催されるなど、沿岸域総合管理に向けた取り組みが進みつつある。

第5章
沿岸域総合管理の理論化に向けて

　沿岸域総合管理は、各地域における解決すべき課題を認識し、その課題の解決のためには多様な主体の協働が必要であることを認識することから出発する。そしてそれは循環的で、可変的な運動の総体を表す概念であることを知る。

　沿岸域総合管理の実施においては、その管理主体と管理客体、管理目的を明らかにすること、多様な関係者間での新たな合意の形成、管理のために用いられる権限について整理し、理解することが必要であることを学ぶ。

長崎県大村湾沿岸

本書はこれまでの各章において沿岸域総合的管理の各論的な検討を積み重ねてきた。沿岸域総合管理について演繹的・体系的な説明をするのではなく、各論的・具体的な議論を先行させる帰納的なアプローチを採用してきたのである。本章ではこれまでの具体的な議論を踏まえて、今後、わが国における「沿岸域総合管理」への取り組みを積極的に展開するための基礎として、沿岸域総合管理の概念を一般化して整理し、その主要な要素について総論的・理論的な検討を加えることとする。

5・1　沿岸域総合管理の概念

　これまで本書では、各執筆者が用いる「沿岸域総合管理」の概念を、厳格に定義せずに用いてきた。一般的に見ても、「沿岸域総合管理」の概念は、いかなる状況下で、いかなる主体の活動について沿岸域総合管理が論ぜられるのかによって、多様な定義で用いられる[150]。その多様性こそが、20世紀後半からの世界各国の海洋政策にかかわる概念としての、「沿岸域、あるいは海洋の総合的管理」（Integrated Coastal Zone or Ocean Management：ICZM））のメリットでもあった。

　そもそも総合的管理の必要性が唱えられる契機となったのが、目的別の個別管理が、それぞれの管理の外部への影響についてほとんどの場合関心を持たないこと、複数の個別管理が同一海域で行われる場合にそれぞれの管理の他への影響が無視しえなくなることに対する反省であった。その反省に立って、個別管理の統合・総合を試みる場合に、対象となる個別管理が何であるのか、その弊害が問題となる状況等々の違いによって、総合的管理へのアプローチは多様でありうる。また総合的管理への取り組みは、それぞれの地域において多様な主体を巻き込んで展開する継続的で政治的な活動とならざるを得ないために、状況に応じた多様性を許容する概念でなければ、総合的管理という政策概念が、今日みられるような世界的な規模での定着を見ることはなかったと考えられる。

　しかし、総合的管理の理論化に向けての検討を行う場合に、総合的管理の多義性の中にある種の共通の要素を見出して、整理しておくことは、本書の読者にとっても有益だと考える。このような視点に立って、本書において各論者が

---

[150] EU諸国の海洋関係者の統合的なネットワークであるENCORAのCoastal portal http://www.coastalwiki.org/coastalwiki/The_Integrated_approach_to_Coastal_Zone_Management_（ICZM）において、ICZMの定義について、政府関係機関や学者の間で多くの議論があること、それらの議論は類似点もあるが相違点もあることが指摘されている。

共通の前提としてきた沿岸域総合管理概念は、次のような6つの要素を持つものとして整理しうる[151]。

① 対象となる沿岸域の設定

地域の関係者が協議して、自然的社会的条件からみて一体的に施策が講じられることが相当と認められる沿岸域の海域と陸域を「沿岸域」として設定する。

② 地域が主体となった取組み

「沿岸域総合管理」は、地域の実情を最もよく知る地域の関係者が主体となって進める時に最も効果を発揮しうる。したがって、「沿岸域総合管理」は、関係地方公共団体（都道府県または市町村）が中心になり、関係行政機関、事業者、住民、NPO等の関係者が連携・協力して取り組む。

③ 総合的な取組み

地域の関係者は、既存の分野ごと・縦割の枠を超えて、沿岸域の問題に総合的に取り組み、様々な施策を幅広く活用して持続可能な沿岸域の管理を推進し、関係者の利益の最大化（できる限り、より多くの関係者の利益の増進）を図る。

④ 計画的・順応的な取組み

「沿岸域総合管理」は、地域が直面している課題に対応するため、予め関係者が合意の上で沿岸域総合管理計画を地域の計画として策定し、これに基づいて計画的に沿岸域の管理を推進する。計画の策定にあたっては、目標を明確にし、又、計画の実施にあたっては、目標の達成状況を評価し、必要に応じて計画を見直し、PDCAサイクルによる順応的管理を確立する。

⑤ 協議会等の設置

関係地方公共団体が中心となり、関係行政機関、事業者、住民、NPO等の沿岸域に関わる多様な関係者の代表者で構成される協議会等を設置して合意形成を図り、沿岸域総合管理の計画を策定し、関係者が一致協力して計画を推進する。

⑥ 地方公共団体の計画への位置づけ

関係地方公共団体は、協議会等が策定した計画について、その実効性を担保

---

[151] この定義は、本書の出版の母体となった海洋政策研究財団における「沿岸域総合管理モデル事業」で取りまとめられたものである。平成25年3月　海洋政策研究財団『平成24年度沿岸域総合管理モデル事業調査研究報告書』7～8頁。

するため、当該地方公共団体の計画等に位置づける、又は、何らかの形で地域の計画として認定する。

　改めて強調すべきことは、沿岸域総合管理はある目的をもって一定の期間継続的におこなわれ、ダイナミックに変化する多数の主体による活動の、全過程を総体としてとらえ、表現する概念だということである。ICZMについての先駆的な研究であるBiliana & Robertの研究においても、この概念は「沿岸域、海洋の空間及び資源の持続可能な使用、開発、保全のための様々な決定がなされる継続的で動態的な過程」として定義されており[152]、その動態的性格が強調されている。
　沿岸域総合管理は、各地域においてさまざまな活動主体がそれぞれの海域における解決すべき課題を認識し、その課題の解決のためには複数の個別管理主体の協働が必要であることを認識し、課題解決のための海域・陸域に存在するさまざまな関連主体間の合意を成立させ、その合意によって個別管理主体の管理権限を調整する上位の管理者（メタ管理者）を設置し、その管理者の調整をある時には受け入れ、ある時には再修正・改善することを要求しながら、地域の海域における課題を解決しようとする、循環的で、可変的な運動の総体を表す概念なのである。
　沿岸域総合管理が、このような動態的な性格のものであることについてあらかじめ注意を促し、以下で理論的な課題を分析することとする。

5・2　管理対象、管理主体、管理目的
5・2・1　管理の定義と沿岸域の総合的管理の諸要素
　沿岸域の管理について整理していくにあたり、何を対象とし、どのような主体による、いかなる行為か、定義する必要がある。まず、沿岸域を対象とするか否かを問わず、一般的な管理の定義の検討から議論を始める。次に沿岸域総合管理とは沿岸域の管理のどのような要素を総合するものなのかを検討する。
　管理とは、一般に、「一定の目的を効果的に実現するために、人的・物的諸要素を適切に結合し、その作用・運営を操作・指導する機能もしくは方法」と

---

[152] Biliana Cicin-Sain and Robert W. Knecht, "Integrated Coastal and Ocean Management; Concepts and Practices", Island Press 1998　p.39

定義される[153]。この定義を前提にして、管理の概念を具体的に考察するために必要な検討対象を
 ⅰ）管理主体
 ⅱ）管理客体（管理の対象）
 ⅲ）管理目的
 ⅳ）管理に必要な人的・物的諸要素を結合し、その作用・運営を操作・指導する権限
 ⅴ）その権限を行使する実力

として規定し、後にそれぞれについて検討を加える。しかし、その前に本章で議論しようとする「沿岸域総合管理」の具体的結論を先取りして、それぞれの要素について概要を示して読者の理解に資することにする。

　沿岸域管理の海に関する主体は、主として、地方公共団体や公物管理者のような公的主体である。わが国の法制上、海は原則として私的所有の対象とならない。海は一般的な土地の所有権者による私的な空間管理の可能性がほとんどない空間であるため、結果的に、海の管理の主体は公的主体とならざるを得ない。しかし、沿岸域に存在する漁業権等を活用して、漁業協同組合等といった私的主体や、ボランティア団体などがイニシアチブを発揮して、公的主体の管理体制の確立を導くための初期的活動をすることはありうる。

　沿岸域管理の対象は陸域と海洋空間を一体として規定される沿岸域である。沿岸域の海洋空間の管理について、地方公共団体の権限の及ぶ範囲等について様々な議論がある。

　沿岸域総合管理の目的は多様である。それぞれの地域が沿岸域で抱える問題の多様性に応じて総合的管理の目的も多様でありうる。

　沿岸域管理の権限は法律ないしは合意によって与えられる。地方公共団体が管理主体となる場合には地方自治法によって与えられる権限が、公物管理者が管理主体となる場合には当該管理者を設置する公物管理法制によって与えられる権限が、その他の主体が管理主体となる場合には何らかの法的権利が管理の第一次的な根拠となり、それを軸に当該管理にかかわる多様な主体間の合意が形成されて、法的権限に基づく管理を補完する。

　権限を行使する実力を最終的に担保するものは、管理主体がその管理にどれ

---
[153] 森本三男「管理」日本大百科全書（ニッポニカ），ジャパンナレッジ（オンラインデータベース），http://www.japanknowledge.com

だけの資金と人材を投入しうるかという、経済的な力である。

　沿岸域の管理は、通常は、個別の縦割りの法制度によって行われている。それを個別管理と呼ぶ。わが国の沿岸域管理は非常にきめ細かい個別管理の集合体である。これはわが国のみならず、20世紀の末に至るまで、世界各国で共通に見られる海あるいは沿岸域管理の形態であった。

　沿岸域の総合的な管理という場合の「総合」とは、個別管理のそれぞれの管理者の上位に位置し、個別管理者の権限を上回る権限を持つ管理者が、新たな管理目的を立てて、複数の個別管理間に価値の序列をつけ、あるいは個別管理主体相互の間に新たな情報交換・合意形成のシステムを構築すること等により、個別管理を独立して行う場合の外部不経済を除去し、外部経済を促進することによって、当該管理の目的をより効率的に実現する一連の活動を意味する。

5・2・2　海域における総合的管理の対象

　沿岸域管理の主体について検討する前提として、沿岸域管理の対象となる空間と人間活動について整理しておく。沿岸域の管理主体は、管理対象となる空間の法的性質によって変わるからである。

a. 公物空間と一般海域

　現行法の中には、特定の目的を実現するために、ある海洋空間における施設配置等の空間管理と当該空間における人間活動の管理を行う権限を明示する法制度がある。沿岸域に設置された人工公物である港湾、漁港、河川、海岸等にかかわる法制度である。これらの公物については管理対象となる空間が限定され（港湾区域、臨港区域、漁港区域、河川区域、海岸保全区域、一般公共海岸区域等）、当該空間の開発・利用計画を定め、施設設置や占用等の許可権等を持つ公物管理者が存在する。

　このように空間管理者が存在する空間の外で、海域には管理権者が存在しない空間が広く存在し、このような空間は「一般海域」と呼ばれる。

　一般海域においては自然公物である海の自由使用原則が適用され、すべての人は他人の使用を排除しない限り、自由に海を使用することができる。自由使用を排除するためには法律による行政の原則の下で、あらかじめそれを可能にする実定法が制定されていなければならない。

　沖合の海の利用技術の進展とともに、一般海域における海面の経済的利用の

可能性も高まる。管理権者不在の海洋空間で、一定海域を排他的に継続的に利用して経済活動をする現実の可能性が生じつつある。ヨーロッパの北海ではウィンド・ファームと称する風力発電施設の海上設置が、領海から排他的経済水域にかけての沖合海域で広く行われている。

一般海域の管理については、わが国でもハウスボート事件[154]等の前後から、地方公共団体が条例で一般海域の管理権を定める例もみられるようになった。現在では、一般海域管理条例を定め、条例でこれを管理する地方公共団体も少なくない。

しかし、地方公共団体の 海の管理に関しては、隣接する公共団体の間での境界が不明であることが多く、管理対象空間の限界が明白ではないことも多い[155]。さらに、理論上は領海と排他的経済水域の境までは地方公共団体の権限が及ぶものと理解されるが[156]、実質上、沖合遠くになればなるほど、そこでの様々な規制の影響は沿岸地方公共団体よりはむしろ隣接する地方公共団体あるいは国全体に及ぶこととなる。地方公共団体が一般海域のある部分に管理権を持つことには合理性があるとしても、その範囲は、管理の影響がもっぱら当該

---

[154] 1997年4月、広島県廿日市市で、いかだの上に木造2階建の家を乗せたハウスボートを作り、それを海面に置いてそこでの居住を始めた人が出た。その海面はいずれの公物管理者の管理する水域でもなかった。しかし、広島県においては1991年に「広島の海の管理に関する条例」が制定されていた。同条例は、公物管理者の存在しない海面の占用について、県知事の許可を必要とする行為としていた。

広島県知事は条例に従ってこの海域の占用を管理することができるため、「いかだの上に家を建て、一ヶ所にとどまるのは、公有水面の占用状態で規定違反」として、自主的な撤去を求めた。

これに対して、持ち主は「占用の定義があいまい」と反発し、撤去に応じなかった。その後、県は、ハウスボートの居住者2人に対して、撤去命令を出し、持ち主は除去命令の取消しを求める訴えを広島地裁に起こした。県は、さらに行政代執行法に基づく「戒告書」をハウスボート側に手渡し、期限までに撤去しないときは行政代執行法によって代執行を実施し、費用を徴収すると通告した。ハウスボート側は、県が出している撤去命令の効力停止を求める申し立てを広島地裁に行い、全国の注目を集める事態となった。

広島地裁は行政代執行について県側の主張を認めたため、ハウスボートの所有者は、それを動かして、山口東和町馬ケ原の黒谷海岸に着けた。この事態を受けて、広島のような県条例を持たない山口県では対応に苦慮して、県知事が、一般海域での占用を規制する「海の管理条例」を制定する方針を明らかにした。

報道によれば、その後、山口県と東和町は一般海域の占用許可を定めた県管理規則を提示して、ハウスボート側に設置の経緯などを聞いたとされる。その後、山口県と東和町が、ハウスボートの撤去を文書で要請したが、持ち主は、「広島では同じような施設を漁業関係者が持っている。不公平ではないか」と反論し、撤去要請に応じなかった。

報道で知りうる事実はここまでであるが、最終的には、この建造物が壊れて所有者が海上での居住をあきらめる形で決着がついたようである。

ハウスボートを考える「海は誰のもの」http://www.rcc.net/comitia/theme5/com5b.htm

[155] 長谷成人「水産資源管理の基本理念について」
http://www.jfa.maff.go.jp/suisin/siryou/siryou/002_kihonrinen.pdf
によれば、臨海39都道府県の境界線58本のうち、協定公文書等で1本の境界線を定めていると双方が認めているものが7本、公文書はないが共通認識があるとするもの3本であるが、双方の認識が不一致である例が多数存在するとのことである。

[156] 來生新「海の管理」雄川一郎・塩野宏編『現代行政法体系9』（有斐閣　昭和59年）355～357頁。

地方公共団体の沿岸陸域にのみ及ぶ範囲に限定されるべきであろう。沖合一定距離以遠の海域は国法を定め、国が一般海域管理をすべきであると考える[157]。

　理論的には領海までは地方公共団体の管理権が及ぶ。しかし領海以遠の排他的経済水域及び大陸棚は、海洋法条約によって国が国際的に海域の特定事項に関する管轄権を有することが認められた空間であり、主権が全面的に及ぶ領海とは法的性格を異にする。新たな立法措置がなされない限り、地方公共団体が管轄権を行使しえない空間である。

b. 人間活動の管理

　沿岸における管理には、このような明確に確定された空間を対象にして管理が行われるものに限らず、海洋で行われる特定の人間の活動を許認可の対象とする管理も多い。その中には行為規制の前提として、ある行為が行われる場所を限定するものもある。漁業権漁業、鉱業権の設定、砂利採取等がその具体例である。

　これらの管理はその活動に着目するものであり、空間管理を目的とするものではない。しかし、場所が限定されることを通じて、間接的な空間管理の機能を果たしており、沿岸域の総合的管理の具体的に推進していくためには重要な要素と言うことができる。

5・2・3　管理主体

a. 公物空間

　日本の領海内の沿岸域に所在する港湾、漁港、海岸施設、河川等の人工公物については、それぞれの公物管理法が定められ、これらの公物の存在する空間における人間の活動と、一定の空間の計画的管理を行う権限を持つ公物管理者が存在する。公物については管理者とその権限は法的に明確である。

b. 地方公共団体と海の管理権限

　これに対して、地方公共団体の沿岸域の海の管理権限の問題は、旧建設省と自治省の見解の対立の歴史的な経緯も絡み、必ずしも明確な整理がされていな

---

[157] アメリカでは、原則、沖合３海里までを沿岸州の管轄とし、それ以遠は連邦の管轄とする。その根拠は Submerged Lands Act と Outer Continental Shelf Lands Act　である。詳しくは海洋政策研究財団「平成24年度　総合的海洋政策の策定と推進に関する調査研究　わが国における海洋政策の調査研究」（平成25年３月）。　https://www.spf.org/opri-j/publication/pdf/201303_08.pdf

い。

　海が国有である[158]こととの関係で、歴史的には、海岸を含む海底の土地は原則として国有財産であると解釈されてきた。所有者としての国が、所有権に基づき、一般海域の管理者であると解釈することも可能である。現に、2007年の地方自治法改正前には、海浜や海の管理を建設省所管の国有地の機関委任事務として規則を制定して行う地方公共団体と、海の管理権は地方公共団体にあるという自治省見解を前提に、条例を制定して海の管理を行う地方公共団体とが併存していた[159]。後者は、地方公共団体の自治権の内容としての一般管轄権に基づき、地方公共団体が領土・領海の具体的な管理権を当然に有すると解釈する。

　そもそも、海を国が所有することについて、その所有権の性質を私的所有権と同じと解する私所有権説と、私的所有権とは異なるものとして理解する公所有権説とが、明治憲法時代から存在し、国の所有権に基づく海の管理という場合に、国がいかなることをなしうるのかについて議論があった[160]。又、機関委任事務が廃止された後に、現在、海域管理条例を定めて海の管理をする自治体も増加しつつある[161]。

　いずれにしても、一般海域において法的な管理権限の定めがない場合で、かつ緊急に処理すべき課題が存在するような非常事態において、国有財産の所有

---

[158] 明治以降の判例は、当初、海面の公共用物としての性質を強調し、海は公衆の使用に供されるべきもので、個人の独占は認められないことを根拠に、その経緯の如何を問わず所有権の目的とはならないとしていた（大判　大正4年12月28日　民録21輯2274頁．大阪控判　大正7年2月20日　新聞1398号24頁．行政裁判　昭和15年6月29日　行政裁判所判決録51・323頁等）。
　しかし、このような古くからの傾向は改められ、海底下の土地でも、例外的に私的所有権が認められることがありうるというのが最近の判例の考え方である。
　田原湾土地滅失登記処分取消請求事件最高裁判決（最3小判昭和61・12・16民集40巻7号1236頁）。來生新「海面下の土地所有権」（別冊ジュリスト195号　民法判例百選32～33頁　有斐閣2009年）その要旨は下記のようなものである。
　「現行法は、海について、海水に覆われたままの状態で一定範囲を区画しこれを私人の所有に帰属させるという制度は採用していないことが明らかである。
　しかしながら、過去において、国が海の一定範囲を区画してこれを私人の所有に帰属させたことがあったとしたならば、現行法が海をそのままの状態で私人の所有に帰属させるという制度を採用していないからといって、その所有権客体性が当然に消滅するものではなく、当該区画部分は今日でも所有権の客体たる土地としての性格を保持しているものと解すべきである。
　ちなみに、私有の陸地が自然現象により海没した場合についても、当該海没地の所有権が当然に消滅する旨の立法は現行法上存しないから、当該海没地は、人による支配利用が可能でありかつ他の海面と区別しての認識が可能である限り、所有権の客体たる土地としての性格を失わないものと解するのが相当である。」
　最3小判昭和61・12・16民集40巻7号1236頁。
[159] 註145前掲書355頁。
[160] 註145前掲書345～348頁。松島諄吉「公物管理権」註145前掲書292～298頁。
[161] 詳しくは、海洋政策研究財団　註146報告書　29～32頁　11都道府県で一般海域管理条例が定められ、瀬戸内海6、九州3、その他2件と紹介されている。

者である国が、所有権を根拠に管理権限を行使しうると解釈することにはそれなりの合理性がある。しかし、国有財産法による海の管理は、あくまでも、他にその海域の管理について権限を定める法制度が一切なく、しかもその海面の管理が求められる具体の切迫した状況がある場合の緊急避難的な管理に限って認められるべきものである。財産管理と公物管理はその目的が異なり、公物の管理は当該公物の社会的・合理的活用という目的に即して、公物を構成する土地等の所有権者の意思とは別の原理に基づいて、その機能が考えられるべきものだからである。このように考えると、海洋の総合的管理を具体化するために必要な第一歩は、まず領海内において一般海域の管理主体を明確にする一般海域管理法の制定である。これには二つの重要なポイントがある。

　一つは、領海内の陸から一定距離までの管理主体（以下、一般沿岸域管理主体と呼ぶ）を沿岸地方公共団体とすることを明確に宣言することである[162]。しかし、現在の地方公共団体の権能や、地方公共団体が実質的に責任を負える範囲を考える場合に、12海里の領海のすべてを地方公共団体の管理にゆだねることは妥当ではないという考え方もある。沖合に遠く離れれば離れるほど、海の管理は沿岸の特定地域の利害を超えて、より広範な地域ないしは国全体に影響を与える可能性を高め、その活動を維持する経費も大きくなる。沿岸地方公共団体の住民の生活との直結性が希薄になり、海をその区域とする現実性が乏しくなる。アメリカ合衆国のように、わが国においても、たとえば基線から沖合3海里までを沿岸地方公共団体の管理水域とし、それ以遠は国の直接管理水域とすることも検討に値する。

　第二の重要ポイントは、一般海域管理主体の管理権の内容である。現在、この海域には漁業法に代表される数多くの規制法が制定され、当該空間内での人間活動に適用されている。それぞれの法制度が規制主体を定めており、それぞれの規制主体は縦割りにその規制権限を行使している。このような個別権限と一般海域管理主体の管理権の内容をどのように調整するかという問題の整理が一般海域管理法のもう一つの課題となる。

　陸域での地方公共団体の区域の管理は、私的所有に基づく管理や個別法による管理を前提にして、市町村がその事務を処理するに当たりその地域における

---

[162] 日本沿岸域学会は、沖合5海里で海域を区分し、管理主体を設けるべき旨の提言をしている。「日本沿岸域学会・2000年アピール－沿岸域の持続的な利用と環境保全のための提言－」http://www.jaczs.com/jacz2000.pdf

総合的かつ計画的な行政の運営を図るための基本構想を定め、これに即して行うことによってなされている[163]。地方公共団体を統括し、それを代表する首長は住民の直接選挙で選ばれるので、その地域における総合的かつ計画的な行政の運営を図るための基本構想には、政治家としての地方公共団体の長の個性が強く反映されることとなる。それが陸域において首長に対して、さまざまな縦割りの管理を統合する鳥瞰的な地域管理、すなわち地域の総合的管理を保障するものなのである。一般海域管理法制度がない現状ではこのメカニズムが働いていない。それが海の管理が縦割りであると強調される原因なのである。

一般海域管理法が制定された場合には、地方公共団体の管理と個別の規制法との関係を、陸と同様に考えればよい。個別実定法による縦割りの規制権限を前提として、沖合一定距離までの海域について、総合的かつ計画的な行政の運営を図るための基本構想の策定が市町村に義務付けられれば、陸域と同様の市町村長による鳥瞰的な海域管理が可能になる。

しかし、海には陸域と異なる海固有の事情がある。すでに検討したように、海域については私的所有が原則として認められず、売買を通した市場による空間利用の社会的効用の改善が期待できないことである。それだけに、海域の占用許可権の有無が、海の社会的効用の改善にかかわる重要な機能を果たす。現状では、公物管理法がカバーしない一般海域では、自然公物の自由使用原則が働く。その下では、占用許可を受けない限り海の利用を排他的には行うことはできない。漁業権は目的限定的な緩やかな排他性を認めるが、それも譲渡不可能な権利とされている。私的所有の対象となる海が原則的に存在せず、漁業権も売買できないために、海では売買を前提とする市場原理が働かない上に、一般海域では占用許可権者が存在しないのが一般海域管理条例を持たない多くの地域の現状である[164]。

ある海域について、排他的な利用による社会的な効用の増減を判断して、占用許可を与えるか与えないかを決することのできる空間の管理者が存在しなければ、海洋の利用は促進されない。これまでは排他性を認めない管理をすることが海の公共性そのものであると考えられてきた。それが自然公物の自由使用原則である。しかし、現在の技術の進歩は、洋上再生可能エネルギーの開発に

---

[163] 地方自治法第2条第4項。
[164] 都道府県によっては海域管理条例を設けて、知事が占用を許可する制度を採用している例があることについてはすでに述べた。

代表されるような、私的主体による海面の排他的占用によって、結果的に社会的に大きな価値を持つ経済活動を可能にしつつある。

　一般海域管理法は、地方公共団体の長に一般海域の占用許可権を与えるものでなければならない。それによって、自然公物である海の自由使用を部分的に否定し、特定個人に占用させることによる社会的効用と、自由使用を維持することによる社会的効用との比較衡量が行われ、相対的に社会的に効用の大きな海洋空間の利用が可能になる。技術進歩は、従来にはなかったタイプの排他的利用空間に対する需要量を増大させる。換言すれば、技術進歩が海の利用の部分的な陸地化を求めており、公的な空間の管理主体がその社会的なバランスを量って、排他的利用の可否を決する新たな制度を海に求めているのである。

　一般海域管理法を新たに制定することと、現状で隣接する地方公共団体の横の境界が明確に定まっている例が少ないことは矛盾しない。地方自治法には不明な境界についてそれを明確化する手続きが定められており（5条、6条、7条の2、9条、9条の2）必要に応じた解決がなされる制度的保障があるからである。

c. 排他的経済水域及び大陸棚の管理主体

　排他的経済水域及び大陸棚に関しては新たな管理の制度の立法が望まれる。自治体には海の管理権が固有に存在するという見解を採用するとしても、その限界は当然に領海内にとどまる。国連海洋法条約によって国に管轄権を与えられた排他的経済水域及び大陸棚に関しては、現行法上、空間的管理の具体的主体が存在しない状態だからである。すでに述べたような一般海域管理法を新たに制定しても、自治体の管理権の限界は領海内の沖合一定距離にとどまる。それゆえ、それ以遠の領海を含む排他的経済水域及び大陸棚に関しては、新たな空間管理主体を設ける必要がある。

　水域の性格から、国が領海の一定距離以遠と排他的経済水域及び大陸棚を合わせた海域の管理者となるべきことは明白である。しかし、第3章で検討したように、国は抽象概念であり、具体にはその権限を行使する様々な行政機関の集合体が国と呼ばれるに過ぎない。

　現行の「排他的経済水域及び大陸棚に関する法律」は、この海域について、

国連海洋法条約によって日本に管轄権が認められた行為[165]について、わが国の法令を適用すると定めるのみである（3条）。それ故、この海域において個別規制法の規制権限を持つ主体（中央省庁）の数は多い。

基本的海洋施策を統括している総合海洋政策本部体制の下でも、個別省ごとの管理を国として統合する機能は十分に働いているとは言えない。その行使を統合的視点で調整する手続きないしは空間利用の計画権を持つ特定の行政主体が明確化されない限り、わが国の将来にとって大きな価値を持つ排他的経済水域・大陸棚に空間の管理に関する国際的な日本の管理意思が十分に表明されてはいないといわざるを得ない。今日の日本の領海、排他的経済水域及び大陸棚は、空間的に区分されない広大な一つの海として認識されているにすぎない。わが国は、これらの空間の管理を行う主体も具体的に明確化していない状況にある。

このような状況を改善する方向は以下のようにまとめられる。

第一に、領海内の一定距離以遠の海域から排他的経済水域及び大陸棚について、それぞれの海域の特性に応じた海域区分をすること。広大でその自然的、経済的特性も多岐にわたる海洋のような空間に対して、きめ細かい管理を行うためには、管理対象をその特性に応じて分割し、それぞれに名称を付けることが重要である。管理の前提は管理対象の認識である。認識の第一歩は名前を付けることにある。

第二に、それぞれの海域に関する管理主体を明確化すること。

第三に、その管理主体が、当該海域における総合的かつ計画的な行政の運営を図るための基本構想の策定権を持ち、個別の規制主体がその基本構想ないしは計画に従って規制を行う計画的規制を制度として構築することである[166]。

---

[165] 天然資源の探査、開発、保存及び管理、人工島、施設及び構築物の設置、建設、運用及び利用、海洋環境の保護及び保全並びに海洋の科学的調査、排他的経済水域における経済的な目的で行われる探査及び開発のための活動、大陸棚の掘削、それらの事項に関する排他的経済水域または大陸棚に係る水域におけるわが国の公務員の職務の執行及びこれを妨げる行為。

[166] 海洋政策研究財団「新たな『海洋立国』の実現に向けて 排他的経済水域及び大陸棚の総合的な管理に関する法制の整備についての提言」平成23年6月が同趣旨の提言をしている。
https://www.spf.org/opri-j/news/pdf/11_04.pdf
　2012年から13年にかけて、第二次海洋基本計画中に「領海及び排他的経済水域等の管理については、国際法上、わが国が行使し得る権利がこれらの海域では異なることから、それぞれの特性を踏まえた管理の枠組みについて、必要に応じ法整備も含め、検討」するとの文言が入れられたこととの関係で、総合海洋政策本部において新たな立法の検討が行われた。しかし関連省庁の意見がまとまらず、立法には至らなかった。

d. 非権力主体による海の管理

　ある海洋空間に全く何の権限も持たない私的主体はいかなる意味でも管理権を有していない。権限を有していない主体でも、関係者の合意形成をうまく行うことができれば、ある空間の管理を主導することができる。しかし、一般的に言って、権限なしに、合意形成だけで複数主体の異なる目的を調整する体制を安定的に維持することは難しい。

　しかし、日本の沿岸域には強い排他性を持つ漁業権がくまなく張り巡らされている。共同漁業権の主体は、個々の漁業者ではなく漁業協同組合である。その意味では、漁業権を持つ漁業協同組合等が、自らが持つ漁業権をテコに利用して、他の主体を巻き込んだ漁業以外の目的を含む総合的管理を行うことは不可能ではない。とはいえ、漁業協同組合の力だけで他の主体を巻き込んだ持続性のある総合的管理を行うことも難しいと考えられる。

　いずれにしても、地方公共団体や公物管理者と共同して、これらの権力主体と一体となって漁業協同組合が海の管理に参加することは、総合的管理の進展には欠かせない要素である。漁業者がその地域の海をもっともよく知る存在であり、協同組合組織の活動は単なる個人の活動を超えた組織の力を発揮できるために、地域の海の総合的管理を実施する上で大きな力となるからである。その例は前章において、岡山県備前市の日生町における漁協主導の漁業を軸にした観光、街づくりの総合的管理の進展のプロセスで観察される。

　また、アマモ場の再生等に取り組むNPO等の非権力主体が地域の環境問題にかかわることが増えている。これらの私的団体も、管理主体となるかどうかは別にして、沿岸域の総合的管理の重要なステーク・ホルダーとして重要な役割を担っている。

5・2・4　自治体の区域と海域管理

　海域の管理における主体について考察するならば、沖合におけるウィンド・ファームの占用許可や、一般海域、排他的経済水域における海洋の総合的管理には国の積極的関与が必要である。しかし、それらを除けば、多くの沿岸域総合管理は、基本的には各地域の海を中心にすえた「まちづくり」に他ならず、それを担うのは基礎自治体である市町村である。

　すなわち、沿岸域総合管理とは、沿岸域で行われているさまざまな個別管理を、ある地方公共団体ないしはその住民が、自らのまちづくりとの関係で、全

体目標を設定し、それに従って漁業や港湾、レジャー利用などの個別管理を整序し、関連付けをして個別管理間の補完関係を強化し、矛盾を解消するように調整をすることにほかならない。換言すれば、総合的管理とは海に関連する個別管理のメタ管理をおこなうことである。

　地方公共団体の長は、自らが統括する行政組織をその目的のために改編し、様々な秩序付けのための予算を執行することができる。首長主導型の総合的管理は、ある意味で、総合的管理のもっとも一般化しやすい類型であるといえる[167]。

　しかし、首長主導型の総合的管理は首長が公選制度の下にあるため、4年に一度の選挙で首長が勝ち続けない限り安定的に継続できなくなる可能性を常に秘める。そのような政治的過程の中にあることそれ自体が、海を中心にすえたまちづくりである総合的管理の本質でもある。しかし、首長の選挙は海の総合的管理の是非だけで争われるものではなく、住民による総合的管理の評価は高くても首長が交代する論理的可能性は常に残り、首長の交代は結果的に新首長による前首長の重点政策の見直しを招く可能性が高い。総合的管理をこのような不安定な状況から持続可能なものにする手段が計画化である。

　当該地方公共団体の総合計画等に海の総合的管理を明確に位置付けることにより、総合的管理は首長の人による管理から制度による管理へと転換し、安定性を獲得することができる。志摩市や備前市などでそのような計画化が行われている[168]。

　このような地方公共団体による沿岸域総合管理を促進するために解決すべき制度的課題がいくつかある。

　課題の一つは、地方公共団体の歳入評価基準の問題である。地方公共団体に毎年度割り当てられる地方交付税は、地方公共団体の有する区域の面積によって算定されている。しかし、現在は海域が地方交付税の算定対象となる地方公共団体の区域に含まれていないという問題である[169]。陸域では地方公共団体の区域は明確に線引きされており、例外的に境界紛争が生じた場合には地方自治

---

[167] 來生新「海洋の総合的管理の各論的展開に向けて」 日本海洋政策学会誌第2号4〜15頁。
[168] 海洋政策研究財団 「平成24年度沿岸域総合的管理モデル事業に関する調査研究報告書」。
[169] 地方交付税法12条1項表中の市町村に係る第六節総務費第3款地域振興費の測定単位には市町村の面積が含まれるが、その面積は国土地理院の公表した最近の面積とされており、海は含まれない。なお、川満栄長「地方自治体の海域管理のための財源を考える」海洋政策研究財団　ニューズレター315号　https://www.spf.org/opri-j/projects/information/newsletter/backnumber/2013/315_1.html

法によってそれを解決する仕組みが存在している。

　しかし海域では隣接する地方公共団体同士の境界が明確に定められている例がむしろ稀で、一般には地方公共団体の海の境界は必ずしも明確ではない[170]。また沖合については、瀬戸内海のように海の対岸に対面する地方公共団体がある場合には、例外的に境界が定まっているところがある。しかし、外海に面した多くの地方公共団体は、理論上、領海の果てまで権限を及ぼすことができると考えられている。このように海においては地方公共団体の区域が明確ではないことや、そこでの具体的にどのような行政が行われるかが明らかではないために、海は地方交付税の算定対象とされていないと考えられる。住民もおらず、こうした財政的裏付けを持たない海は、地方公共団体の管理権限があるにもかかわらず、実行上の管理が行き届いていないことが多い。

　直ちに一般的に海を地方交付税の算定対象となる市町村の区域にするかどうかは別であるが、少なくともリアス式海岸の内側の海域等で、東日本大震災で急激な人口減に見舞われた地域や、これらの海域の管理を積極的に行っている地方公共団体に関しては、既存の手続きによって当該海域を市町村の区域に編入することは検討して良い。

　二つ目の課題は、一般海域の管理との関係で、地方公共団体の権限が理論的には日本の領海のすべてに及ぶという考え方の再検討である。沿岸の基礎自治体が沿岸域総合管理の主体となるとしても、沖合に行けば行くほど、ある海域で生ずる問題の影響は一地方公共団体に限定されず、場合によっては沿岸の地方公共団体には全く影響が生ぜず、より広い地域あるいは国全体に影響が及ぶ可能性が高くなる。

　沖合の海洋利用が主として漁業に限られていた時代には、そもそも他の海の沖合利用の可能性がほとんどなかったが故に、地方公共団体の権限が領海の端まで及ぶという観念的な構成には現実の問題が生じなかった。しかし、現実に、

---

[170] 長谷成人「水産資源管理の基本理念について」（水産振興 No.447 平成17年3月）
「水面における都道府県境は、慣行を第一とし、慣行がないときまたは不明確なときは関係都道府県間の相互の協議により定めるとされている。実際は、慣行や協議が整っている場合も多くあるが、どちらかというと整っていない場合の方が一般的である。水産資源管理上の沖合の範囲は、さらに曖昧で、原則として規制の必要があり、取締りを行っている範囲とされている。以前、水産庁の沿岸課が調べたところ、39臨海都道府県の境界58本（数え方によってこの数は変わりうるが）のうち、協定書等公文により1本の境界線を定めていると双方が言っている線が7本、公文はないが共通の認識による1本の境界線があると双方が言っている線が3本であった。興味深いのは、双方の認識が一致しない線が多数あること。例えば一方は共通の認識があると回答していても相手側はそうでないといった例が多いことで、問題の複雑さを反映している。」

沖合の大規模洋上風力発電のための水域占用許可が現実の問題となってくると、いつまでもこのような整理で、たまたま一般海域管理条例を持つ地方公共団体が、遠い沖合の広大な海域の占用許可権を持つことを認めることには、明らかな非合理がある。アメリカのように沿岸3海里までは原則沿岸州の管轄とし、それ以遠の領海は連邦の管轄とする制度をわが国でも採用することを真剣に検討すべき時期が来ているのである。

5・2・5　管理目的
a．個別管理と管理目的
　管理の概念は、先に見たように、一定の目的を効果的に実現するために、人的・物的諸要素を適切に結合し、その作用・運営を操作・指導する機能もしくは方法として定義される。それ故、あらゆる管理行為は、なんらかの目的を実現するための行為である。

　管理行為の目的は単一つであることもあり、複数の目的が内在することもある。海の個別管理の根拠を与える実定法も、目的を比較的単純に単一的に規定する場合もあり、複数の目的を内在させるように規定する場合もある。昭和31年制定当初の海岸法は、もっぱら防災と国土の保全を目的とするものであった。しかるに、日本社会の成熟に対応して、同法が平成12年の法改正の際に環境と利用を法目的として追加したことは良く知られている。複数目的を有する管理行為は、その目的相互間にトレードオフの関係がある場合には、それぞれの目的実現の優先度を決め、目的実現のための諸要素の作用・運営に投ずる諸資源、及びその作用・運営の調整をしなければならない。

b．総合的管理の「総合」の意味
　沿岸域総合管理のように、管理の総合性を問題とする場合には、当然に、当該管理は複数の目的を内在させる管理となる。複数の目的を内在させ、そのトレードオフ関係を調整する原理を持ち、それに従った運営を行う管理行為が総合的管理であると観念される。このような調整を可能にするためには、個別管理の権限を持つ主体の上に、各個別管理主体を超える権限を持つ主体がいなければならない。個別管理をより高い見地で管理するメタ管理が総合的管理である。

　海洋政策研究所による沿岸域総合管理モデルの実施に関する調査研究では、

沿岸域総合管理の概念の構成要素として、「総合的な取り組み」という要素を上げる。総合的な取り組みを同報告書は「地域の関係者は、既存の分野ごと・縦割の枠を超えて、沿岸域の問題に総合的に取り組み、さまざまな施策を幅広く活用して持続可能な沿岸域の管理を推進し、関係者の利益の最大化（できる限り、より多くの関係者の利益の増進）を図る」と規定する[171]。この規定にある「既存の分野ごと・縦割の枠を超えた取り組み」は、管理目的の観点からは、既存の分野ごとの複数の管理目的の内在を意味すると解されるし、「関係者の利益の最大化」は複数目的のトレードオフを調整する基準として理解されよう。

しかし、「できる限り、より多くの関係者の利益の増進を図る」という表現は抽象性の非常に高い表現である。具体的には何が関係者の利益の最大化となるのか、できる限り、より多くの関係者の利益の増進という基準が、管理の目的相互間のトレードオフを調整する原理の表現として適切なのかといった点については、さらに検討を加える余地がある。

別の観点から考えてみると、民間企業であれ、行政組織であれ、あらゆる組織の管理はこれまでに検討してきたような意味における「総合的管理」であるといえる。ピラミッド型の組織を下から積み上げ、複数の個別管理の上位にそれを総合するポジションを設け、さらにそのような複数のポジションを総合するより上位のポジションを設け、最後にはピラミッドの頂点に全体の総合と調整を行う権限を持つ主体を置く組織は、総合的管理を現に行っているのである。

したがって、沿岸域総合管理における「総合」とは、それぞれの沿岸域の抱える複数の問題を一つの課題として把握し、一つ一つの問題に対して行われている個別管理の欠陥を補うために、それまで横の連絡に乏しかった個別管理間に積極的な情報交換と調整が可能な新たな情報交換のルートを作り、それで問題解決が図られない時には、権力的に個別管理間の優先順位を決めるといった管理行為であると規定することができる。それをメタ管理と呼ぶこともできよう。それ故、沿岸域の総合的管理とは、複数の個別管理間に新たな情報交換のルートを作ることや、複数の個別管理の序列を権力的に明確にすることによって、個別管理の限界を意図的に、永続性をもって補う試みである整理することも可能であろう。

---

[171] 沿岸域の総合的管理モデルに関する調査研究
https://www.spf.org/opri-j/publication/pdf/201303_05.pdf

c．沿岸域総合管理の3類型に見る「総合」

　次に、現在わが国で行われている沿岸域総合管理を類型化して整理してみよう。沿岸域の総合的管理の具体例のいくつかは前章で紹介されている。それらの具体例から、沿岸域総合管理を、管理主体の性質に着目して、首長主導型総合管理、公物管理者主導型総合管理、非権力主体主導型総合管理の3類型に分類することができる[172]。第4章の具体例は、ここでいう首長主導型と非権力主体主導型の例である。本章では、第4章で取り上げられなかった公物管理者主導型について、少し詳しい具体的情報の提供も行うことによって、「総合」的管理の「総合とは何と何の総合を意味するのか」を検討する。

　ア）首長主導型総合的管理とは、市町村の首長が、自らの区域の一定の海域について、陸域と同じようにさまざまな管理主体の行動を継続的に調整し、当該海域に関する諸活動を一定の方向に導く計画を樹立し、その計画を実現するために地方公共団体の組織及び職員を使い、財政支出をして計画実現を目指すタイプの沿岸域総合管理である。

　イ）公物管理者主導型総合的管理とは、港湾、漁港、海岸、河川等の沿岸域・海洋空間に存在する公物の管理主体が、それぞれの公物管理実定法（港湾法、漁港漁場整備法、海岸法、河川法等）の下で、当該公物の管理の一環として、公物の管理権からは直接導かれない、社会的な意義のある活動を管理対象空間内で行うタイプの総合的管理として定義される。当該公物の管理の一環として行うものである以上、当然に、当該公物管理から直接導かれない活動は、当該公物の管理を阻害しないものでなければならず、管理対象空間における諸活動の価値の秩序付けが行われることとなる。

　具体的な例としては、国土交通省における、港湾施設に対する釣り人の立ち入りの積極的容認のための「防波堤の多目的使用に関するガイドライン」や、「港湾における洋上風力発電導入マニュアル」に従った、各港湾管理者の具体的な活動があげられる。双方とも平成23年度において二つのマニュアルが策定されたものであり、個別法制で与えられた公物管理者の権限には直接含まれない目的を、法律の解釈運用レベルで公物管理体系の中に組み込む努力であ

---

[172] 來生新「海洋の総合的管理の各論的展開に向けて」日本海洋政策学会誌第2号11～14頁。

る[173]。このタイプの総合的管理の今後の進展に注目したい。

　また、海岸法は、すでにみたように、2000年の改正によってそれまでの国土保全・防災目的に、環境と利用が法目的化された。これは海岸管理行政が個別管理法制の枠内ですでに沿岸域のある種の総合的管理制度を内在させるものであり、すでにみた瀬戸内法とならぶわが国における総合的管理の先駆けとして認識しうる。

　公物管理権者は、法律によって管理対象空間における占用許可や一定の行為の禁止、許可などを行うことができる。港湾区域に漁業権などが設定されていたり、自由漁業がおこなわれている可能性もあるが、一般海域における場合と異なり、当該空間における物理的な強制力を有する管理者が明確に存在するために、漁業者と当該空間の異なる利用との利害関係の調整も行いやすい。また、当該公物の存在意義とその管理の原則が各公物管理法には明確に規定されており、異なる利用間の価値の序列も付けやすい。さらに、当然のことながら、公物管理者は公物管理に必要な人的・物的諸要素を組織化して有しており、その作用・運営を操作、指導する権限を持ち、強制力も担保されている。

　しかし、伝統的な公物管理行為から一歩出て、直接的には当該公物管理の目的ではない社会的な価値を有する活動を、公物管理対象空間で積極的に行うためには、様々な制約がある。公物管理の本来の目的を阻害しないという制約が働くことは当然であるが、過去において国税を投じて特定の公共目的を促進す

---

[173] 釣り人への施設開放については、古くから港湾施設への立ち入り禁止とそれを破る釣り人の違法な立ち入りの繰り返しという、いたちごっこ的な状態があり、平成3年、港湾環境施設整備基準マニュアル（「港湾の施設の多目的使用に関する技術上の基準の適用について」港技第143号平成3年12月24日運輸省港湾局技術課長）を定めて、一部の港湾では施設整備をして立ち入りを認めていた。しかし、港湾施設でこのような整備をすることが国費の無駄遣いであるとの、民主党政権時代の「仕分け」による指摘を受け、国土交通省は港湾施設整備ではない、ソフトの充実で立ち入りを可能にする検討を行い、新潟港、大阪港などの先進事例を基に、マニュアルの策定を行った。
　又、洋上風力発電は、2011年の東日本大震災による福島原子力発電所の事故を受け、わが国としてもその迅速な実用化の促進が求められていた。さらにそれに先立って、港湾空間の管理の関係では、「港湾の開発、利用及び保全並びに開発保全航路の開発に関する基本方針」（平成23年9月）において、「再生可能エネルギーの利活用を促進する。」とされ、港湾空間を再生可能エネルギーの生産の場としても利用することが予定されていた。
　しかし、港湾における大規模な風力発電事業の導入は、港湾の新しい利用形態であり、その立地による港湾への影響は大きいと考えられることから、港湾の秩序ある整備と適正な運営 港湾の秩序ある整備と適正な運営と整合をとることが必要であった。
　そこで、港湾における大規模な風力発電の導入に係る関係者・関係機関が一堂に会した協議会を設置し、それぞれの所管や知見に基づいて港湾管理者へ助言や調整を行うことで、港湾における風力発電の円滑な導入検討を支援することを基軸として、港湾管理者は、協議会の意見を参考に、港湾計画等に港湾の秩序ある整備と適正な運営と整合のとれた風力発電の立地可能な水域等を位置づけること、及び風力発電事業者を公募により選定することが適切と考えられ、「港湾における風力発電導入マニュアル」（平成24年4月国交省港湾局　環境省地球環境局）が策定されたのである。

るために整備されてきた空間を、当該目的以外に使用すること、とりわけそれが特定私人の営利活動として行われる場合には、当該活動の許容の妥当性についての慎重な検討と、正当化が必要とされる。付加される管理目的の社会的妥当性・公共性の評価に加えて、公物管理は法律に基づいて行うべきであり、公物管理の目的変さらには法改正が必要であるという、公物管理法の規範的な要請を打ち破る十分に説得的な理由付けも必要とされる。

　公物の管理は、公物の機能を支える技術に依存する。過去の技術を前提にして確定された公物空間は、長期に見れば社会の需要に応じて伸縮すべき空間であるが、短期的にその空間の範囲を弾力的に修正することは難しい。技術の変化が公物を構成する個々の施設の需要を変化させることが、遊休施設と空間を生み出す。関連する技術の変化が激しい公物管理は、静態的な管理ではありえず、ダイナミックに変動する動態的管理とならざるをえない。公物管理者は、管理目的の弾力的解釈による新たな空間需要への対応を常に迫られている。このような視点からは、公物管理者主導型総合的管理が許容される新たな管理目的の追加の適否は、当該公物のそこに至るまでの管理目的の弾力化の過程を総合的に判断し、そのさらなる一歩として評価できるかどうか、が重要な要素となる。

　本来的管理目的を阻害しないという要素は必要条件である。それに加えて新たな目的の追加を考える際に、当該新たな管理目的の追加をそれに先立つ公物管理の弾力化の過程でどのように評価しうるか、その評価との関係で新たな目的がどの程度重要な公共性を持つか等が検討されるべき要素となろう。

　港湾施設の釣り人への開放については、過去のある時点で、港湾においては、このような社会的要請を満たすために、港湾法は施設基準を改正し、釣り人の安全を確保できるような施設を整えて、その基準を満たす港湾において港湾施設を釣り人に開放していたという事実がある。それが政権交代による政策変更によって不可能になった。

　他方で、このような施設開放には国民の余暇の健全な活用という公共性があり、港湾施設の管理として見ても、人身事故等の発生可能性の低減効果も期待される。相対的に安全度の高い施設に限定して解放を決定し、具体の管理行為をNPO等に委ね、利用者から一定の管理料を徴収することを認めることにより、国民の余暇の健全な利用と港湾管理のバランスの在りどころを、近隣の利用者代表や他の関係者を集めて検討しつつ、この種の管理を実施することは、

港湾法の法目的の範囲内での、身近な沿岸域の総合的管理として評価しうる。

これに対して、港湾区域における洋上風力発電の促進は、今日のわが国におけるエネルギー政策との関係で、国家的な見地で大きな公共性を有する政策課題である。陸上における風力発電適地の減少と、海上における風況の良好な発電適地の多さ、人家から離れていることによる環境問題の発生確率の低さといった洋上風力の利点を活かすことが、今後のわが国の経済社会の安定的発展にとって重要であることは論を待たない。しかも、各種の空間管理・活動管理法制がカバーしない一般海域においては、風車の設置に必要な占用許可の権限を有する主体が誰であるのか、そもそも存在するのか否かも明確ではない。港湾空間ではすでにみたように、その権限を有する管理主体が存在し、様々な利害関係の調整も相対的には行いやすい。

とはいえ、このような大規模なエネルギー開発のための空間利用は、当然に現行港湾法の予定するところだと評価するのは難しい。本来であれば、港湾法の改正によって対応すべき事柄ともいえる。

しかし、そのような対応には時間がかかる。とはいえ港湾法はすでに港湾を純粋物流施設ではなく、市民のためのオープンスペースとしての機能を持つものとして運用している[174]。さらに港湾法は港湾区域内に漁業権の設定を認めて、物流機能と他の産業利用の共存も認めている。港湾空間の持つ多面的な価値は、港湾を物流空間としてのみ取り扱うことをすでに放棄しているとも言える。このような視点で見る場合には、港湾空間のエネルギー開発空間としての利用も、本来目的を阻害しないという価値の優劣を明確につけて行う場合には、それが持つ社会的価値の重要性と緊急性との関係で積極的な評価に値することと言ってよい。その際には、本来目的以外の活動に公物管理者が習熟しているわけではないので、それらの活動の監督、規制に当たる他の権限を持つ主体や、利害関係者の参加を確保する仕組みを設けて、本来の公物管理権の行使との調整を図ることが重要である。このような事実上の港湾機能の拡張の社会的な積み重ねの状況を見て、港湾計画の中にそれを位置付けたり、法改正をしたりして、正面から新たな法目的とするかを判断するというのも一つの方法である。

わが国の海洋管理の縦割りの弊害が指摘されて久しい。公物管理者主導型総合的管理は、このようなわが国の海洋管理の実態を考えるときには、ある意味

---

[174] 港湾法は、臨港地区にマリーナ港区や修景厚生港区を設けている（39条八号、九号）。

で、それぞれの管理主体が伝統的管理から一歩を踏み出す努力をすることで実現可能なものであり、実用可能性も高く、社会的効用も大きな総合的管理の類型である。しかし、公物管理法の規範論理的要請は既存の管理目的を大幅に変える場合には、まず法改正をすべきということでもあり、それに至るまでは予算も人員も、新たな活動を支えるためにつけられることはない。既存の予算と人員で新たな社会的需要に対応する覚悟が公物管理者に求められることになる。その意味でも、既存の公物管理行政との連続性の評価が重要となる。さらに、公物管理者主導型の総合的管理から出発して、最終的に、その総合的管理が、利害関係者として当該総合的管理に参加する地元の地方公共団体の策定する各種計画等に組み込まれたり、その他の形態で地方公共団体との連携がなされることが望ましい。公物管理者主導の総合的管理は、首長主導型総合的管理と融合し、連携することを積極的に進めるべきである。

　ウ）非権力主体主導型総合的管理とは、首長や公物管理権、人間活動の規制権を持たない私的主体が主導する総合的管理である。全く何の権限もない主体が沿岸域の総合的管理を主導することは難しい。実際には地域の海域に共同漁業権を持つ漁業協同組合が、その権限を関係するステーク・ホルダーの合意形成のテコとして使い、権力主体と共同したり、最終的には権力主体の主導による総合的管理に移行するまでの活動を主導することが多くなると予想される。

　いずれにしても、個別管理から総合的管理への移行は、単一組織の枠を超えたメタ管理となり、従来それぞれの主体が行ってきた個別管理間に新たな連絡調整の仕組みを作ることが求められる。伝統的個別管理から一歩踏み出すためには、新たな情報の流通経路の確立と意思決定のメカニズムと新たな経済的資源、人的資源の投入が必要である。このように見るときには、総合的管理は従来の管理業務に加えて、余計な仕事を増やすものに他ならず、それによって得ることのできる成果を関連するステーク・ホルダーに十分に納得させ、コスト増を上回るメリットの期待を持たせることができるか否かが、総合的管理の成功のカギになる。その意味で総合的管理の成否は参加者間の合意形成の成否に大きく左右される。

5・2・6　管理手法
a．管理権限の根拠
管理は、一定の目的を効果的に実現するために、人的・物的諸要素を適切に

結合し、その作用・運営を操作・指導する機能もしくは方法である。管理目的に従って、効果的に必要な人的・物的諸要素を結合し、新たに結合された人的な集合の作用・運営を操作、指導しなければならない。人的・物的諸要素の結合と、それに対する作用・運営の操作、指導を可能にするのが管理権限である。

既存の同一組織内で管理が行われる場合には、当該組織に指揮命令権がすでに存在しており、その指揮命令権の発動によって、管理に必要な諸要素の結合、解体、再結合が行われる。そのような指揮命令権が明確に存在しない関係を前提にして、新たな管理が行われる場合もある。従来個別管理を行っていた主体が結集して、総合的管理を試みる多くの場合はこれに該当する。その際に、新たな総合的管理に必要な諸要素の結合を可能にする権限をもたらすものは合意である。

地方公共団体の長は地方自治法によって執行機関を所管し、当該地方公共団体を統括し、事務を管理・失効する権限を与えられている（地方自治法138条の3第2項、147条、148条）。又、港湾等の公物管理法制は、当該公物の管理目的を定め（港湾法1条）、当該公物の管理者を置き（2条）、その権限を定める（15条等）。このような権限を持つ主体であれば、その権限を用いて様々な管理行為を行うことができ、法の認める範囲で第三者に対する強制もできる。

このような権限を持たない主体が海洋の管理を行うことは難しい。しかし、漁業協同組合のように、海域に法律上の権利を持つ主体が、その権利をテコに用いて、他の主体を巻き込んである種の管理行為を行うことはありうる。この場合、第三者との関係は基本的には合意によって形成される。NPO等の場合も同様である。

いずれにしても、新たな総合的管理の組織体系を作り出す際には、新たな組織を作り、その内部での権限を確定し構成員がそれを理解する前段階での合意形成が果たす役割は大きい。これについては住民参加の問題を含めて後に検討を加える。

b. 沿岸域総合管理手段

海洋のなかでも沿岸域は水産資源の宝庫であり非常に生産性の高い海域である反面、非常に環境影響を受けやすい脆弱な環境にあるし、他方で非常に高い自浄能力も有している。しかも沿岸域の特徴的な場である干潟や海岸等を取り巻く環境には、陸域生態系と海洋生態系隣接して存在する、微妙で特異な環境

的特質を有する。さらに人間にとっては非常に開発・利用しやすい空間でもあることは自明である。そうしたなかで、環境保全と開発利用、伝統的利用と新規利用、多重的な利用の競合、異なった資源の重なり合いの中での合理的な資源管理、多数の異なる分野の法制度の存在などを勘案し、総合的管理を推進する手段や体制が必要となってくるのである。

沿岸域総合管理の手法としては、空間のゾーニングや時間のゾーニング（漁業権区域や禁猟区、禁漁期など）などの利用区分措置、利用料や手数料あるいは税制などによる経済的措置、行政指導や協定形成あるいは法律（条例を含む）制定などの政策法制的措置など、次のような多様な手法が考えられる。実際には、各海域において、それらの組み合わせをいかに適切に採用するかが重要と考えられる。

◎ ゾーニング手法
　○ 空間のゾーニング（cf ; Marine Spatial Planning）：港湾・漁港・海岸保全区域、公園区域、禁漁区、漁業権区域、鉱区、海水浴場の遊泳水面における水中オートバイ等の航行水面の区別等々
　○ 時間のゾーニング：禁漁期／操業期、船舶航行時間帯区分、季節利用、夜間遊泳禁止
◎制度運用手法
　漁獲量割当（Quota）、漁網メッシュ制限、アワビ漁獲殻長制限、鉱区保有資格要件、環境管理（モニタリング）の義務付け、船舶操縦士資格区分による航行可能海域の制限
◎経済的手法
　入漁料、海域占用料、鉱区料、固定資産税の適用
◎政策誘導手法
　行政指導、自主協定締結促進、利用者ガイドライン設定
　また、推進体制としては次のように考えられる。
◎法律的な推進体制
　○ 新たな法律を整備する‥‥アメリカの沿岸域管理法（CZMA：Coastal Zone Management Act）のような「沿岸域総合管理法」（仮称）の制定
　○ 法のもとで、地方公共団体で条例を整備する‥‥‥一般海域の管理

アクティビティ・ガイド ✔：実施可能 ×：実施不可 申請：許可された場合のみ実施可能	一般的利用ゾーン	生息地保全ゾーン	保全公園ゾーン	緩衝ゾーン	科学研究ゾーン	国立海洋公園ゾーン	保護ゾーン	州政府によるゾーニング	汽水域保全ゾーン
水産養殖	申請	申請	申請	×	×	×	×	州政府によるゾーニング	申請
餌用魚の網漁業	✔	✔	✔	×	×	×	×		✔
ボート遊び、ダイビング、写真撮影	✔	✔	✔	✔	✔	✔	×		✔
カニ漁（ワナ）	✔	✔	✔	×	×	×	×		✔
水族館用の魚、サンゴ、ゴカイ類の採取	申請	申請	申請	×	×	×	×		申請
ナマコ、巻貝、熱帯性伊勢えびの採取	申請	申請	×	×	×	×	×		申請
限定的な採取	✔	✔	✔	×	×	×	×		✔
限定的な水中銛漁業（スノーケルのみ）	✔	✔	✔	×	×	×	×		✔
釣り	✔	✔	✔	×	×	×	×		✔
定置網（餌用魚以外）	✔	✔	×	×	×	×	×		✔
研究（限定的な影響を与える研究以外）	申請	申請	申請	申請	申請	申請	申請		申請
航行（航路以外）	✔	申請	申請	申請	申請	申請	×		申請
観光プログラム	申請	申請	申請	申請	申請	申請	×		申請
海洋資源の伝統的利用	✔	✔	✔	✔	✔	✔	×		✔
流し網	✔	×	×	×	×	×	×		✔
トローリング（釣り）	✔	✔	✔	✔	×	×	×		✔

図 5-1 オーストラリアのグレートバリアリーフの海域管理の概要。
〔注〕横軸にゾーニング海域区分、縦軸に海洋利用活動の種類を示したマトリックスで、各コラムには✔、×、Permit などの管理内容が示されている。それぞれの根拠、例えば✔やPermit の条件とその根拠が何であるか等が、総合的管理の具体的内容であり、その部分がむしろ重要である。
（出典：Great Barrier Reef Marine Park Authority の website）

　　　に関する条例等
◎組織的な推進体制
　　○　行政組織内担当部局・担当者の新設 ……… 庁内 WG 等の設置
　　○　関係者横断型の常設／半常設組織の新設 ‥‥‥ 地域協議会等の設置
◎運用上の推進体制
　　○　情報の円滑かつ継続的な開示と透明性の確保
　　○　教育・研修プログラムの実施

　なお、これらの手法については、オーストラリアのグレートバリアリーフ海洋公園管理局の海域管理の手法（図5-1）等を参照してまとめたものである。

こうしたなかで、漁業者をはじめ、関与する分野の違いや関与の度合いも様々な、あらゆる海域利用者や関係者（ステークホルダーと表現される）が、それぞれの立場を尊重しつつ参画し、合議し、具体の方針を決定し実行していくという推進方策が併せて採用されねばならない。海域利用協議会などの設置がそうした方策の一例である。なお、協議会の設置といった推進方策それ自体が、あたかも沿岸域総合管理の内容そのものであるかの如くに説明される傾向が散見されるが、推進方策はあくまで手段であって、沿岸域総合管理の目的や内容ではない点に留意する必要がある。

5・3　合意形成

　沿岸域総合管理は、従来の個別管理では解決しえない問題解決の手法である。それは個別管理では解決に限界があった複数の個別管理を、新たな視点で統合して新たな問題として整理し直し、これまでかかわってきた個別管理間に新たな情報伝達のルートを作り、必要に応じてその間の秩序付けをすることを出発点として、その成果を継続的に監視し、自らの行為を改善する永続的な作業である。

　いずれの作業も個別管理の時代には必ずしも十分な情報交換が行われていなかった主体間に、新たな情報交換の仕組みを作り、そこでの情報交換の成果を新たな組織の形成とその円滑な機能に結びつける作業が必要となる。従来型の個別管理を前提にする場合とは異なり、利害が対立する可能性のある複数主体を巻き込んだ、多様な関係者間での新たな合意の形成がなければ総合的管理は成功しない。

　ここでは総合的管理における合意形成の重要性にかんがみて、まず現在の合意形成に関する理論的をもとに総合的管理に必要な合意形成の重要な要素を明らかにし、次にわが国の総合的管理の実態的展開の中で現に観察された合意形成のいくつかの取り組みを紹介することとする。

5・3・1　合意形成の理論と総合的管理
a. 関係者のニーズ把握

　あらゆる社会的課題には、その性格に応じて、多様な関係者（ステークホルダー）が存在する。そのため、多様な関係者のカテゴリーを明らかにするとともに、そのニーズ＝利益を明示化するという作業が必要になる。アメリカで見

解の対立する問題に関する政策決定のための合意形成に、1970年代初期から用いられてきた手法に「コンフリクト・アセスメント」と呼ばれる手法がある[175]。コンフリクト・アセスメントは以下のような過程を経る合意形成である。

  ⅰ）評価者による課題の設定（フレーミング）
  ⅱ）関係者からの意見聴取
  ⅲ）プロセス設計
  ⅳ）アセスメントと意思決定・社会的合意形成

　沿岸域総合管理にとっても、コンフリクト・アセスメントの手法による合意形成は重要な意義を有する。ただし、この手法を用いる際に注意すべきこととして、課題をどのように明確にする（フレーミング）のかによって、関係者の範囲そのものが変わってくることがある。例えば、最近注目を再度集めつつある路面電車の問題は、環境問題としてフレーミングする場合、関心を持つ関係者の範囲は限られるが、高齢化等を念頭に置いたまちづくりの基本的なインフラの問題とフレーミングすることによって、関心を持つ関係者の範囲は広がる。又、沿岸域管理の問題も、希少種の保護のような環境問題としてフレーミングするのか、漁業や観光資源を含む資源管理の問題としてフレーミングするのかによって関係者の範囲や態度が異なってくる。
　なお、これらの関係者は単に利益を主張するだけではなく、現場知識を提供することを通して、意思決定の質の向上に寄与することもある。又、ニーズ＝利益を明示化する際には、ステークホルダーの課題認識に関する認知マップを丁寧に記述する問題構造化手法も有効である。又、関係者のカテゴリーに応じて、そのニーズ＝利益を把握するために必要な手段も異なる。

b．プロセス設計
　次に、参加型政策形成のプロセスは、公正かつ適切に設計運用され、その結果に関する正当性を確保することが必要である。
　そのためには、第1に、関係者の参加の機会は、参加型政策形成プロセスの様々な機会において設定することが重要である。

---
[175] Lawrence Susskind and Jennifer Thomas-Larmer "CONDUCTING A CONFLICT ASSESSMENT" http://web.mit.edu/publicdisputes/practice/cbh_ch2.html

第2に、参加型政策形成プロセス全体に関しては、プロセスを開始する前の時点で基本的に明示化し、プロセスの全体設計に関して合意を得ることが望ましい。プロセスの全体設計を当初から明らかにすることで、関係者に参加機会に関する一定の予期を与えることが可能になる。ただし、環境条件の変化等特段の事情のある場合には、状況の変化に対応する全体プロセスの再設計を否定するものではない。

第3に、参加型政策形成の実践にかかる十分な資源を確保する必要がある。従来、日本の場合、インフラ等のハードの経費の中で合意形成に関わるソフトの経費の面倒もみられてきたが、明示的に社会的資源を振り分ける必要がある。

第4に、このような制度の仕組みの関係者への周知、利用を促すための支援の提供が重要になる。そして、そのような周知・支援の対象として重要な関係者は、しばしば政府組織内の関係部局である

c．アセスメントと意思決定・社会的合意形成

このような参加型プロセスのアウトプットを最終的な政策決定にどのように接続するのかという課題がある。従来の社会資本整備における参加型政策形成においては、最終的な決定者と参加型プロセスの切断を行った上で、決定者の説明責任が重視されてきた。この背後には最終的な決定者が裁量を維持したいという意図があった。

このように、これまでは参加型プロセスのアウトプットと政策決定の峻別が主張されることが多く、又、そのような峻別には多様なアセスメントを参加型プロセスによって確保するという観点からは一定の合理性があった。しかし、近年では、このような峻別を超えて、関係者間での合意形成と自律的活動を求める活動も出てきている。まちづくりのようなローカルな課題に関してはそのような傾向が早くから見られたが、最近の「熟議」による政策形成の試みにも、そのような傾向が垣間見られる。

d．「同床異夢」とその限界

その際、社会的合意形成とは何かという点について改めて考察してみる必要がある。社会を日常的に運営していくためには、全ての主体が同一の価値や利益を保持する必要は必ずしもない。「同床異夢」も重要である。社会の多様な主体は様々な視角と利害関心を有している。このような場合、様々なアクター

の視角・利害関心が一致するということは稀である。例えば、高齢化対策が喫緊の課題であるという主体もいれば、温暖化対策等環境問題への対応の方が重要であるという主体もいれば、政府の財政的持続可能性が重要であると考える主体もいる。しかし、このような主体ごとに関心の観点は異なるわけであるが、例えば、コンパクトシティー化を支持するという点では連合を形成して合意することができる。基本的な観点や利害関心については「異夢」のままであっても、共通のオプションを支持する、つまり、「同床」することはできるのである。いわゆるウィンウィンという状態も、このような「同床異夢」を指しているということもできる。

しかし、常に「同床異夢」がポジティブに働く保証はない。場合によっては、トレードオフの中での選択を強いられることも政策決定においてはありうる。誰の如何なる利害関心を切るべきではないのか、誰の如何なる利害関心は切り捨ててもいいのかという価値判断が求められることになる。その際には、人権等を含めた基本的権利という概念がものをいうこともある。又、「熟議」という概念において示唆されるように、各主体が相互の差異を認識した上で、学習を行い、認識枠組みや利害関心自身を変容させていく可能性もある。このような価値判断や学習のあり方を可視化し、どのように支援していくのかは、参加型政策形成の今後の課題であろう。

5・3・2　日本における参加型政策形成の試み

日本でも、様々な分野において、参加型手法を活用し、社会的合意形成を図る試みが実施されてきた。

a. 都市計画

都市計画決定においては、法定の手続として、意見書の収集（都市計画法第17条第2項）があり、又、必要によっては公聴会等の開催（都市計画法第16条第1項）を行うこととなっている。しかし、このような法的な手続は、あまり機能していなかった。例えばある案件で何十万通もの意見書が来ても、それは数の圧力でしかなく、実質的に議論をする契機にはなっていなかった。

他方、1992年に改正された都市計画法では、市町村等基礎自治体は、いわゆる都市計画マスタープラン（都市計画法第18条の2：市町村の都市計画に関する基本的方針）を定めることとされ、その際、公聴会の開催等住民の意見

を反映させるために必要な措置を講ずるものとされた（都市計画法第18条の2第2項）。そのような状況の下で、近年、このような都市計画マスタープランの作成と連携して、あるいは、独立に、現場では様々なまちづくりワークショップなどの試みが行われている。ただし、これは都市計画決定の公式手続とは独立に行われているようである。とはいえ、自治体によっては、このような現場からの試みがまちづくり条例等によって担保されるようになってきているという展開も見られる。

b. 河川行政

河川行政を担当する旧建設省河川局では、1990年代前半から、河川管理における住民等の参加に関して実験を試みてきた。例えば、荒川の将来像計画を策定する際に、現場事務所レベルで実験的に住民参加を取り入れた。河川局では、ボトムアップに様々な実験を「試行」として比較的自由に行い、事例を積み重ね、ある程度実行が可能であることが確認された時点で通達や法律等にして全国展開するという手法をとっていた。河川行政における住民参加については、1997年の河川法改正の際に、計画策定時の住民の意見聴取のメカニズム（河川法第16条の2：河川整備計画を策定する際に住民の意見等を聞く機会を設定する）として法律に取り入れられることとなった。

c. 道路行政

道路行政では、1990年代末からパブリックインボルブメント（PI）という概念を焦点として、社会的合意形成に関する関心が高まった。道路建設の分野では用地買収という出口段階で伝統的な合意調達が試みられてきたが、社会的合意形成を入口段階＝計画段階で対象関係者を広げて行うことが試みられた。このような試みの背景には、個々の事業実施の円滑化を図るという観点とともに、公共事業に対する社会的逆風が問題とされる中で、道路建設という公共事業全体に対する支持の調達をPIによって通して図ったという側面があった。具体的には、2001年に設置された道路計画合意形成研究会の報告等を基礎に、2002年に「市民参画型道路計画プロセスのガイドライン」が通達として出された。その後、2005年には、路線別計画のプロセスを「構想段階」と「計画段階」に区分することで、これまで混在していた計画の必要性や公益性に関わる議論と個々の利害調整に関わる議論を整序化した上で、「構想段階における

市民参画型道路計画プロセスのガイドライン」が策定された。

　このような道路行政分野における PI のあり方については、道路法制に取り入れるべきだとの議論もあったようであるが、最終的にはガイドラインとして設定され、法制化されることはなかった。これには、柔軟性があり担当者の裁量でいろいろな試みが可能であるという長所が指摘される一方、頻繁に入れ替わる担当者の考え方で対応に応じて現場でのバラツキが出てくるという問題も指摘されている。

d. 社会資本整備に関する横断的枠組み

　以上のような河川行政、道路行政における試みに続いて、2003 年には、港湾行政において「港湾の公共事業の構想段階における住民参加手続きガイドライン」が、空港行政において「一般空港の整備計画に関するパブリック・インボルブメント・ガイドライン」が策定された。

　このような個別分野における取組みを基礎として、社会資本整備に関する横断的な枠組みの構築も行われた。2003 年に策定された社会資本整備重点計画法に基づき作成された社会資本整備重点計画では、透明性、公正性を確保し住民等の理解と協力を得るため、住民参画の取組みを推進することが重要であるとされた。そして、同年には横断的な枠組みとして「国土交通省所管の公共事業の構想段階における住民参加手続きガイドライン」が策定され、計画策定者からの積極的な情報公開・提供等を行うことにより住民参画を促し、住民等との協働の下で、事業の公益性及び必要性について適切な判断を行うことが志向された。

　さらに、国土交通省は、事業の計画段階よりも早い構想段階において、事業に対する住民等の理解と協力を得るとともに、検討のプロセスの透明性・公正性を確保するため、住民を含めた多様な主体の参画を推進するとともに、社会面、経済面、環境面等の様々な観点から総合的に検討を行い、計画を合理的に策定するための基本的な考え方を示すガイドラインを整備することとなった。2007 年に「公共事業の構想段階における計画策定プロセス研究会」を設置し、同研究会での議論を基に 2008 年に「公共事業の構想段階における計画策定プロセスガイドライン」を策定した。

　このような計画策定プロセスガイドライン策定の背景には、2007 年 4 月に環境省により「戦略的環境アセスメント導入ガイドライン」が策定され、事業

に先立つ早い段階での環境配慮の取組みが求められたという事情があり、戦略的環境アセスメントの要素を含むものとして、計画策定プロセスガイドラインが策定された。そして、その中では、住民参画促進と技術・専門的検討の双方が強調された。又、計画策定に際しては、複数案の検討が望ましいとされるとともに、最終的には、計画策定者が、自らの責任の下、総合的観点から計画を選定するとともに、結果やその理由を広く住民・関係者等に説明するとされた。

e. 科学技術利用

科学技術については一定の不確実性が不可避であるとともに、その利用に伴う便益やコストについても多様な次元が存在する。そのような中で、遺伝子組み換え食品のような新たな科学技術利用に関しても、社会的合意形成が求められている。このような課題に対する試みの例として、日本におけるコンセンサス会議の実験があげられる。コンセンサス会議とは、一定の方法で選ばれた「素人」のグループを設定し（その点では陪審制度に近い面もある）、そのグループの求めに応じて専門家が応答する機会を設けた上で、当該グループに一定の結論となる文書を作成させるという仕組みである。具体的には、遺伝子組み換え食品を課題として、農林水産省の下の研究機関において一定の自律性を持った運営委員会が中心となって行われた。このように最終的に作成される文書は、あくまでも社会的意思決定を行う際の材料の1つであり、コンセンサス会議そのものが社会的意思決定を行うものではないという点は重要である。

5・3・3　沿岸域総合管理の動きの中での住民合意形成

地域の計画を構築していくためには、地域が主体となって取り組みを推進していくことが肝要である。そのためには、関係地方公共団体（都道府県または市町村）が中心になり、関係行政機関、事業者、住民、NPO等の関係者が連携・協力し、話し合いの中で合意形成を進めていくことが望ましい。話し合いの場の設定としては、様々な規模、レベルが想定されるが、4章で紹介されている海洋政策研究所のモデルサイト事業においては、主に、コア会合、研究会、協議会の3つレベルの話し合いの場を設定している。

コア会合というのは、施策を実施していくうえで重要なメンバーで実施する打合せであり、サイトにおける取り組みの方向性や、後述する研究会や協議会の実施についての打ち合わせ等を行うものである。例えば、市の担当部局の代

表1～2名と研究所の担当者のみで実施することもあれば、備前市での取組みのように、沿岸域総合管理の実践を担う漁協、その指導的役割を持っている岡山県の水産課、さらには現地の基礎自治体である備前市といったように、欠くべからざるメンバーを網羅したコア会合の実施が肝要である。

コア会合で、実施の方向性が決まれば、実際に関係者を招集して沿岸域総合管理に関する話し合いを持つことになる。任意の団体として集まる場合には、研究会と称され、組織化を明示している場合には協議会と称される場合が多い。

備前市では、2010年7月より「備前市沿岸域総合管理研究会」が開催され、備前東商工会や日生町観光協会の代表者の参加のもと、当地域にふさわしい沿岸域総合管理について検討されている。

小浜市では、2013年3月から沿岸域総合管理研究会が開催され、並行して実施された「小浜湾海の健康診断」の成果も活用しながら、沿岸域の特性の把握と問題点の共有が進められた。2年目には、そうした成果をとりまとめ、研究会メンバーからの市民提言という形で市長に提出した。その中で、生態系の保全と農林水産業、観光の振興の2つを柱とする沿岸域の管理のあり方を提言するとともに、総合的な視点で、多様な関係者が参画する協議会の設置を求め、2014年9月に協議会が設置された。

志摩市では、2011年に策定した里海創生基本計画を進めるための「志摩市里海創生推進協議会（以下、協議会と略す）」を2013年5月に設立し、年間4～6回の協議会を開催してきた。協議会の委員構成は、学識経験者、観光関係者、漁業関係者、三重県、環境省自然保護官事務所、志摩市役所関連部局等の代表から構成されている。協議会は設置要綱に基づいて運営されており、委員の互選による会長が選任され、会議を招集する。志摩市農林水産部里海推進室が事務局を務め、協議会の下に分科会、専門委員会が設置できることとなっている。

5・4　沿岸域総合管理の手段

沿岸域総合管理の手段として管理主体が用いることができる、あるいは用いなければならない主要なものは、①法的に与えられた権限、②合意によって与えられた権限、③合意形成や総合管理の実行のための資金、④総合管理の目標や遂行を安定的に行うための情報提供手段としての計画である。以下それぞれの手段について、その主な要素を整理しておこう。

5・4・1　法的に与えられた権限

　総合的管理は個別管理の権限を越えて、それぞれの権限間の調整を行うメタ権限を必要とする。そのようなメタ権限を生み出すものは法律か、あるいは参加者がそのようなメタ権限の必要性を承認し、相互にそれを認める合意のいずれかである。

　個別管理の主体は一般に法的に当該管理を行うための権限を持っていることが多い。その抵触が問題となっており、調整の必要性が高いとの社会的な合意が成立している場合には、新たな立法によって個別管理主体間の調整を行う法的な権限が創出される。

　もともとの個別管理が同一組織内で行われている場合には、新たな立法をすることなく、既存組織のより上位の管理権限の行使によってメタ管理が行われる。5・2・5・c で示した総合管理の 3 類型の首長主導型の総合管理の場合には、地方公共団体の首長が地方自治法によって与えられた行政権限を行使することによって、当該地方公共団体組織間に分散している権限を調整することができ、総合的管理を行うことができる。すでに見たように、志摩市においては総合管理を実施するために市役所の組織を変え、里海推進室を設けた。しかし、国や他の地方公共団体を総合管理の参加者とする場合には、それらの主体間で合意が成立しなければ総合管理は行われない。

　公物管理者が既存の公物管理法で与えられた権限を越えて総合管理を試みる場合に、法改正がなされることによって、当該総合管理が公物管理法制の中に取り込まれることはありうる。しかし多くの場合そのような法改正には時間がかかり、その改正が行われた瞬間に、当該総合管理は総合管理から個別の公物管理にその性格を変え、もはや厳格な意味での総合管理とは言えないこととなる。

　そのような法改正が行われるまでは、公物管理者は既存の公物管理権の解釈・運用によって、既存の人的な資源と財政的な資源の枠内で総合的管理に取り組むこととなる。そのような総合管理に他の主体が参加する場合には、既存の公物管理権を背景にして、いかにして各当事者の合意を目的的に得ることができるかが、公物管理者の重要な機能となる。

　公物を取り巻く技術的・経済的・社会的な環境は常に変遷する。しかしそれに合わせて公物管理法が弾力的に改正されることは、一般的には期待できない。法改正には時間がかかるのである。それ故、どんな公物管理者も、ある意味で

は常にさまざまな状況変化に対応して、既存の公物管理権やそのために与えられる資金を、解釈・運用レベルで柔軟に弾力的に用いる必要に常に直面している。そのような弾力化の積み重ねが一定の期間経過後の公物管理法制の改正にもつながるといえる。総合管理だけではなく、公物管理もこのような意味での動態性を内包させているのである。

5・4・2　合意によって与えられた権限

　既述の総合管理の3類型の非権力主体主導型の総合管理は、漁業協同組合のように法的に漁業権を与えられている場合でも、単独で総合管理を行うことは難しい。他の権限を持つ地方公共団体や、釣り人、環境保護団体等々の他の主体との共同がなければ、総合管理を行うことは難しい。同一組織内での上下関係のない人、あるいは組織間での共同やメタ管理の権限を生み出すものは合意である。合意形成それ自体については5・3で検討した。

　沿岸域総合管理の対象には、一般に、多様な個別管理主体がかかわっている。それゆえ、沿岸域の総合管理においては、すでに存在する単一権限の下でメタ管理が可能になることはほとんどない。沿岸域の総合管理はさまざまな参加者間の合意を基礎にせざるを得ないが故に、動態的で政治的なものとならざるを得ない。

　ひとたび成立した各主体間の合意も、各主体を取り巻く条件が変化すれば、必然的に見直しを迫られ、それに成功して新たな合意を成立させなければ、元の合意はたちどころに崩れ、総合的管理は崩壊する。総合的管理はこのような不安定性を内在させる。

　総合的管理を持続的に発展させるためには、総合的管理に内在するこのような本来的な不安定性を安定させる必要がある。総合的管理の安定的展開に不可欠な要素が二つある。

　一つは単一権限の下でピラミッド型に組織化されており、他の主体より安定した財政的基盤を持つ、地方公共団体や公物管理者のイニシアチブの発揮という要素である。他の一つは多様な関係者に対する情報の提供、とりわけ各主体の将来予測を相対的に確実なものとする情報の継続的な提供である。そのような情報の提供を可能にするのが総合的管理にかかわる計画の策定と、当該計画に従った活動という要素である。計画の問題については後に検討を加える。

5・4・3　資金

　沿岸域総合管理を可能にするためには、その前提となる合意形成や、各主体の自由な行動を調整する権限行使、計画の策定のための調査、検討、策定等々にかかる費用の安定的な確保が必要となる。又、沿岸域総合管理が行われれば、一般論としては、地方の住民やそれに参加する各種主体、当該地域で活動する企業等にさまざまな利益が生ずるといえる。しかし、その利益は必ずしも経済的な利益だけではないし、参加する主体に経済的利益が生ずる場合にでも、総合的管理に起因する経済的利益の額を直接的に算定することは期待できない。その意味で沿岸域の総合管理は私益ではなく公益を主として生み出す活動である。

　このような財政的な観点からも、沿岸域総合管理に私的利益の実現を目的としない恒久的な組織である地方公共団体や公物管理者が参加することが重要性を持つ。

　今日の日本社会において営利組織である民間企業も、企業の社会的責任の遂行として、NPO等にさまざまな資金提供をしている。沿岸域総合管理に参加する各種団体にはすでにそのような資金援助を得て地域の環境改善活動に取り組むものも多い。2000年以来、公益と私益を峻別してきた日本の法人制度に大きな変化が生じている。日本社会の成熟・変化によって公益と私益の境界が改めて見直され、新たな公共の概念の下で行政と民間の役割分担にも大きな変化が生じつつある[176]。

　沿岸域総合管理はまさにこのような公私協同活動の典型である。その活動資金のねん出にも従来の縦割りを超えた新たな公私協同の仕組みが求められるといえよう。本来無料の自由な活動とされてきた遊漁の世界でも、環境の保全や特定魚種の安定的再生のために遊漁者自身が費用の一部を負担する活動も行われている。新たな時代に応じた官民の資金負担のあり方について、今後大いに検討される必要がある。

　その意味で、第二期海洋基本計画が第2部9（1）「沿岸域総合的管理の推進」の記述において、各地域の自主性の下、多様な主体の参画と連携、協働により、各地域の特性に応じて陸域と海域を一体的かつ総合的に管理する取組を

---

[176] 2006年に公益法人制度改革関連3法が成立した。公益法人制度改革関連3法とは、「一般社団法人及び一般財団法人に関する法律」（平成18年法律第48号）、「公益社団法人及び公益財団法人の認定等に関する法律」（平成18年法律第49号）、「一般社団法人及び一般財団法人に関する法律及び公益社団法人及び公益財団法人の認定等に関する法律の施行に伴う関係法律の整備等に関する法律」（平成18年法律第50号）である。

推進することとし、「地域の計画の構築に取り組む地方を支援する」ことを明示した意義は大きい。国の縦割り行政の中で、これまで各省庁が縦割り的に持っていた地方に対する補助金や直轄事業の交付・実施の仕方の中で、沿岸域総合管理を日本に定着させ、発展させる可能性を拡大するように、今後の議論が進展することが期待される。

5・4・4　計画

　沿岸域総合管理を安定化させる要素として、地方公共団体がかかわることの重要性はすでにみたとおりである。地方公共団体の総合的管理へのかかわり方の重要な要素の一つが、総合的管理の計画化である。

　これもすでに見たところであるが、1998年策定の全総計画「21世紀のグランドデザイン」において沿岸域の総合的な管理計画を策定し、各種事業、施策、利用等を総合的、計画的に推進する「沿岸域圏管理」に取り組むことが宣言された。これに基づいて、2000年には「沿岸域圏総合管理計画策定のための指針」も決定された。残念ながら、沿岸域圏総合管理計画はほとんど策定されることなく終わった。その原因は、この計画が都道府県を策定主体として想定したものであり、多くの都道府県はすでに海の管理、利用を含めて総合計画を策定していたために、屋上屋を重ねることを嫌ったところにあった。

　現在、沿岸域総合管理に積極的に取り組んでいる地方公共団体は、都道府県ではなく、市レベルの基礎自治体である。志摩市や備前市では、市の総合計画[177]の中に沿岸域の総合管理に関する記述を取り込んでいる。

　沿岸域総合管理は、それぞれの地方の海に課題があり、その解決に個別管理を超えたアプローチで取り組むべきだとの認識をする主体が、多様な地方の住民・組織に働きかけることによって動き出す。単一主体の認識が地方の多くの関係者に共有され、それをいかに解決すべきかについて基本の認識を共有し、それを一つの制度にまとめ上げるまでは、多くの時間と人々の参加というコス

---

[177] 総合管理計画は昭和45年の地方自治法改正によって、第2条4項で「市町村は、その事務を処理するに当たっては、議会の議決を経てその地域における総合的かつ計画的な行政の運営を図るための基本構想を定め、これに即して行うようにしなければならない。」と定められたために、地方公共団体が義務的にこれを策定してきた。

　平成23年の地域主権改革の中で、国から地方への「義務づけ・枠付けの見直し」の地方自治法改正が行われ、この規定は廃止された。それ故、現在、総合計画の策定は地方公共団体の義務ではなくなっている。しかし、義務であるか否かにかかわらず、一般に、各地方公共団体は総合計画を自らの行政の重要な手段として位置づけ、独自の工夫を加えてそれを策定し続けている。

トが発生し、それが単なる合意の段階にとどまる限り、そのような取り組みは安定性を欠く。それを安定化させる重要な要素が、その地方公共団体がそのような総合管理を、地域づくりの基本計画である総合計画に組み込み、その情報を住民が共有することである。

　計画化された沿岸域総合管理も地方の環境変化に合わせてダイナミックに変遷することを免れない。しかし、その動態性の中で相対的な永続性と安定を確保しない限り、沿岸域の総合管理が一過性の運動に終わる可能性は高い。計画化そのものに意味があるわけではない。重要なことは、沿岸域総合管理計画が法定計画性を持つ固い制度的な計画かどうかではなく、基礎自治体単位でそれぞれの地域のまちづくりの中心課題として地域の海を対象にした課題を持ち、それをまちづくりの総合計画の中に取り込んで、実質的に沿岸域の総合管理についての目標やそれに基づく公私の活動についての情報を地域の各主体が共有することなのである。

第6章

沿岸域総合管理の教育・研究と人材育成

　沿岸域の様々な課題に対応できる人材を育成するために、大学・大学院等における沿岸域の学際的な教育・研究を推進することが大切である。今後の海洋教育の発展と、総合的沿岸管理に携わる人材育成に貢献するため、笹川平和財団海洋政策研究所は、沿岸域総合管理教育の推進に意欲を持った7大学と協働して、学部と大学院における沿岸域総合管理に関するモデルカリキュラムを開発した。そうしたモデルカリキュラムを参考にして、各大学で進められている海洋教育プログラムの概要も紹介する。

神奈川県横浜市高島水際線公園での海洋教育活動

6・1　沿岸域総合管理の教育・研究の必要性

　2013年に改訂された「海洋基本計画」[178]では、「大学等における学際的な教育や専門的な教育の推進、基礎的・先端的研究開発の強化、産学官連携の推進等を通じて、海洋立国を支える多様な人材の育成と基盤的な技術力の強化に取り組む。」(海洋基本計画第1部2の(4))、「特定の分野の専門的な知識を有する人材や、海洋に関する幅広い知識を有する人材の育成に取り組む。」(同計画第1部2の(7)と記されるなど、分野横断的な海洋人材育成について強調されている。沿岸域総合管理という政策課題についても、地域に根ざした教育機関である大学等における学際的な教育・研究の推進が求められている。

　既に5章にて述べたように、地方公共団体が産学官と連携しながら実施していく総合沿岸域管理は、国際的にはICM（Integrated Coastal Management）と呼ばれ、すでに90か国以上の国や地域で実践され、最も有効な管理アプローチであると認知されている。

　しかしながら、わが国では沿岸域総合管理への取り組みが遅々として進まず、地域の主体的な取り組みを主導できる専門的知識を有する人材も不足しているのが現状である。また、沿岸域総合管理を担う人材の育成において大きな役割が期待される大学などの教育・研究機関においても、人材や予算の制約あるいは経営的な考慮などの諸事情を背景に、必ずしも沿岸域の機能やその利用・管理に関する総合的な理解を前提とした、沿岸域管理に関連する体系的な教育・研究体制が整えられていないのが現状である。

　そのため、大学等で沿岸域総合管理に関する学際的教育及び研究を推進するために、カリキュラムの充実を図るとともに、地域社会と連携しながら人材育成や社会教育に取り組むことが求められている。

　笹川平和財団海洋政策研究所（旧海洋政策財団）では、平成22年度から平成24年度にかけて、沿岸域管理の分野において主導的・拠点的な役割を果たしていくと思われ、かつ、沿岸域総合管理教育に取り組む意欲を示した複数の大学や専門家と連携しながら、沿岸域総合管理のモデル教育カリキュラムとシラバスの開発と評価を実施した。

※本章の内容は、日本財団の助成事業として実施された「総合的沿岸管理の教育カリキュラム等に関する調査研究（平成22～24年度）」並びに、「沿岸域総合管理教育の導入に関する調査研究（平成25～26年度）」の報告書に掲載されている内容を編集・掲載したものである。
[178] 総合海洋政策本部　2013年　海洋基本計画。
http://www.kantei.go.jp/jp/singi/kaiyou/kihonkeikaku/130426kihonkeikaku.pdf

6・2　モデルカリキュラムの策定

6・2・1　「沿岸域総合管理モデル教育カリキュラム」開発の考え方

　沿岸域総合管理を教育する場合、①学部レベル（学士課程）での教育、②大学院レベル（博士前期課程又は修士課程）での２つについて検討する必要がある。そこで海洋政策研究所では、それぞれのモデル教育カリキュラムを検討した。ここで述べるモデルカリキュラムはバーチャルな組織における理想的な教育体系を考えるものであるが、他方で、海洋に関する教育を実施している現実の大学や大学院において学部レベル、大学院レベルのそれぞれで、沿岸域総合管理教育を行う際の参考にしてもらうことも考慮している。

　学部レベル（学士課程）では、新たに「沿岸域総合管理学科」が設置される場合を想定し、教育カリキュラムを構成した。これは、近年の大学における学士課程レベルの教育が、特定学科の専門性を深く追求するよりも、むしろ幅広い教養や知識を身につける全般的な教育を推進する傾向にあることにかんがみ、一学科として沿岸域総合管理教育を行う場合でも、複数の分野を含んだ総合性、分野横断的知識や俯瞰的視野の習得が十分に確保できると考えたためである。

　一方、大学院レベル（博士前期課程または修士課程）では、大学院の下に、新たに研究科レベルでの組織体制として「沿岸域総合管理研究科」が設置される場合を想定し、教育カリキュラムを構成した。通常の大学院の機構では、大学院の下に「研究科」が設置され、その下に「専攻」が存在しているため、ここでは、大学院レベルの教育カリキュラムを「専攻」レベルではなく、一段高い「研究科」レベルに設定した。これは、学部とは逆に、大学院教育では特定の専門性を深く追求する教育を推進することから、「専攻」レベルでは沿岸域総合管理教育の核である総合性、つまり、分野横断的な俯瞰的知識や俯瞰的視野の習得が難しくなると考えたためである。

　上述の考え方に基づき開発された「沿岸域総合管理のモデル教育カリキュラム」の概要を図6-1に示す。

a. 学部レベル「沿岸域総合管理学科」のモデル教育カリキュラム

　i　ディプロマ・ポリシー（教育目標）

　海岸線を挟む陸域及び海域の総体である沿岸域は、人々の生活、産業、交通、文化等の多様な利用が輻輳する空間である。又、陸と海との接点である沿岸域は、自然の微妙なバランスにもとづく空間であり、人々に豊かな自然環境や生

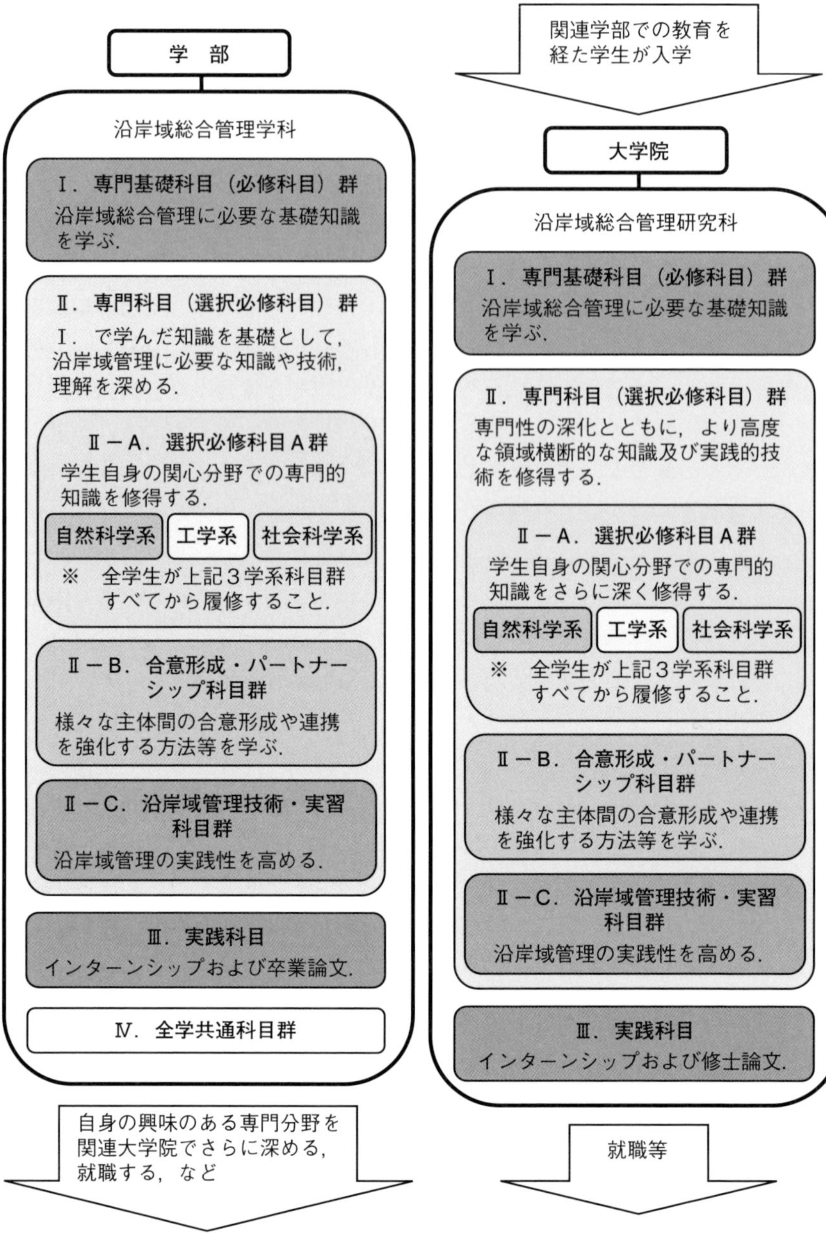

図 6-1 「沿岸域総合管理のモデル教育カリキュラム」の概要.

物多様性、美しい景観を提供する一方、津波や高潮などの災害や海岸侵食などに対する脆弱性を併せ持っている。

　本カリキュラムは、このような沿岸域空間を持続的に開発、利用、保全していくため、多様な分野にわたる利害関係者間の調整を行うと同時に、利害関係を異にする主体間の相互協力を促進しながら、沿岸域に関する様々な事業や取り組みを進めていく能力を持つ人材の育成を、一つの独立した学科で行うことを目的として構成された。教育の目標は以下の4項目である。

⑴　地域が主体となった沿岸域総合管理に関する枠組みの中で、沿岸域管理を総合的に推進するための分野横断的知識、俯瞰的視野の修得
⑵　沿岸域問題に関する自身の関心分野での専門的知識の修得
⑶　沿岸域問題に関する関係者間の合意形成、対立の調整等ができるためのコミュニケーション能力の修得
⑷　計画の立案、実施、モニタリング、評価等の沿岸域管理の現場あるいはプロジェクト運営能力の修得

ⅱ　教育組織及びカリキュラムの基本的なイメージ

　沿岸域総合管理学科では、自然科学系科目群を中心に学ぶ学生、工学系科目群を中心に学ぶ学生、社会科学系科目群を中心に学ぶ学生への教育を提供するが、すべての学生が「自然科学系科目群」、「工学系科目群」、「社会科学系科目群」の3科目群すべてから専門科目を履修することで、分野横断的知識、俯瞰的視野を修得できるカリキュラム構成である。

　専門科目（選択必修科目）群を自然科学系、工学系、社会科学系の3つに分け、卒業要件として特定の科目群から最低取得すべき単位数を変えることによって、自然科学系科目群を中心に学ぶ学生、工学系科目群を中心に学ぶ学生、社会科学系科目群を中心に学ぶ学生の専門性の差異をつけることができる。

　沿岸域総合管理学科のモデル教育カリキュラムは、大学設置基準第三十二条に基づき、124単位以上を取得することを卒業要件と仮定する。124単位の内訳は、以下のように一般的な学部の卒業要件の考え方に基づき構成する。

　卒業要件として、Ⅰ．必修科目である専門基礎科目群、Ⅱ．選択必修科目である専門科目群、Ⅲ．インターンシップ及び卒業論文からなる必修の実践科目群と、Ⅳ．全学共通科目群から、学生は124単位以上（専門基礎科目20単位、専門科目36単位以上、実践科目12単位、全学共通科目56単位以上）を取得

しなければならない。

表6-1 「沿岸域総合管理学科」の専門課程の科目構成

科目群		科目名	単位数
専門基礎科目（必修科目）群 基礎実習は専門に応じて3つのうち2つを必修		基礎沿岸域科学概論	2
		海洋環境保全論	2
		沿岸域防災概論	2
		沿岸域産業概論	2
		海洋の総合管理政策概論	2
		世界と日本の海洋史概論	2
		合意形成概論	2
		パートナーシップ概論	2
		基礎実習（自然科学系）	1
		基礎実習（工学系）	1
		基礎実習（社会科学系）	1
専門科目 （選択必修科目）A群	自然科学系科目群（海洋・沿岸域科学及び環境保全分野）	海洋基礎生態学	2
		海洋物理学	2
		沿岸海洋化学	2
		海洋気象学	2
		沿岸域動物学	2
		沿岸域植物学	2
		生態系機能学	2
		水産学概論（自然科学系）	2
		陸域海域相互作用論	2
		水質汚染対策論	2
	工学系科目群（沿岸域防災分野）	環境影響評価論	2
		沿岸域防災論	2
		沿岸域工学	2
		沿岸域計画論	2

専門科目（選択必修科目）A群	社会科学系科目群（経済学・経営学・社会学・法学分野）	沿岸域水産資源管理論	2
		海上輸送概論	2
		海洋・エネルギー鉱物資源管理	2
		水産学概論（社会科学系）	2
		沿岸域社会学	2
		沿岸域観光学	2
		海洋の総合管理政策論Ⅰ	2
		海洋の総合管理政策論Ⅱ―排他的経済水域・大陸棚の総合管理政策	2
		海洋の総合管理と計画	2
		国内海洋管理関連法Ⅰ	2
		国内海洋管理関連法Ⅱ	2
		国際海洋管理法制論	2
専門科目（選択必修科目）B群：合意形成・パートナーシップ		合意形成論	2
		パートナーシップ論	2
		海洋と沿岸域に関するリテラシー論	2
		NPO論	2
専門科目（選択必修科目）C群：沿岸域管理技術・実習	自然科学系科目群	海洋環境学実験	1
		海洋観測実習	1
		分析化学実験	1
		生物統計学	1
	工学系科目群	GIS・リモートセンシング Ⅰ, Ⅱ	4（各2）
	社会科学系科目群	プロジェクトデザイン・評価	1
		フィールド調査手法	1
		ゼミナール（政策立案または問題解決型提案書作成指導）	2
実践科目群		インターンシップ	4
		卒業論文（政策立案書または問題解決型提案書）	8

b. 大学院レベル「沿岸域総合管理研究科」のモデル教育カリキュラム
 i ディプロマ・ポリシー（教育目標）

海岸線を挟む陸域及び海域の総体である沿岸域は、人々の生活、産業、交通、文化等の多様な利用が輻輳する空間である。又、陸と海との接点である沿岸域は、自然の微妙なバランスにもとづく空間であり、人々に豊かな自然環境や生物多様性、美しい景観を提供する一方、津波や高潮などの災害や海岸侵食などに対する脆弱性を併せ持っている。

本カリキュラムは、このような沿岸域空間を持続的に開発、利用、保全していくため、多様な分野にわたる利害関係者間の調整を行うと同時に、利害関係を異にする主体間の相互協力を促進しながら、沿岸域に関する様々な事業や取り組みを進めていく能力を持つ人材の育成を、一つの独立した研究科で行うことを目的として構成された。

教育の目標は以下の４項目であり、学部教育の目標と共通する。しかし、学部との比較でいえば、大学院では専門性の深化とともに、より高度な領域横断的な知識及び実践的技術の習得が求められる。

(1) 地域が主体となった沿岸域総合管理に関する枠組みの中で、沿岸域管理を総合的に推進するための分野横断的知識、俯瞰的視野の修得
(2) 沿岸域問題に関する自身の関心分野での専門的知識の修得
(3) 沿岸域問題に関する関係者間の合意形成、対立の調整等ができるためのコミュニケーション能力の修得
(4) 計画の立案、実施、モニタリング、評価等の沿岸域管理の現場あるいはプロジェクト運営能力の修得

 ii 教育組織及びカリキュラムの基本的なイメージ

沿岸域総合管理研究科では、自然科学系科目群を中心に学ぶ大学院生、工学系科目群を中心に学ぶ大学院生、社会科学系科目群を中心に学ぶ大学院生への教育を提供するが、すべての大学院生が「自然科学系科目群」、「工学系科目群」、「社会科学系科目群」の３科目群すべてから専門科目を履修することにより、分野横断的知識、俯瞰的視野を修得できるカリキュラム構成とする。

専門科目（選択必修科目）群は自然科学系、工学系、社会科学系の３つに分かれているが、すべての大学院生が上記３科目群すべてから専門科目を履修することを条件とする以外は、大学院生の関心に応じ、自由に選択履修できるも

のとする。

　沿岸域総合管理研究科のモデル教育カリキュラムは、大学院設置基準第十六条に基づき、30単位以上取得することを修了要件とする。30単位の内訳は、以下のように一般的な大学院の修了要件の考え方に基づき構成する。

　修了要件として、Ⅰ．必修科目である専門基礎科目群、Ⅱ．選択必修科目である専門科目群、Ⅲ．インターンシップ及び修士論文からなる必修の実践科群から、研究生は30単位以上（専門基礎科目8単位、専門科目12単位以上、実践科目10単位）を取得しなければならない。

表6-2　「沿岸域総合管理研究科」の科目構成

科目群		科目名	単位数
専門基礎科目（必修科目）群		沿岸域科学特論	2
		海洋管理政策特論	2
		合意形成概論	2
		パートナーシップ概論	2
専門科目（選択必修科目）A群	自然科学系科目群（海洋・沿岸域科学及び環境保全分野）	海洋基礎生態学特論	2
		海洋物理学特論	2
		海・人間相互作用特論：海洋物理学的アプローチ	2
		沿岸海洋化学特論	2
		海洋気象学特論	2
		沿岸域動物学特論	2
		沿岸域植物学特論	2
		生態系機能学特論	2
		水産学特論（自然科学系）	2
		陸域海域相互作用特論	2
		水質汚染対策特論	2
		海洋環境保全学特論	2
	工学系科目群（沿岸域防災　分野）	環境影響評価特論	2
		沿岸域防災特論	2
		沿岸域工学特論	2
		沿岸域計画特論	2

専門科目（選択必修科目）A群	社会科学系科目群（経済学・経営学・社会学・法学分野）	沿岸域水産資源管理特論	2
		海上輸送特論	2
		海洋・エネルギー鉱物資源管理特論	2
		水産学特論（社会科学系）	2
		沿岸域社会学特論	2
		沿岸域観光学特論	2
		海洋の総合管理政策論Ⅰ	2
		海洋の総合管理政策論Ⅱ—排他的経済水域・大陸棚の総合管理政策	2
		海洋の総合管理計画特論	2
		国内海洋管理関連法特論	2
		国際海洋管理法制特論	2
専門科目（選択必修科目）B群：合意形成・パートナーシップ		合意形成論	2
		パートナーシップ論	2
		海洋と沿岸域に関するリテラシー特論	2
		NPO特論	2
専門科目（選択必修科目）C群：沿岸域管理技術・実習	自然科学系科目群	沿岸域モニタリング技術	2
		計測技術	2
	工学系科目群	ＧＩＳ・リモートセンシング	2
	社会科学系科目群	プロジェクトデザイン・評価特論	2
		社会調査法実習	2
		ゼミナール（政策立案または問題解決型提案書作成指導）	2
実践科目群		インターンシップ	2
		修士論文	8

6・2・2　モデルカリキュラムの実践例

東京海洋大学は笹川平和財団海洋政策研究所の支援の下、学部と大学院合同で、沿岸域総合管理モデルカリキュラム特別講座として試行を行った。

a．授業実施科目の構成

沿岸域総合管理モデルカリキュラムは沿岸域管理に関する自然科学系・工学系・社会科学系の分野を横断的にバランスよく行き渡るように構成している。沿岸管理に必要な多くの分野について概要を講義した。

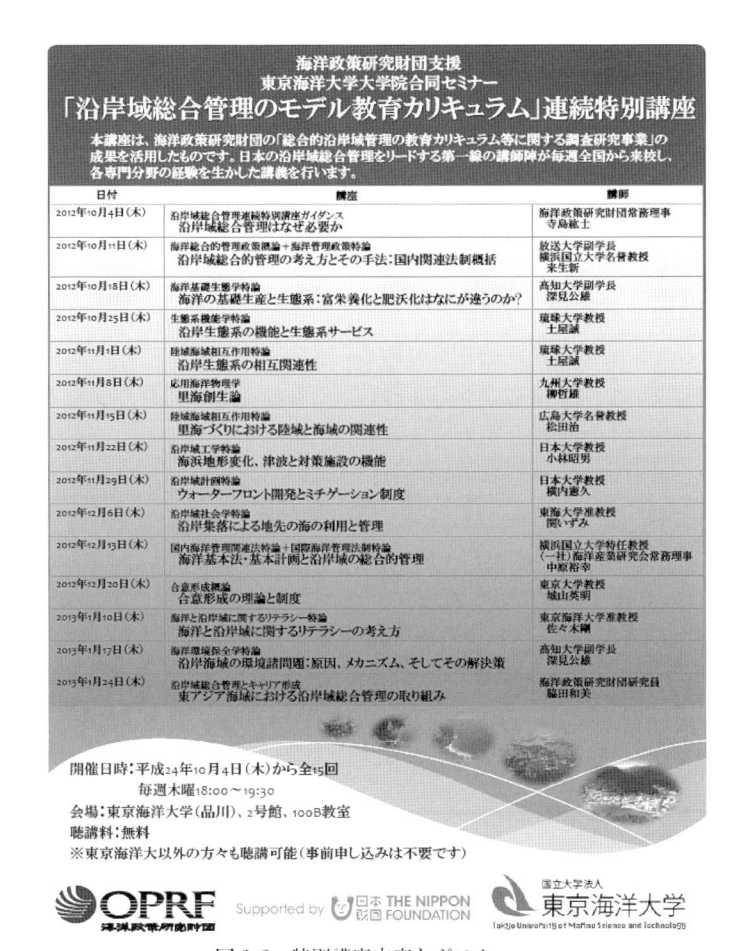

図6-2　特別講座内容とポスター。

b. 授業評価の結果

　今回の講座は単位取得や時間の制約があったため学生よりも社会人の参加が多かったが、参加者は熱心に話を聞き、質疑応答では活発な議論が展開されるなど、講座への強い関心が表れていた。初めての試みだったため、講座の構成や手続きなどに課題は残るものの、事業で検討していたカリキュラムの内容を反映した沿岸域を総合的に考えるための講座を開催できたことは、大きな成果だったといえる。

　講義内にて行ったアンケート調査より講義は成功したといえる一方で、今後もこの様な講義へのニーズがあることを踏まえ、Eラーニングやビデオオンデマンド形式の授業なども考慮しつつ活動を展開していく必要がある。

6・3　各大学の取り組み

　地域の主体的な取り組みが重要である沿岸域総合管理においては、教育・研究面で地域の大学等の役割が大きく期待されている。特に、大学等における沿岸域の学際的な教育・研究の推進により、沿岸域の様々な課題に対応できる人材が育成され、そういった人材が、地域に根ざした沿岸域総合管理を実施する主体となっていくことが期待されている。そのため、各大学等において沿岸域総合管理に関して学際的に学べるよう、カリキュラムの開発及び充実を図るとともに、地域社会と連携しながら人材育成に取り組んでいくことが必要である。

　そこで、本節では高等教育機関における人材育成に向けた取り組みを紹介する。

6・3・1　教育プログラムの構築と配信
a. 横浜国立大学 統合的海洋教育・研究センター

　横浜国立大学では、2007年6月に部局横断的な文理融合型組織『統合的海洋教育・研究センター』（略称：海センター）を設立した。大学院副専攻プログラムとして、大学院レベルでの海洋に関する専門知識を深めるとともに、狭い専門領域にとらわれず俯瞰的かつ総合的に海洋の問題を考えることのできる人材育成を目標に教育・研究活動を取り組んでいる。

　「統合的海洋教育・研究センター」の組織は、5つの研究科・研究院から構成され、センターの専任教員及び兼務教員、学外講師による講師陣で教育研究を行っている。

このプログラムでは、2007年10月から総合的な大学院レベルでの副専攻プログラムとして実施している。「プログラム特設科目（必修科目）」として『統合的海洋管理学』があり、それを取り巻くかたちで人文・社会科学系、工学・都市防災系、環境科学系の「プログラム関連科目」が約30科目用意されている。

　本プログラム修了者には、学長名による副専攻『統合的海洋管理学修了証』が授与される。

b．放送大学によるオンライン授業配信

　放送大学では放送による授業配信に加え、新たにインターネットを活用したオンラインによる授業配信への事業展開を模索している。授業配信をオンライン化することで、放送時間枠という授業数の制限を超えて受講生が望む時間に授業を受講できるなど、放送大学の受講生にとっても選択肢が広がるというメリットが生じる。そのためには、新たな導入技術、授業効果などについての具体的な検討が必要である。2013年には、沿岸域総合管理の授業について試行的なプログラムが構築され、2014年に試行的にオンライン配信、受講を含む実験が実施された。

　こうしたオンライン授業の実施は、沿岸域管理教育に取り組む各大学においては、単位互換などの制度を活用することにより、担当教員の確保が難しい分野についても、授業を実施することができるメリットがある。このように、想定する新たなカリキュラムの採用が容易になることで、沿岸域管理教育の導入を促進することが期待される。

6・3・2　教育研究組織の構築

a．東京大学海洋アライアンス

　2007年7月、東京大学は海洋の総合的な教育・研究体制の整備を目的とした全学組織『東京大学海洋アライアンス』を発足させた。

　同海洋アライアンスは、海洋に関連する主要研究組織として教育学、理学、工学、農学生命科学、新領域創成科学、公共政策大学院の各研究科と大気海洋研究所、地震研究所、生産技術研究所の各研究所に所属している教職員によって構成された分野を横断した総合的な海洋教育及び研究ネットワーク組織である。

教育システムに注目してみると、海洋にかかわる総合人材を育成するための分野横断型教育プログラム「海洋学際教育プログラム」、海洋基本法を支えるための研究基盤づくりと海洋政策にかかわる人材の育成を目指す「総合海洋基盤プログラム」、海洋関連機器開発を日常的に行える洋上固定型プラットフォームを提供し海洋国日本の発展に寄与する「平塚沖総合実験タワープログラム」、初等・中等・高等教育課程における海洋教育の普及促進を実現する「海洋リテラシー教育プログラム」の4つのプログラムを提供している。

b. 岩手大学・東京海洋大学・北里大学の連携

岩手大学においては、東京海洋大学及び北里大学との連携により三陸水産研究センターを設置している。

2011年3月11日の東日本大震災後、岩手大学は岩手県の早期復旧と復興支援を推進するために『岩手大学三陸復興推進本部』を設置した。同本部は2012年4月から「岩手大学三陸復興推進機構」へ改組し、教育支援、生活支援、水産業復興推進、ものづくり産業復興推進、農林畜産業復興推進、地域防災教育研究の6部門を編成した。活動拠点として、釜石サテライトの他、久慈・宮古にエクステンションセンターを持っている。特に、水産業復興推進部門は岩手大学、東京海洋大学、北里大学が連携し、三陸水産研究センターを活動拠点として設置し、水産を中心とする沿岸域総合管理教育の拠点となることが期待されている。この三陸水産研究センター及び、大学間連携を核として、水産物の高付加価値化を目指し、水産業を取り巻く幅広い知識（市場・流通・経済・経営などの知識を含む）を有し、漁業起点の6次産業化を企画・推進していける「水産プロモーター」を養成するための教育研究組織「水産システム学コース」が2016年4月に新設される。

c. 高知大学を中心とする四国五大学連携

2013年5月、四国の愛媛大学、香川大学、高知大学、徳島大学、鳴門教育大学の四国国立五大学は「四国5大学連携による知のプラットフォーム形成事業」の共同実施に関する協定調印を行った。

各大学では、上記のように海洋に関するそれぞれ特色ある教育が実施されており、各大学で実施されているカリキュラムを統合的・補完的に運用し、かつ各大学での特色をうまく組み込めれば、5大学のスケールメリットを活かすこ

とができる。そうした強みを活かし、分野横断的・俯瞰的視野を持った学生の育成が可能な、先駆的かつ画期的な総合的海洋管理（ICOM：Integrated Coastal and Ocean Management）教育の実現を目指している。

参考文献
さらに学びたい人のために

<第1章>

・水産の21世紀―海から拓く食料自給
　　　田中　克・川合真一郎・谷口順彦・坂田泰造(編)　京都大学学術出版会　　　2010 年
・環境保全の考え方とその問題点，黒潮圏科学の魅力
　　　高橋正征・久保田　賢・飯國芳明(編)　　　　　ビオシティ　　　　　　　2007 年
・森が消えれば海も死ぬ―陸と海を結ぶ生態学
　　　松永勝彦　　　　　　　　　　　　　　　　　講談社ブルーバックス　　　1993 年
・里海論
　　　柳　哲雄　　　　　　　　　　　　　　　　　恒星社厚生閣　　　　　　　2006 年
・里海創生論
　　　柳　哲雄　　　　　　　　　　　　　　　　　恒星社厚生閣　　　　　　　2010 年
・瀬戸内海を里海に
　　　松田治他　　　　　　　　　　　　　　　　　恒星社厚生閣　　　　　　　2007 年
・［改訂増補］森里海連環学：森から海までの統合的管理を目指して
　　　京都大学フィールド科学教育研究センター編　　京都大学学術出版会　　　　2011 年
・「里海」としての沿岸域の新たな利用
　　　山本民次編　　　　　　　　　　　　　　　　恒星社厚生閣　　　　　　　2010 年
・サンゴ礁のちむやみ―生態系サービスは維持されるか
　　　土屋　誠・藤田陽子　　　　　　　　　　　　東海大学出版会　　　　　　2009 年
・きずなの生態学―自然界の多様なネットワークを探る―
　　　土屋　誠　　　　　　　　　　　　　　　　　東海大学出版会　　　　　　2014 年

<第2章>

・日本の港湾政策
　　　黒田勝彦　　　　　　　　　　　　　　　　　成山堂書店　　　　　　　　2014 年
・海の管理
　　　雄川一郎・塩野宏・園部逸夫　　　　　　　　有斐閣　　　　　　　　　　1984 年
・港湾工学
　　　港湾学術交流会編　　　　　　　　　　　　　朝倉書店　　　　　　　　　2009 年
・海岸侵食の実態と解決策
　　　宇多高明　　　　　　　　　　　　　　　　　山海堂　　　　　　　　　　2004 年
・数字でみる港湾
　　　国土交通省港湾局　　　　　　　　　　　　　本港湾協会　　　　　　　　2013 年
・新版日本港湾史
　　　日本港湾協会　　　　　　　　　　　　　　　日本港湾協会　　　　　　　2007 年

- 水都学 I〜IV
  陣内秀信・高村雅彦編　　　　　　　法政大学出版局
  　　　　　　　　　　　　I [2013年]，II [2014年]，III [2015年]，IV [2015年]
- 海洋問題入門
  海洋政策研究財団編　　　　　　　　丸善　　　　　　　　　　2007年
- 海洋保全生態学
  白山義久他編　　　　　　　　　　　講談社サイエンティフィック　2012年
- 環境と海洋
  細田龍介・山田智貴　　　　　　　　大阪経済法科大学出版部　　2012年
- 海洋学
  Paul R. Pinet　東京大学海洋研究所　東海大学出版会　　　　　2010年
- 港からの発想
  新井洋一　　　　　　　　　　　　　新潮社　　　　　　　　　1996年
- 日本人の国土観
  栢原英郎　　　　　　　　　　　　　ウェイツ　　　　　　　　2008年
- 数字でみる港湾2015
  国土交通省港湾局監　　　　　　　　日本港湾協会　　　　　　2015年

<第4章>

- 潮の満干と暮らしの歴史
  柳　哲雄　　　　　　　　　　　　　創風社出版　　　　　　　1999年
- サンゴ礁海域における海洋保護区（MPA）の多面的機能．山尾・島編「日本の漁村・
  水産業の多面的機能」
  鹿熊信一郎　　　　　　　　　　　　北斗書房　　　　　　　　2009年
- サシとアジアと海世界−環境を守る知恵とシステム
  村井吉敏　　　　　　　　　　　　　コモンズ　　　　　　　　1998年
- Sasi Laut: History and its role of marine coastal resource management in Maluku archipelago. International Workshop "Sato-Umi" Report, Mosse, J.W., International EMECS Center　　　　　　　　　　　　　　　　　　　　　　　　2008年

あとがき

　海洋政策研究財団（現：笹川平和財団海洋政策研究所）では日本財団からの助成を受けて長年海洋教育や沿岸域総合管理に関する議論を積み重ね、2012年10月〜2013年1月には東京海洋大学と連携して学部と大学院学生に対して「沿岸域総合管理のモデル教育カリキュラム」連続特別講座を開講した（231ページ参照）。本書はその講座の内容を基礎としてまとめたものである。単に講義内容を並列的に紹介するのではなく、すべての講義内容を整理、再構築して沿岸域総合管理の入門書として利用できるように試みた。また必要に応じて新たな項目や新しい情報を追加した。

　沿岸域に関わる活動はさまざまであり、それらの目的は時として異なった方向を目指すことがある。一方、日本の沿岸環境は多彩であり、それぞれの地域に明瞭な特徴がある。各地域における総合的な沿岸管理は、それらの目的や特徴を十分に認識・配慮したものでなくてはならない。本書では沿岸域の総合管理に関する基礎的な情報を提供するとともに、各地で実施されているケーススタディーを紹介し、相互の情報交換を可能にし、新たにプロジェクトを開始しようとする地域の方々に多くの具体的なヒントを提供できるように努力したつもりである。

　人材の育成は最も重要な課題である。本書が大学における教育現場や沿岸域で展開されるプロジェクトにおいて活用され、沿岸域の総合管理に関する若者の育成に貢献できれば幸いである。

　本書の出版に当たり、東海大学出版部の稲英史氏には多大なお世話になった。記して感謝の意を表する。

平成28年3月

編集者一同

索　引

【C】
CBM　166
CVM　57
CZMA　117, 121

【E】
EBM　166
EMECS 会議　13

【F】
Federal consistency　2

【I】
ICM　2, 222
IGBP　14

【L】
LME　41
LOICZ　14

【M】
MA　46
mitigation　121

【O】
OTEC　132

【P】
PEMSEA　3
PNLG　4

【R】
Renewable Energy　127

【S】
Satoumi　166
SDS-SEA　3

【T】
TAC　166

【あ行】
赤潮　17
赤潮防除　31
赤土　34
赤土問題　34
アジェンダ 21　3, 141
後浜　89
亜熱帯域　51
アマモ　35, 38, 42, 51
アユ　36
石干見　42
イセエビ　38
一次生産　24, 32
一般海域　85, 186, 194
遺伝的多様性　18
岩手大学　234
ウォーターフロント開発　113
海の管理　63
海の健康診断　173, 179
海の再生プロジェクト　150
海を活かしたまちづくり　170
埋め立て　69
エコシステム・エンジニア　55
江戸前　155
沿岸域　1
沿岸域管理法　2, 117, 121
沿岸域管理法制　76
沿岸域圏　5
沿岸域圏総合管理計画策定のための指針　141
沿岸域総合管理　1, 2, 63, 181, 182
沿岸域総合管理計画　183, 219
沿岸域総合管理モデル教育カリキュラム　223
沿岸域の総合的管理　1, 135
沿岸管理法　1
沿岸生態系　7
沿岸都市部　4
大村湾環境保全・活性化行動計画　180

岡山県備前市　　175
沖縄県八重山郡竹富町　　177
沖浜　　89
小浜市海のまちづくり協議会　　174
親潮　　8, 9, 10
温帯域　　51

【か行】
海運　　67, 68, 107, 109
海岸施設　　73
海岸侵食　　92, 95, 97
海岸地形　　87
海岸の被災　　99
海岸の保全　　86
海岸法　　5, 66, 200
海草　　51
海浜地形　　89
海洋温度差発電　　132
海洋基本計画　　76, 145, 147, 177
海洋基本法　　76, 142
海洋再生可能エネルギー　　126
海洋深層水　　33
海洋の管理　　144
海流　　8
海流発電　　131
河川法　　211
過疎　　64
仮想評価法　　57
過密　　64
ガラモ　　42
カリキュラム　　222
管轄権　　74, 189
環境教育　　50
環境経済学　　50
観光　　123
管理　　184
機能の多様性　　21, 22, 23
協議会　　183
漁業　　67, 103
漁業権　　69
漁業権漁業　　71, 104
漁業生産　　17
漁業法　　71

漁港　　67, 73, 106
魚礁　　42
漁村　　106
九十九里浜　　96
黒潮　　8, 9, 10
黒潮の恵み　　11
計画　　218
景観　　53
景観の多様性　　21
合意形成　　207, 213, 217
公海　　73
高知県宿毛市・大月町　　176
高知大学　　234
高度経済成長期　　117
公物　　73, 75, 186
公物管理　　188, 199, 215
鉱物資源　　11
公有水面埋立法　　70
広葉樹林　　44
航路　　107, 110
港湾　　68, 73, 107
港湾管理者　　69
港湾再開発　　117
港湾法　　108, 202
ゴカイ　　47
国土保全　　66
個体群　　54
コンテナ輸送　　69
コンフリクト・アセスメント　　208

【さ行】
再生可能エネルギー　　127
サケ　　35
殺藻細菌　　31
里海　　13, 41, 42, 43, 166
参加型政策形成　　208, 210
サンゴ礁　　35, 40, 88
酸素の供給　　29
サンフランシスコ湾　　1
潮干狩り　　50
シギ　　46
自浄作用　　28
自然の価値　　57

私的所有　82, 189
私的所有権　76
志摩市里海推進協議会　171
社会資本整備　212
社会的特性　64
ジュゴン　40
種の多様性　18
順応的管理　1, 183
浄化　28
消波ブロック　94
植物プランクトン　25
人口増加　54
人口密度　64
人材育成　221
侵食　90
侵食対策　98
水圏環境　58, 60
水産業　107
宿毛湾　176
生産性　43
生態系　19
生態系サービス　44, 45, 46, 57
生態系の多様性　19
生物攪拌　55
生物資源　11, 12
生物多様性　18, 42, 45
瀬戸内法　4, 15, 165
瀬戸内海　14, 136, 165
瀬戸内海環境保全基本計画　139
瀬戸内海環境保全特別措置法　15, 137, 165
瀬戸内海環境保全臨時措置法　137, 150
全国総合開発計画　5
総合沿岸域管理　222
総合海洋政策本部　82, 146
総量規制　15
総量負荷削減施策　15
ゾーニング　205

【た行】

ダイオキシン　59
堆積　90

大陸棚　72, 192
高潮対策　99
炭素の貯蔵　51
地球温暖化対策　109
チドリ　46
地方公共団体　83, 183, 195, 204
地方自治法　74
潮汐発電　132
潮流発電　131
築磯　42
津波災害　99
津波のレベル　101
伝統的エコ知識　61
東京大学　233
東京大学海洋アライアンス　233
東京湾　111, 150
東京湾再生官民連携フォーラム　162
東京湾再生推進会議　161
統合的海洋教育・研究センター　232
動物プランクトン　25
都市計画　210
都道府県知事管理漁業　105
トンボロ　93

【な行】

長崎県大村湾　179
21世紀の国土のグランドデザイン　140
日本列島　64
二枚貝　48
熱帯・亜熱帯域　21
農林水産大臣管理漁業　105

【は行】

バー型海岸　90
バーム型海岸　90
排他的経済水域　72, 192
波力発電　131
東アジア海域環境管理パートナーシップ　3
東アジアの海域の持続可能な開発戦略　3
干潟　46

微生物食物連鎖　26
微生物ループ　27
肥沃化　27, 28, 33
貧栄養　40
貧酸素化　29
貧酸素水塊　17
富栄養化　27, 61
福井県小浜市　173
付着性細菌　25
物質循環　24
浮遊性細菌　26
プレコンセプション　62
閉鎖性海域　12, 14
閉鎖性水域　24
閉鎖度指標　13
ベントス　39, 48
防災　66, 86
放送大学　233
ポケットビーチ　87, 93, 96
捕食食物連鎖　25

【ま行】
マングローブ　37
三重県志摩市　170
ミチゲーション　121
ミレニアム生態系評価　46
無機栄養塩類　24
モデルサイト事業　149, 169
藻場　16, 42
森は海の恋人　14, 44

【や行】
有機物　47, 53
湧昇海域　32
洋上風力発電　129
横浜国立大学　232

【ら行】
硫酸還元菌　28
領海　72
漁場環境　24
連邦一貫性　2

著者紹介

池田龍彦（いけだ　たつひこ）　2・3・3

1947年生まれ。早稲田大学理工学部卒業後、運輸省入省。スタンフォード大学大学院修士課程修了。横浜国立大学教授を経て、現在、放送大学特任教授、神奈川学習センター所長。

來生　新（きすぎ　しん）　2・1、2・2、2・3、3・1、4・1、4・2、5・1、5・2、5・4

1947年北海道生まれ。北海道大学大学院法学研究科博士課程後期課程単位取得退学。横浜国立大学教授（経済学部国際社会学研究科）、同大学副学長・理事、放送大学教授を経て、現在、放送大学副学長、理事。

小林昭男（こばやし　あきお）　2・3・1

1955年東京都生まれ。日本大学大学院理工学研究科博士後期課程修了。大成建設株式会社を経て、現在、日本大学理工学部海洋建築工学科教授。

佐々木剛（ささき　つよし）　1・3・3、1・3・4

1966年岩手県生まれ。東京水産大学水産学研究科博士後期課程修了。岩手県立宮古水産高等学校教諭を経て、現在、東京海洋大学海洋科学部准教授。

城山英明（しろやま　ひであき）　5・3

1965年生まれ。東京大学法学部卒業。東京大学大学院法学政治学研究科講師、助教授を経て同教授。現在、公共政策大学院教授。

関いずみ（せき　いずみ）　2・1・3、2・3・2

1963年東京都生まれ。法政大学大学院修士課程修了。日本システム開発研究所、漁港漁場漁村技術研究所を経て、現在、東海大学海洋学部教授。

瀧本朋樹（たきもと　ともき）　6章

1986年福岡県生まれ。九州大学大学院比較社会文化学府修士課程修了。海洋政策研究財団を経て、現在、笹川平和財団　海洋政策研究所研究員。専門は、産業社会学、公共政策。

土屋　誠（つちや　まこと）　1・1・3、1・2・4、1・2・5、1・3・1、1・3・2、1・3・3

1948年愛知県生まれ。東北大学大学院理学研究科博士課程修了。東北大学理学部助手を経て、琉球大学理学部教授。現在、琉球大学名誉教授。

寺島紘士（てらしま　ひろし）　序章、3・2、3・3・1、3・3・2、3・3・3

1941年長野県生まれ。東京大学法学部卒業後、運輸省入省。日本財団常務理事、海洋政策研究財団常務理事を経て、現在、笹川平和財団常務理事兼海洋政策研究所所長、海洋政策学会副会長。

中原裕幸（なかはら　ひろゆき）　2・3・6

1948年東京都生まれ。上智大学外国語学部卒、南カリフォルニア大学海洋沿岸研究所修士課程修了。海洋産業研究会主任研究員・事務局長を経て、現在、（一社）海洋産業研究会常務理事、横浜国立大学統合的海洋教育・研究センター客員教授、東海大学海洋学部講師。

深見公雄（ふかみ　きみお）　1・1・1、1・2・1、1・2・2、1・2・3

1954年京都市生まれ。東京大学大学院農学系研究科修了。京都大学を経て、高知大学教授を経て、現在、高知大学副学長。

古川恵太（ふるかわ　けいた）　2・3・4、4・3、5・3・3
1963年東京都生まれ。早稲田大学理工学研究科建設工学専攻修了。国土交通省国土技術政策総合研究所(旧港湾技術研究所)を経て、現在、笹川平和財団・海洋政策研究所、海洋研究調査部長。

松田　治（まつだ　おさむ）　1・1・2、3・1、4・2
1944年生まれ。東京大学大学院農学研究科博士課程中退後、広島大学水畜産（現生物生産）学部助手、広島大学生物生産学部助教授、広島大学大学院生物圏科学研究科教授を経て、現在、広島大学名誉教授。

柳　哲雄（やなぎ　てつお）　1・3・1、4・2
1948年山口県生まれ。京都大学理学部卒業後、愛媛大学工学部海洋科学科助手。同大学講師、助教授、教授を経て、九州大学応用力学研究所教授。現在、九州大学名誉教授。

横内憲久（よこうち　のりひさ）　2・3・4
1947年東京都生まれ。工学博士。日本大学大学院理工学研究科建設工学専攻修士課程修了、日本大学理工学部助手、准教授を経て、現在、日本大学理工学部まちづくり工学科教授。

沿岸域総合管理入門　豊かな海と人の共生をめざして

2016年3月31日　第1版第1刷発行

編　者　公益財団法人笹川平和財団・海洋政策研究所
監　修　來生新・土屋誠・寺島紘士
発行者　橋本敏明
発行所　東海大学出版部
　　　　〒259-1292　神奈川県平塚市北金目4-1-1
　　　　TEL 0463-58-7811　FAX 0463-58-7833
　　　　URL http://www.press.tokai.ac.jp/
　　　　振替　00100-5-46614
印刷所　港北出版印刷株式会社
製本所　誠製本株式会社

Ⓒ The Sasakawa Peace Foundation, 2016　　ISBN978-4-486-02094-3

Ⓡ〈日本複製権センター委託出版物〉
本書の全部または一部を無断で複写複製（コピー）することは、著作権法上の例外を除き、禁じられています。本書から複写複製する場合は日本複製権センターへご連絡の上、許諾を得てください。日本複製権センター（電話 03-3401-2382）